Dreamweaver CC 网页设计案例教程

中文全彩铂金版

胡新辰　吴华堂　魏洪丞　龚茜茹 / 主编

中国青年出版社

图书在版编目（CIP）数据

Dreamweaver CC中文全彩铂金版网页设计案例教程 / 胡新辰等主编. — 北京：中国青年出版社，2019.9
ISBN 978-7-5153-5655-6

I.①D… II.①胡… III. ①网页制作工具-教材 IV. ①TP393.092.2

中国版本图书馆CIP数据核字（2019）第122509号

策划编辑　张　鹏
责任编辑　张　军

Dreamweaver CC中文全彩铂金版
网页设计案例教程
胡新辰　吴华堂　魏洪丞　龚茜茹 / 主编

出版发行：中国青年出版社
地　　址：北京市东四十二条21号
邮政编码：100708
电　　话：(010) 59231565
传　　真：(010) 59231381
企　　划：北京中青雄狮数码传媒科技有限公司
印　　刷：北京瑞禾彩色印刷有限公司
开　　本：787 x 1092　1/16
印　　张：14
版　　次：2019年9月北京第1版
印　　次：2021年11月第2次印刷
书　　号：ISBN 978-7-5153-5655-6
定　　价：69.90元（附赠1DVD，含语音视频教学+案例素材文件+PPT电子课件+海量实用资源）

本书如有印装质量等问题，请与本社联系　　电话：(010) 59231565
读者来信：reader@cypmedia.com　　投稿邮箱：author@cypmedia.com
如有其他问题请访问我们的网站：http://www.cypmedia.com

Preface 前言

软件简介

随着互联网的迅速普及，人们对网页技术的要求也越来越高，越来越多的行业开始制作个性化网页，以提高宣传力和影响力。静态页面在站点中只能起到宣传作用，不能动态显示最新信息，已不能满足人们的要求，而具有实时性、交互性和丰富性的动态网页技术才是人们所追求的目标。

Adobe Dreamweaver简称“DW”，是集网页制作和管理网站于一身的所见即所得网页代码编辑工具。利用Dreamweaver对HTML、CSS、JavaScript等内容的支持，无论是Web设计师、数据库开发者，还是Web程序员，都可以在Dreamweaver CC的强大操作环境下设计出功能完善的动态网页。

内容提要

本书采用理论知识结合实际案例操作的方式编写，分为基础知识和综合案例两个部分。

基础知识篇共6章，对使用Dreamweaver CC软件进行网页设计的基础知识和功能应用进行了全面介绍，包括网页设计的相关概念、Dreamweaver软件的入门知识、网页元素的插入、表格布局网页的使用、CSS与Div的应用以及框架、模板和库的相关应用等。在介绍软件功能的同时，根据所讲解内容的重要程度和使用频率，以具体案例拓展读者的实际操作能力，真正做到所学即所用。每章的最后，还会以“上机实训”的具体案例拓展读者的实际操作能力和设计思路，然后再通过课后练习内容的设计，使读者对所学知识进行巩固加深。

综合案例篇共3章内容，主要通过对旅游网站、美容化妆品网站和儿童教育网站的制作过程，对使用Dreamweaver进行网页设计处理的常用和重点知识进行综合应用，有针对性、代表性和侧重点。通过对这些实用性案例的学习，使读者真正达到学以致用的目的。

为了帮助读者更加直观地学习本书，随书附赠的光盘中不但包括了书中全部案例的素材文件，方便读者更高效地学习；还配备了所有案例的多媒体有声视频教学录像，详细地展示了各个案例效果的实现过程，扫除初学者对新软件的陌生感。

适用读者群体

本书主要面对Dreamweaver CC的初、中级读者，适用群体如下：

- 怀揣梦想的零基础自学者；
- 在校学生与教师；
- 培训机构的老师与学员；
- 网页开发与设计人员。

本书在写作过程中力求谨慎，但因时间和精力有限，不足之处在所难免，敬请广大读者批评指正。

编　者

Contents 目录

Part 01 基础知识篇

Chapter 01 网页设计概述

Chapter 02 Dreamweaver CC快速入门

Chapter 03 插入网页元素

独上小楼春欲暮

独上小楼春欲暮，愁望玉关芳草路。
消息断，不逢人，却敛细眉归绣户。
坐看落花空叹息，罗袂湿斑红泪滴。
千山万水不曾行，魂梦欲教何处觅？

Contents 目录

Chapter 04 使用表格布局网页

Chapter 05 CSS+Div布局网页

Chapter 06 框架、模板和库

Part 02 综合案例篇

Chapter 07 制作旅游网站

Chapter 08 制作美容化妆品网站

Chapter 09 制作儿童教育网站

Part 01

基础知识篇

基础知识篇主要对Dreamweaver软件的各知识点的概念和功能应用进行全面介绍，其中包括Dreamweaver软件的工作界面、网页元素的应用、表格布局网页、CSS+Div布局网页以及框架、模板和库等。除了介绍Dreamweaver软件知识外，还介绍了关于网页设计的相关概念，如网页和网站、设计网页的流程、网页的类型等。通过理论结合实战的方式，让读者充分理解和掌握软件各种功能的应用。通过基础知识的学习，为后续综合案例篇的学习奠定坚实的基础。

Chapter 01 网页设计概述

本章概述

随着计算机与网络的普及，Internet迅速成为人们生活中必不可少的工具，网页制作也成为网络时代重要的就业技能之一。本章主要介绍了网页设计的基本概念、设计网页时的注意事项等基础知识。

核心知识点

1. 了解网页和网站的概念
2. 掌握网站建设的流程
3. 了解网页设计的相关术语
4. 熟悉常见的网页布局类型

1.1 认识网页和网站

随着Internet的发展与普及，越来越多的人开始在网上通信、工作、购物、娱乐，甚至在网络上建立自己的网站。网站的重要性已经得到了越来越多人的认同，本节将对网页和网站的概念进行介绍。

1.1.1 什么是网站

网站（Website），是指按照一定的规则，使用HTML等工具制作的，在因特网上，用于展示特定内容的相关网页的集合。可以将网站理解为一种通信工具，人们通过网页浏览器访问网站并获得相关知识与服务等。例如，打开“百度”网站，如下左图所示；可以在百度首页输入准备查找的图片信息，如下右图所示。目前衡量一个网站性能的好坏，主要从网站位置、空间大小、连接速度、软件配置和网站提供的相关服务几方面予以考虑。

1.1.2 什么是网页

网页就是网站中的一页，是承载各种网站应用的平台。网站是由网页组成的，用HTML格式表示（文件扩展名为.html、.htm、.asp、.php或.jsp等）。网页需要通过网页浏览器来阅读。

文字与图片是构成一个网页的两个最基本的元素，文字是网页的内容，图片是网页的美化。除此之外，网页的元素还包括动画、音乐、程序等。网页一般由站标、广告栏、信息区域和版权区域等组成，如下图所示。

在页面任意位置单击鼠标右键，在弹出的快捷菜单中选择“查看源文件”选项，可以以记事本方式打开并查看网页的实际内容，如下图所示。

一般情况下，用户访问某个网站的首页即该网站的主页，但个别网站的首页是一些欢迎访问者的信息以及相关选择性的语言界面，如下图所示。

1.2 网页设计制作的基本流程

虽然每个Web站点在内容、规模、功能等方面各有不同，但是有一个基本设计流程可以遵循。从国内大的门户站点（如腾讯、新浪）到一个微不足道的个人主页，都要以基本相同的步骤来实现。首先是前期策划，然后是定义站点结构，再创建界面，接下来是技术实现，最后是站点的发布与维护。这几个阶段完整地结合在一起，直到完成整个站点的工作，如右图所示。

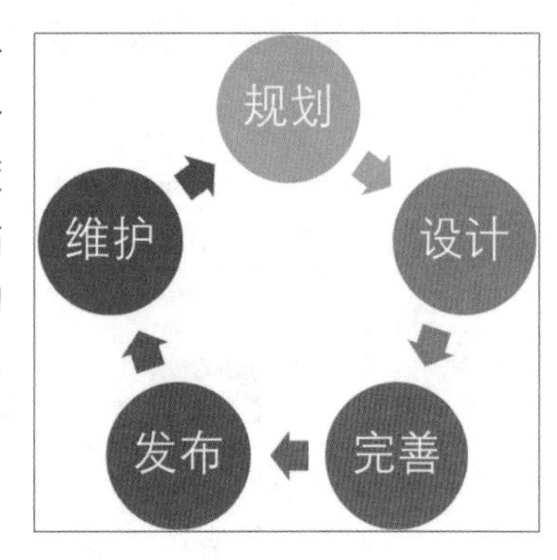

1.2.1 前期策划和内容组织

要进行网站的整体设计，用户分析是第一步。众所周知，进行任务和用户分析，以及相关调研的必要性和重要性。用户是计算机资源、软件界面信息的使用者，由于目前计算机系统以及相关的信息技术应用范围很广，其用户范围也遍及各个领域，所以我们必须了解各类用户的习性、技能、知识和经验，以便预测不同类型的用户对网站界面有哪些不同的需要与反映，为最终的设计提供依据和参考，使最终完成的网站更适合于各类用户的使用。

由于用户具有知识、视听能力、智能、记忆能力、可学习性、动机、受训练程度、易遗忘、易出错等特性，使得对用户的分类、分析和设计变得更加复杂化。另外，为了设计友好而又人性化的界面，也必须考虑各类用户的人文因素。许多人以没有时间为理由，不愿意花费时间来完成这个阶段。但大量实践证明把初始计划加入到工作过程中是非常必要的，否则到最后已经无法再做大幅度改动的时候，就要面临非常大的麻烦。因此在一开始就进行合适的计划和组织是建立一个有效的站点最重要的工作步骤，如下图所示。

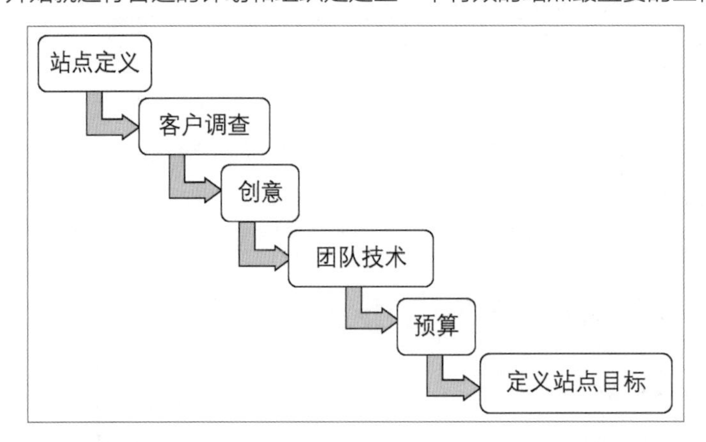

首先要了解网站的类型，确定一个大致的风格走向，比如经济类、娱乐类、医药类等。不同类型的风格肯定是不尽相同的，营造出各种类型的氛围，需要对行业有一定的了解，如果你还不是很熟悉这个行业，不知道什么样的风格是适合的，大致该用什么样的色调和氛围，那么花一定时间先做一些调查和学习是必要的。这样可以保证在你的脑海里有一个较为明确的方向，这并不一定要马上或明显地显露到你的工作中，但是必然会对你的工作产生专业的影响。

如下图所示的网页能够让用户轻易地辨别出是一个有关牛肉的网页，如果达到了这样的目的，说明需求分析和确定风格成功了。

接着必须了解所需制作网页的功能和大致内容，比如主要的栏目安排是属于代表网站总体形象的页面，还是一张用户信息的提交表单等。

1. 规划草图

对于一般的商业网站来说，项目往往从一个简单的界面开始，但要把所有的东西组织到一起并不是件容易的事情。首先，要先画一个站点的草图，勾画出客户想要显示的所有东西。然后将它详细地描述给美工人员，让他们知道在每一屏上都要显示哪些内容。

对于规模不大的公司或者个人来说，在站点中加入多媒体内容、CGI语言等方面的能力有，而且对于这些人来说，时间相对是有限的，因此要选择好的出发点，做出自己的特色。好的出发点是指在建站之前就考虑好它的主题——希望通过网站表达什么内容？如下图所示是一张个人网站的草图。

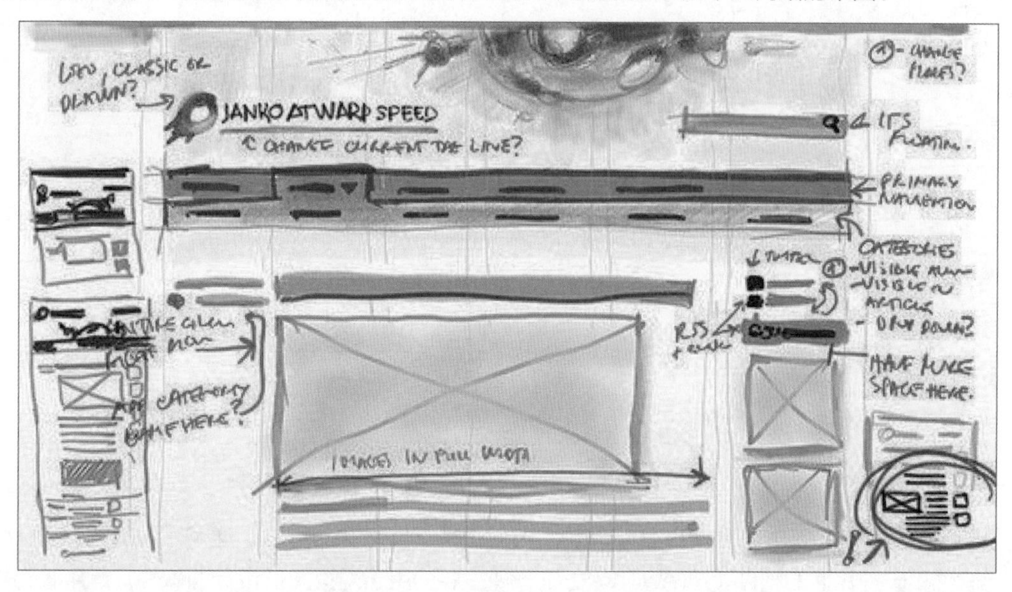

总结一下对于题材的选择——要小而精。定位要小，内容要精。题材最好是自己擅长或者喜欢的内容，因为兴趣是制作网站的动力，没有热情，很难设计制作出杰出的作品，而题材不要太滥或者目标太高。

和现实生活中一样，网站名称是否正气、响亮、易记，对网站的形象和宣传推广也有很大影响。一般的建议是：名称要易记。根据中文网站浏览者的特点，除非特别需要，网站名称最好使用中文，不要使用英文或者中英文混合型名称。另外名称要有特色，名称平实可以接受，但如果能体现一定的内涵，给浏览者更多的视觉冲击和空间想象力，那就再好不过了。

2. 规划站点结构

在这一阶段，要勾画出站点的外观以及它如何工作。第一步，要建立一幅站点图，它基本上是一个内容组织的流程图。在站点草图中应当包括站点所有的关键页面以及它们和其他页面的关系。

接下来，要决定如何引导浏览者，用户应该在站点中漫游，结构要清晰，易于导航。网站结构像人的骨骼，构筑起网站的整体框架，虽然表现形式异样，但让人迷失终归不好，尤其是内容丰富的网站更应注意，如何合理地组织自己要发布的信息内容，以便浏览者能迅速、准确地检索到要找的信息，是一个网站成功与否的关键。如果一个网站不能让浏览者迅速找到自己要找的内容，那么它就很难吸引浏览者。

这一步还将决定将要使用的命名规则。导航图和命名规则都是建立项目的主干，以后所有的工作都要由此展开。网站的目录是指建立网站时创建的目录，它的结构是一个容易忽略的问题，大多数站点都是未经规划、随意创建子目录。目录结构的好坏，对浏览者来说并没有什么太大的感觉，但是对于站点本身的上传维护、内容的扩充和移植有着重要的影响。

1.2.2 网页的设计制作

网页的设计作为一种视觉语言，要讲究编排和布局，虽然主页的设计不等同于平面设计，但它们有许多相近之处，应充分加以利用和借鉴。

1. 利用图像软件设计效果图

这个步骤的内容是定义站点的基本界面，如下图所示。在这时，创意人员、设计人员和程序员要密切合作，按照Web标准对待设计元素网页。

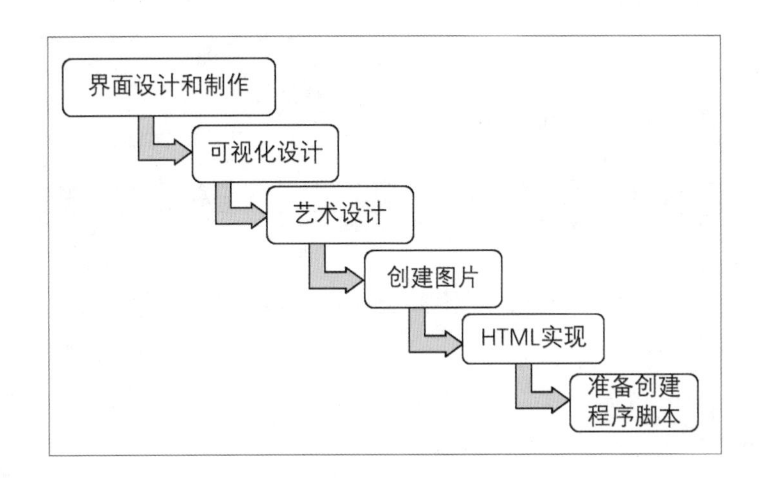

（1）图像设计

网页图像的设计与传统的图像设计是相同的，但也带有一些特殊的性质。通常网页的图像设计会使用图像设计软件和一些其他的软件，Fireworks正是一种主要运用于网页图形设计的软件，运用较为广泛的还有Adobe公司出品的Photoshop和Image Ready。Photoshop利用自身在图像处理上的优势，整合ImageReady后，实现多方面网络应用。利用图像软件可视化操作程度比较高的优势，进行网页的视觉设计、排版布局，并创建为页面的HTML文件。Photoshop能够完成网站中各种类型的Web图像设计和制作，还包括图像为适于网络发布而进行的各项优化工作，此软件操作简单，效果变化丰富，同时提供提高工作效率的解决办法。事实上，Fireworks结合了Photoshop和ImageReady的网页图形设计和制作功能，有着重要的应用。如下图所示的是使用了Photoshop软件设计完成的网页整体形象。

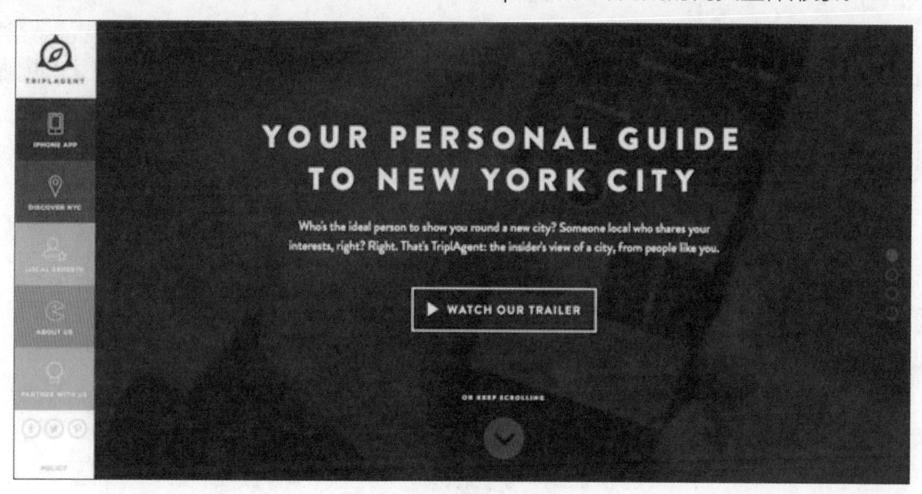

（2）图像制作

一般来说，网页是一段超文本代码，在超文本中只记录了所用到的图片以及其他元素的位置，而并非图片本身的表达。为了便于网络传输，我们通常要把一张大的图片切成若干部分，在网页中与其他内容结合起来，形成网页效果。所以，并非图形设计完成以后网页就完成了。

图像制作部分，即从图形到网页基本分以下几方面：

- **优化图形：**就是在尽量保持图形效果的情况下，对图形文件进行压缩，以便网络传输。这涉及到一些其他的概念，如网络安全色（Web Safe Color）、图形格式（包括GIF、JPEG、PNG）等。
- **切片计划：**就是合理地切割图像，有效地使之在网页中得以运用，将多余的部分，或者完全可以直接用HTML表现的部分划分出来。这里所说的用HTML表现的，是指类似规则色块的堆积、背景色的填充等。如下图所示是一个经过切片的网页页面。

- **输出网页：** 就是将上述工作完成的图像文件输出为HTML网页。
- **最后调整：** 网页图形设计并不需要完全的图像描述，一些工作都是通过后期调整完成的，比如加入链接、文本内容、网页内容调整等。这种调整一般借助网页编辑软件完成，比如Macromedia Dreamweaver、Microsoft FrontPage等，这些软件用于编写和修改网页文件（源文件）。在Fireworks中，也可以进行一定量的此类工作。

以上是通常情况下一个网页制作的普遍方法，有时候并不一定要完全遵循这样的模式，比如单独制作一些小图片甚至Flash动画等运用到网页中去，那么在进行总体设计的时候，也必然要为这些元素预先留下位置和规格。总之，网页图形的设计不必十分详尽，但是对于具有表现力的图片部分的设计还是要以精细为标准。

2. 利用网页编辑软件制作网页

在对站点的设计和布局满意之后，要开始着手于站点的技术实现。这实际上是集合了HTML语言、表格和帧、CGI表单、PHP动态页面、数据库以及其他所有能编写程序的工具，如下图所示。

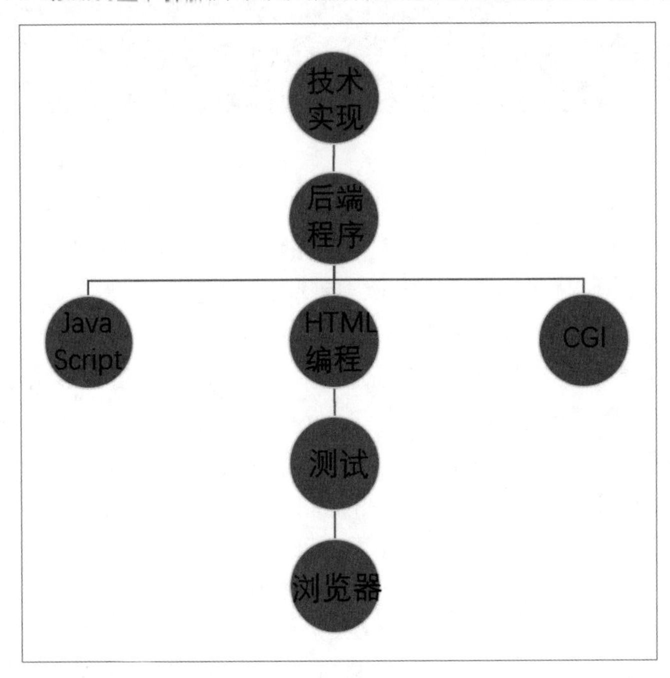

现在最流行的网页编辑软件是Adobe公司的Dreamweaver，它主要的优势在于集成了网站管理的功能，比如检查网站内部链接的有效性，在文件名、文件位置等内容修改之后自动更新链接，协调多人开发网站等功能。

3. 利用网页动画软件制作动画

Flash在业界无疑已经成为一股不容忽视的力量，它创建的网页动画产生的梦幻效果与原来简单的GIF动画不可同日而语，在其他领域比如多媒体开发等，Flash也得到了日益广泛的应用。学习和使用Flash的用户数量正在以极快的速度增长，因为谁也不能抗拒如此具有魅力的视觉冲击，而且只要花少量的时间和精力，就可以迅速创建Flash动画，这些都是Flash得以流行的原因。

Flash不仅仅是一个杰出的动画制作软件，更是一个交互多媒体制作软件。它可以创建各种类型的动画，而且由于有ActionScript的支持，也可以作为从数据库或者其他后端资源中发布动态Web内容解决方案中的前端和图形引擎来使用，从而实现复杂的交互应用，例如在线商店、调查表等。

1.3 网页的类型及相关术语

通常情况下，网页分为静态网页和动态网页两种。本节将向读者介绍这两种网页，以及相关的术语，为日后更好地设计网页打好基础。

1.3.1 静态网页

静态网页是指通过网站设计软件和编辑的页面，以.html、.html、.shtml、.xml等为后缀。在静态网页中也有动态效果，如GIF动画、Flash、滚动字幕等。与动态网页比较，它是没有后台数据库、不含程序和不可交互的网页，更新起来比较麻烦。如下图所示为静态网页。

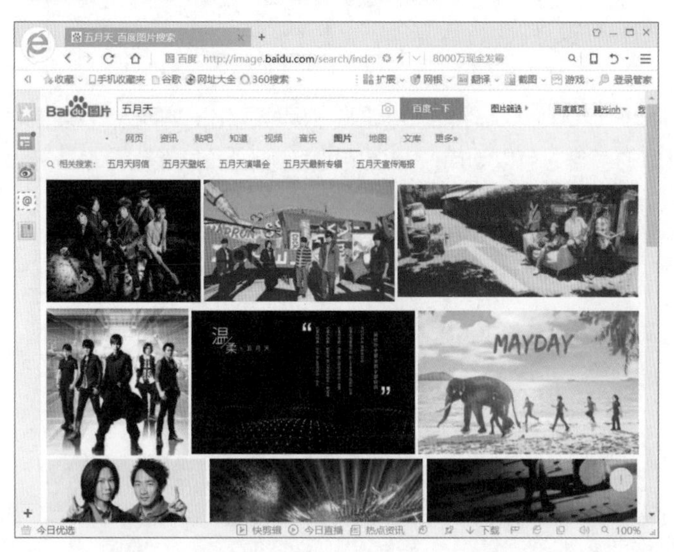

1.3.2 动态网页

动态网页是指通过网页脚本与语言自动处理、自动更新的页面，能够通过网站服务器运行程序，自动处理信息，按照流程更新网页。它与静态网页相对应，也就是说，网页URL的后缀不是以.html、.html、.shtml、.xml为结尾，而是以.aspx、.asp、.jsp、.php、.perl、.cgi等形式为后缀，并且在动态网页网址中有一个标志性的符号“？”。如下图所示为动态网页。

1.3.3 网络术语

在制作网页时，经常会接触到一些与网络相关的概念，如因特网、Web、HTML、IP地址及域名等。理解与网页相关的概念，对日后制作网页会有一定的帮助。

- **因特网**

因特网（Internet），能够将世界各地不同类型的计算机网络用各种传输介质相互链接起来，按照TCP/IP协议进行相互通信，运行方式有FTP、WWW、Email、Telnet、Gopher等。

- **WWW服务**

WWW（World Wide Web）简称为Web，中文译为“万维网”。它是因特网的主要部分，是由无数个提供超文本HTML服务的Web站点组成的系统，通过它可以存取世界各地的超媒体文件，如文字、图形、声音、动画以及各式各样的软件。

- **FTP服务器**

FTP（File Transfer Protocol）文件传输协议是在远程网络上的两台计算机间传递文件的一种协议。FTP服务是因特网上最早的服务，可以利用FTP上传网页到服务站点等。

- **Web**

提供超文本服务的计算机主机或服务器，中文译为站点。

- **HTML**

HTML（HyperText Markup Language）是超文本标识语言，简称超文本。它是一种纯文本文件，用于建立Web页面和其他超级文本语言，是WWW的描述语言。

- **网页**

网页（web page）即网站中的一页。一个Web站点中可能包含很多网页，在这些网页中又包含文字、图片和动画等信息。

- **主页**

用户访问某个Web站点时见到的第一页，个别站点在首页会让用户做一些简单的选择，此时应注意第二页。主页包含该站点的重要信息，通常命名为index.html（htm）或index.asp。

- **超链接**

超链接即另一个超文本文件的地址，指用户单击这个超链接时，浏览器会根据该地址加载超文本，也就是从一个网页指向另一个目标的链接关系。指向文件或目标文件可以是一张图片、一个地址、一个文件或一个程序。

- **电子邮件**

电子邮件（E-mail），又称电子信箱、电子邮箱，通过电子手段提供信息交换，具有存储和收发电子信息的功能，是因特网中最重要的信息交流工具。电子邮箱可以自动接收来自网络中的任何形式的电子邮件，并以规定的大小进行存储。它具有单独的网络域名，其电子邮局地址在@后标注。

- **路由器**

路由器（Router），用于连接因特网中各局域网、广域网设备，根据信道的情况自动选择和设定路由，以最佳路径按前后顺序发送信号的设备，在因特网中扮演着“交通警察”的角色，主要检测因特网的运行状态，根据线路的繁忙程度指挥因特网上各个信息包的发送与接收。

- **Intranet网络**

Intranet网络是私人、公司或企业内部的网络，可以称为局内网。其工作原理和因特网是相同的，它是一种为用户提供信息浏览服务，使用TCP/IP协议和技术构建的信息网络。

● **IP地址**

IP地址是因特网上为每一台连接在Internet上的主机分配的，由4段32位二进制数组成的唯一标识符，该标识一部分为网络地址，另一部分为主机地址。IP地址分为A、B、C、D、E5类，常用的是B和C两类。每段数字范围为0~255，段与段之间用句点隔开。例如128.206.2.1。

● **域名**

域名（Domain Name），是由一串用点分隔的用英文字母组成的标识主机的一种方式，多在数据传输时标识计算机的电子方位（有时也指地理位置）。与IP地址不同，域名不是唯一的，同一台主机可以有两个以上域名。目前域名已经成为互联网的品牌、网上商标保护必备的产品之一。

● **DNS域名服务器**

域名服务器的工作就是把我们使用的字符域名转换为主机的IP地址，没有DNS我们将无法在因特网上使用域名。

● **URL**

URL（Uniform/Universal Resource Locator），译为统一资源定位符，也被称为网页地址，用来访问Internet上Web信息地址。URL由三部分组成：服务器类型、主机和路径。如输入“http：//WWW.Viewsolutions.cn/product/product.html”，其中http表示WWW超文本服务，然后是主机名，而product/product.html则是目录名和文件名。

● **Java**

Java是一种程序设计语言，使用它可以产生一些动态效果，使网页更加生动。

● **JavaScript**

JavaScript是一种脚本描述，它可以指挥浏览器做一些特别的显示或选择，布局主页中信息提示栏和背景音乐的播放和变化等。

● **TCP/IP协议**

TCP/IP（Transmission Control Protocol/Internet Protocol），中文译名为传输控制协议/因特网互联协议，其中IP协议用于传送数据信息，TCP协议用于控制传输。

1.3.4 网站术语

对网络方面的术语有所了解后，本节将接着讲述网站方面的相关术语。

● **域名转向**

域名转向（URL FORWARDING），即将一个域名指向另一个已存在的站点，当访问某个域名时，将会自动跳转到用户所指定的另一个网络地址（URL）。

● **主机租用**

主机租用（Dedicated Hosting），即客户无须购置服务器，而直接采用具有实力的主机服务公司提供的硬件，并负责基本软件的安装、配置和维护服务器上基本功能的正常运行。

● **PHP**

PHP（Hypertext Preprocessor），是在服务器端执行的嵌入HTML文档的脚本语言，其语言风格类似于C语言，被广泛地运用。PHP除了可以使用HTTP进行通信，也可以使用IMAP、SNMP、NNTP、POP3协议。

● **CGI**

CGI是一个能将外部程序生成HTML、图像或者其他内容，能够定位Web服务器与外部程序之间通信方式标准的一个应用程序，而服务器处理的方式与使用非外部程序生成的HTML、图像或其他内容的处理方式是相同的。

● **FSO**

FSO（File System Object），即文件系统对象，是微软ASP的一个对文件操作的控件，该控件可以对服务器进行读取、新建、修改、删除目录以及文件的操作。

● **ASP**

ASP（Active Server Pages），即活动服务器网页，是由微软公司开发的代替CGI脚本程序的一种应用，包含了使用VBScript或JavaScript脚本程序代码的网页。它可以与数据库和其他程序进行交互，是一种简单、方便的编程工具。其文件格式为.ASP。

● **虚拟主机**

虚拟主机（Virtual Host Virtual Server），是使用特别软件和硬件技术，将一台运行在因特网上的计算机主机分割成多个的逻辑存储单元，每个单元没有物理实体，但是能够像真实的物理主机一样工作，单独进行域名等功能的“虚拟”的主机。

● **主机托管**

主机托管是客户自身拥有一台服务器，将它放置在Internet数据中心的机房，由客户本人进行维护或者是由其他的签约人进行远程维护。

● **企业邮局**

企业邮局是指以规定的域名作为后缀的电子邮件地址。这是一种类似于虚拟主机的服务，将一台邮件服务器划分为若干区域，分别出租给不同的企业。企业可以租用一定的空间作为自已的邮件服务器，同时企业电子邮局可以根据实际情况设定邮箱的空间。

● **URL**

URL（URL FORWARDING），即地址转向，也可称为转发，是通过服务器的特殊设置，引导用户将一个域名指向另外一个已存在的站点。

● **POP3**

POP3（Post Office Protocol 3），即“邮局协议版本3”，是一个关于接收电子邮件的客户/服务器协议。它是因特网电子邮件的第一个离线协议标准，允许用户从服务器上将邮件存储到本地客户机上，用来接收电子邮件。

● **SMTP**

SMTP（Simple Mail Transfer Protocol），即简单邮件传输协议，一个相对简单的基于文本的协议，属于TCP/IP协议族。用于由源地址向目标地址传送邮件，起着发送或中转用户发出电子邮件的作用。它独立于特定的传输子系统，且只需要可靠有序的数据流信道支持。它还可以跨越网络传输邮件。

1.4 常见的网页布局类型及注意事项

网页有多种布局类型，不同的组织机构具有不同的视觉效果和便利特点。下面将对常见的网页布局类型及设计网页时要注意的相关事项进行介绍。

1.4.1 常见的网页布局类型

常见的网页布局有国字型、厂字型、分栏型、综合框架型和封面等，下面对其中几种常见的布局类型分别进行介绍。

1. 国字型

国字型也称“同”字型，其最上面是网站的标题以及横幅广告条，紧接着是网站的主要内容，左右分别是两小条内容，中间是主要部分，与左右一起罗列到底，最下面是网站的一些基本信息、联系方式、版权声明等，如下图所示。

2. 厂字型

这种结构与上一种相似，只是形式上有一些区别。其上面是标题或广告横幅，接下来的一侧是一系列链接等，而另一侧是较宽的正文，最下面是一些网站的辅助信息。这种框架结构能给人一目了然的效果，如下图所示。

3. 分栏型

分栏型网页布局包括左右（或上下）两栏或多栏，这种结构相对其他结构而言干净、简单。其中一栏是导航链接，一栏是正文信息，比如一些网站论坛，下图为上下型网页布局。

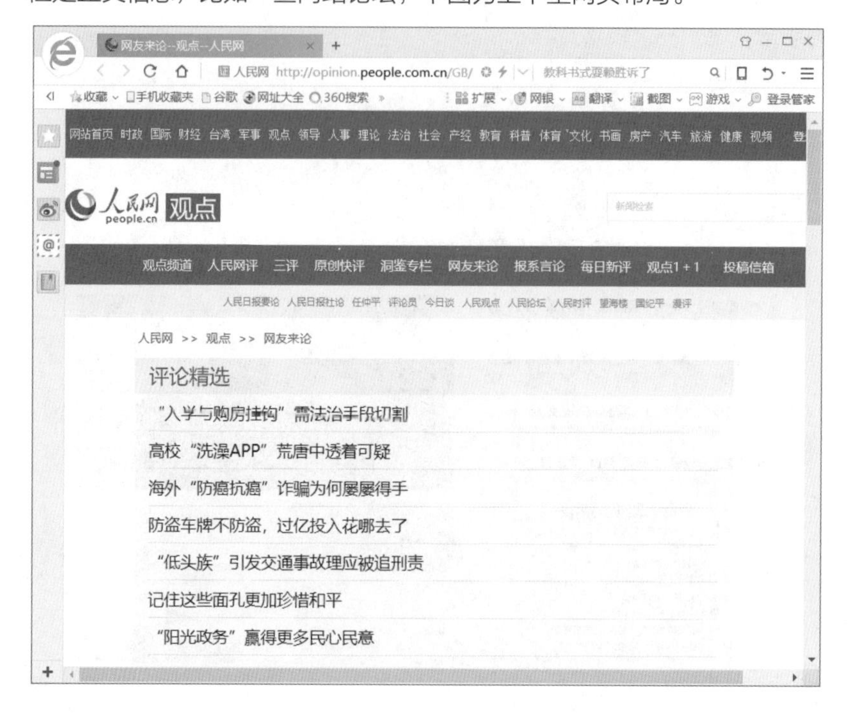

4. 综合框架型

综合框架型是一种上下分栏与左右分栏结构的综合，目前也被很多网站所应用，是一种排版相对灵活的网页框架布局类型，如下图所示。

5. 封面型

封面型网页布局类型一般出现在一些网站的首页，大部分为精美的平面设计结合一些小的动画，放上几个简单的链接或者仅是一个“进入”链接，有的甚至直接在首页的图片上做链接而没有任何提示。这种类型大部分出现在企业网站或个人主页，如果处理得好，会给人带来赏心悦目的感觉，如下图所示。

1.4.2 设计网页要注意的事项

在当今信息高速发展的时代，网络给人们带来了诸多的便利，让人们的生活更加丰富的同时，也使得很多人萌生了制作网页的念头。那么在制作网页时需要注意哪些事项呢？本节将作详细介绍。

1. 页面新颖，命名简洁

网页的内容要结合自身的实际情况，制作独一无二的网站，少不了创新。在设计网页时，需要将功夫下在选材上。选材时应尽量做到“少”而“精”，但又必须突出“新”，如果网页能够天天更新，那么这样的网页一定会大受欢迎。

为了方便管理，同时也更容易被他人搜索到，建议在给网页命名时起一个引人注意的名称，并且最好使用常用的符合页面内容的小写英文字母，这直接与页面中的链接相关联。

2. 更新网站，升级网站

网页制作好后，后期也会有很大的工作量，因此推护更新网站显得非常重要。应该及时将网页上已经作废的链接删除，以免用户等待的结果可能是“无法访问”，从而导致他们对网页大失所望，可能以后再也不会光顾。

由于网站访问人数的增多，计算机可能会运行缓慢。因此需要计划好升级计划，以防失去访问者。

3. 风格统一，导航清晰

网页上所有的图像、文字，包括背景颜色、区分线、字体、标题、注脚等，都要统一风格，贯穿全站，这样在他人浏览网站时将会留下“很专业”的印象。

所有的超接应清晰无误地向读者标识出来。链接文本的颜色最好用常用的颜色：未访问的，用蓝色；

点击过的，用紫色或者栗色。文本链接一定要和页面的其他文字有所区分。

4. 内容应易读，少用特殊字体

在设计网站时，需要细心规划文字与背景颜色的搭配方案，网页的设计应让人看着舒服。应避免背景色冲淡文字的视觉效果。这也是网站设计最重要的诀窍。

在HTML中使用特殊的字体时，需要注意在不同平台上的视觉效果是否美观。建议在使用特殊字体时采用一些变通方法，以免所选择的字体在访问者的计算机上不能显示。

5. 注意视觉效果，善用表格布局

设计Web页面时，要使用不同的分辨率分别观察。现在大多数笔记本的分辨率为1280×800，虽然在1024×768的分辨率下Web页面看上去很有吸引力，但在1280×800的模式下可能会黯然失色。要设计在不同分辨率下都能正常显示的网页。

6. 多使用HTML，少用Java程序

为了能够更好地设计网站，用户需要了解HTML是如何工作的。平时需要多看、多积累相关语言，如果是网络新手，建议搜索下载一个可以修改的HTML的软件包，如HomeSite4。

在制作网页时，不要使用大篇幅的Java程序，最好用JavaScritpt替代。因为Java的运行速度比较慢，常常让访问者没有耐心等待页面全部显示出来。

7. 少用动画，少用闪烁文字

在一个页面中最好不要超过三处闪烁文字，如果太多会给人缭乱的感觉，影响用户访问网站内容。同时在用动画效果修饰网页时，也需要注意文件的大小，文件大将影响下载速度，可以选择静止的图片，同样尺寸的图片，静止的文件要比动态的文件小。因此，如果不是必须的，尽可能选择使用静止图片，以提高速度。

8. 使用著名的插件

如果网站上面插入了声音或视频等文件，要保证能够下载声音或视频等文件。现在许多站点使用QuickTime、Realplay和Shockwave插件。

9. 使网站具有交互功能

在网站上提供回答问题的工具和相关具体交互性能的设计，以使访问者能够从网站上获得交互信息，让访问者有一种参与网络建设的新鲜感和成就感。

10. 测试站点

在将网站正式发布之前，需要进行测试，如测试网页中所有链接和导航工具条，在网页中添加的文本、图像和动画的整体效果有没有产生充斥的效果。同时还要兼顾人们常用的浏览器，以使访问者能够在不同的浏览器都能查看到一个精美的网站。测试站点主要是为了保证在目标浏览器中页面的内容能正常显示，以及网页中的链接能正常进行跳转。

Chapter 02 Dreamweaver CC快速入门

本章概述

Dreamweaver作为业界领先的网页开发工具，备受广大网页设计爱好者的关注，以其完善和丰富的功能及简便实用的操作，巩固了它在网页设计领域的霸主地位。本章将对Dreamweaver的操作界面及其基础知识进行介绍，为更深入的学习奠定基础。

核心知识点

❶ 认识Dreamweaver CC 2019的工作界面
❷ 掌握创建并设置站点
❸ 熟悉管理站点的方法
❹ 掌握各种变形节点的应用
❺ 掌握辅助工具的使用

2.1 Dreamweaver CC工作界面

Dreamweaver CC 2019是Dreamweaver的最新版本，它采用了多种先进技术，能够快速高效地创建极具表现力和动感效果的网页。值得称道的是，Dreamweaver CC 2019提供了更加完善的网页编辑功能，并且在管理站点方面也有很大改善。可以说，它是一个集网页创作和站点管理两大利器于一身的超重量级的创作工具。

Dreamweaver CC 2019工作界面集中了多个面板和常用工具，主要包括菜单栏、编辑窗口、状态栏、属性面板和浮动面板等。与旧版本相比，插入栏更改为插入面板，在浮动面板组中显示。这样不仅增大了文档窗口的空间，还使得设计更为人性化，更便于用户操作文档。在初始界面中单击“新建”选项区中所列常用Web文档中任何一种，便可以进入到Dreamweaver CC 2019的操作界面，同时建立相应的文档，并进行编辑，如下图所示。

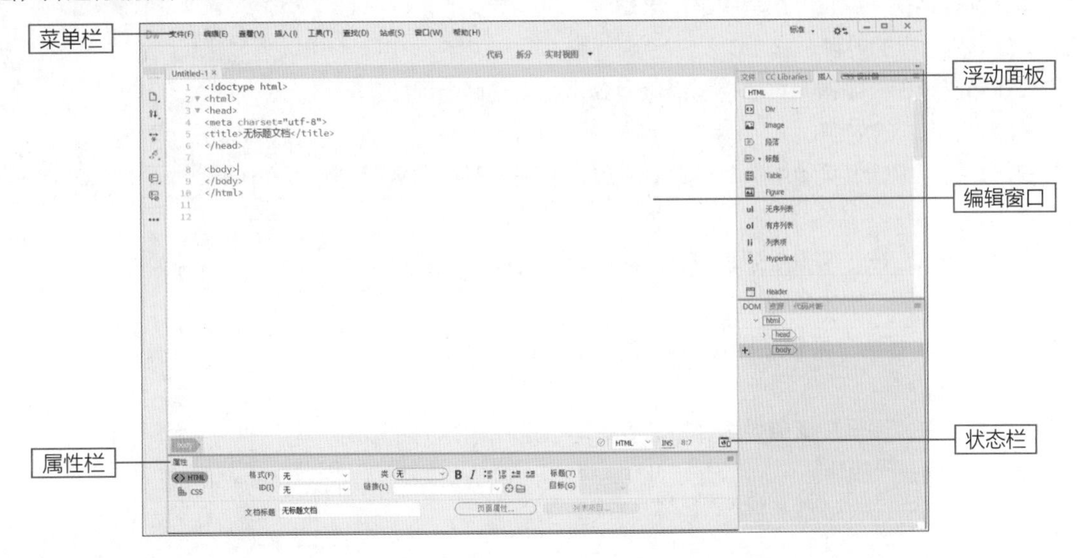

2.1.1 菜单栏

Dreamweaver CC 2019的主菜单包括文件、编辑、查看、插入、工具、查找、站点、窗口、帮助等，如下图所示。

Dw 文件(F) 编辑(E) 查看(V) 插入(I) 工具(T) 查找(D) 站点(S) 窗口(W) 帮助(H)

1. “文件”菜单

Dreamweaver CC 2019的“文件”菜单中包括文件操作的标准菜单项和查看当前文档或对当前文档进行的操作命令，如右图所示。

另存为模板：在“文件”菜单中选择该命令，可以把当前文件保存为模板，便于用户在制作大量网页时直接从模板中调用内容。

与远程服务器比较：在“文件”菜单中选择该命令，可以和远端文件比较，确认最新的文件版本。

设计备注：在“文件”菜单中选择该命令，可以为HTML文档加入备注。

2. “编辑”菜单

“编辑”菜单中包含基本编辑操作的标准菜单项、选项和代码命令，并且提供对键盘快捷方式编辑器和标签库编辑器的访问，还提供对Dreamweaver菜单中“首选项”的访问，如下图所示。

选择父标签：在“编辑”菜单中选择该命令，可以选择当前HTML标记的父标记所包含的内容。

选择子标签：在“编辑”菜单中选择该命令，可以选择当前HTML标记的子标记所包含的内容。

转到行：在“编辑”菜单中选择该命令，可以设置需要跳转到源代码的行数。

显示代码提示：在“编辑”菜单中选择该命令，可以设置包括颜色选择器、URL选择器和字体列表等内容。

重复项：在“编辑”菜单中选择该命令，可以选择代码中重复的项目。

代码折叠：在“编辑”菜单中选择该命令，可以选择或标记保留组织结构来隐藏或展开代码块。

编辑(E) 查看(V) 插入(I) 工具(T) 查找(
撤消(U) Ctrl+Z
重做(R) Ctrl+Y
剪切(T) Ctrl+X
拷贝(C) Ctrl+C
粘贴(P) Ctrl+V
选择性粘贴(S)... Ctrl+Shift+V
全选(A) Ctrl+A
选择父标签(G) Ctrl+[
选择子标签(H) Ctrl+]
转到行(G) Ctrl+G
显示代码提示(H) Ctrl+H
代码折叠(S)
快速标签编辑器(Q)... Ctrl+T
链接(L)
表格(T)
图像(I)
模板属性(P)...
重复项(E)
代码(D)
文本(X)
段落格式(F)
列表(I)
同步设置(S)
快捷键(Y)...
首选项(P)... Ctrl+U

3.“查看”菜单

“查看”菜单可以使用户看到文档的各种视图，并且可以显示和隐藏不同类型的页面元素及不同的Dreamweaver工具，如右图所示。

拆分：在“查看”菜单中选择该命令，可以选择垂直拆分、水平拆分和顶部的设计视图3种拆分方式。

实时代码：在“查看”菜单中选择该命令，可以显示浏览器用于执行该页面的实际代码。

相关文件：在“查看”菜单中选择该命令，单击任何相关文件即可在“代码”视图中查看其源代码，在“设计”视图中查看父页面。

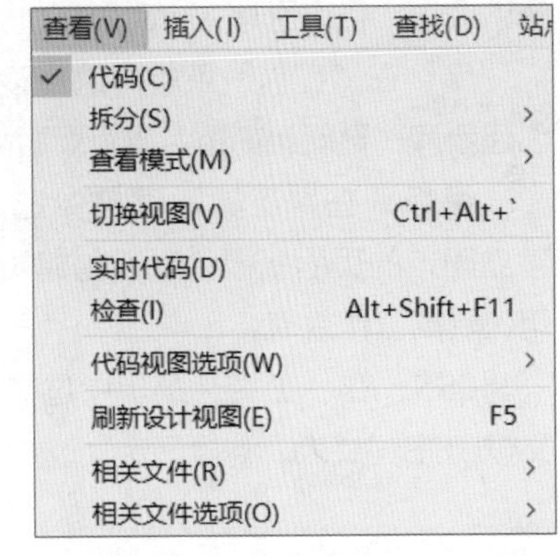

4.“插入”菜单

“插入”菜单提供了插入栏的替代项，便于将页面元素插入到网页中。

标题：在“插入”菜单中选择该命令，可以插入标题。

表单：在“插入”菜单中选择该命令，可以在子菜单中选择要插入的不同种类的表单，如右图所示。

Hyperlink：在“插入”菜单中选择该命令，可以在子菜单中选择要插入页面的超级链接。

HTML：在“插入”菜单中选择该命令，可以在子菜单中选择插入代码的相关对象。

模板：在“插入”菜单中选择该命令，可以在子菜单中选择插入的模板对象。

最近的代码片段：在“插入”菜单中选择该命令，可以在子菜单中选择插入最近使用过的代码片断选项。

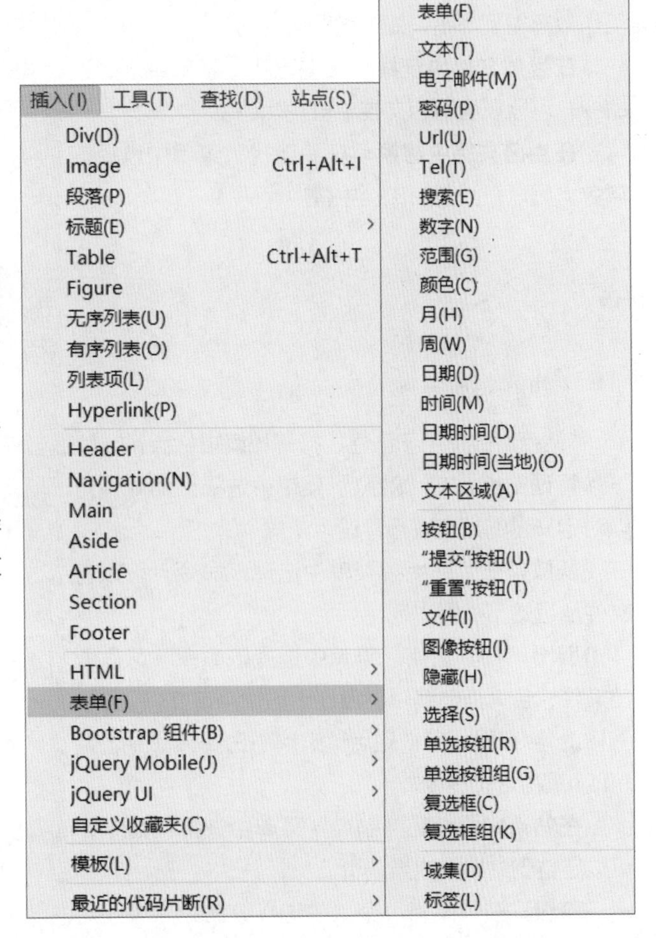

5.“工具”菜单

“工具”菜单用于拼写检查页面的代码，通过该菜单，用户可以编辑标签，并且为库和模板执行不同的操作，如下图所示。

标签库：在“工具”菜单中选择该命令，可以查看所有标签的集合。

清理Word生成的HTML：在“工具”菜单中选择该命令，可以删除Word生成的HTML垃圾代码。

库：在“工具”菜单中选择该命令，可以实现创建新库、更新当前页、更新页面等功能。

模板：在“工具”菜单中选择该命令，可以建立固定的页面模板，以后创建页面时可以反复调用，提高工作效率。

CSS：在“工具”菜单中选择该命令，如果定义过CSS样式表，则显示定义过的标识符。

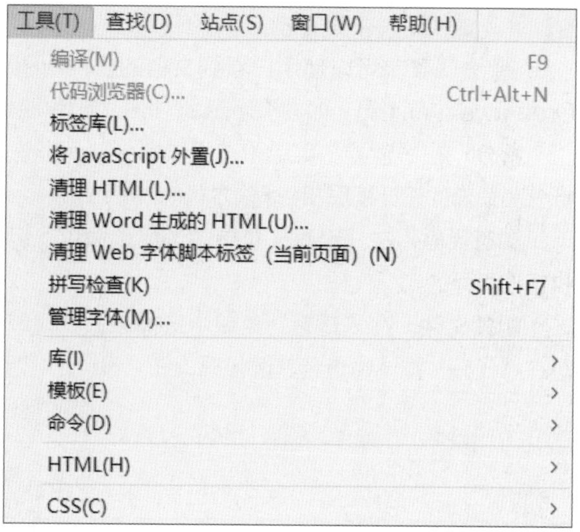

工具(T) 查找(D) 站点(S) 窗口(W) 帮助(H)	
编译(M)	F9
代码浏览器(C)...	Ctrl+Alt+N
标签库(L)...	
将 JavaScript 外置(J)...	
清理 HTML(L)...	
清理 Word 生成的 HTML(U)...	
清理 Web 字体脚本标签（当前页面）(N)	
拼写检查(K)	Shift+F7
管理字体(M)...	
库(I)	›
模板(E)	›
命令(D)	›
HTML(H)	›
CSS(C)	›

6. “查找”菜单

“查找”菜单主要用于快速查找和替换代码，这为用户修改代码提供了极大的便捷，并能够让用户的工作效率得到提高，如下图所示。

在当前文档中查找：在“查找”菜单中选择该命令，可以在当前的文档中查找代码。

在当前文档中替换：在“查找”菜单中选择该命令，可以在当前的文档中替换代码。

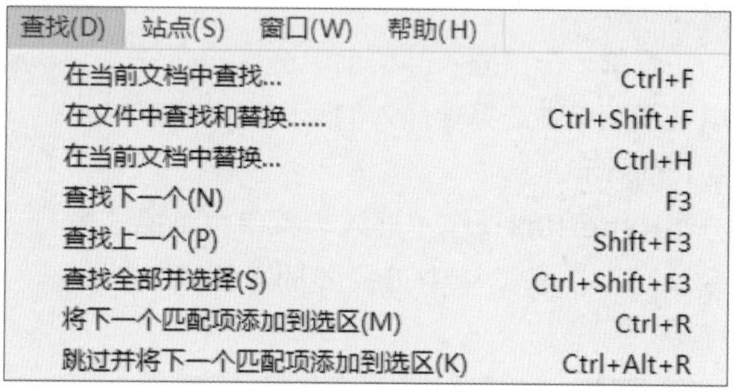

查找(D) 站点(S) 窗口(W) 帮助(H)	
在当前文档中查找...	Ctrl+F
在文件中查找和替换......	Ctrl+Shift+F
在当前文档中替换...	Ctrl+H
查找下一个(N)	F3
查找上一个(P)	Shift+F3
查找全部并选择(S)	Ctrl+Shift+F3
将下一个匹配项添加到选区(M)	Ctrl+R
跳过并将下一个匹配项添加到选区(K)	Ctrl+Alt+R

7. “站点”菜单

“站点”菜单用于创建、打开和编辑站点，或管理当前站点中的文件，如下图所示。

管理站点：在“站点”菜单中选择该命令，可以对定义过的站点进行管理。

获取：在“站点”菜单中选择该命令，可以将文件从远端下载到本地。

取出：在“站点”菜单中选择该命令，可以取出文件，告诉其他编辑者自己不再调用该文件。

上传/存回：在“站点”菜单中选择该命令，是获取和取出的逆操作。

在站点定位：在“站点”菜单中选择该命令，可以定位到站点中的当前页。

高级：在“站点”菜单中选择该命令，可以对站点进行高级设置。

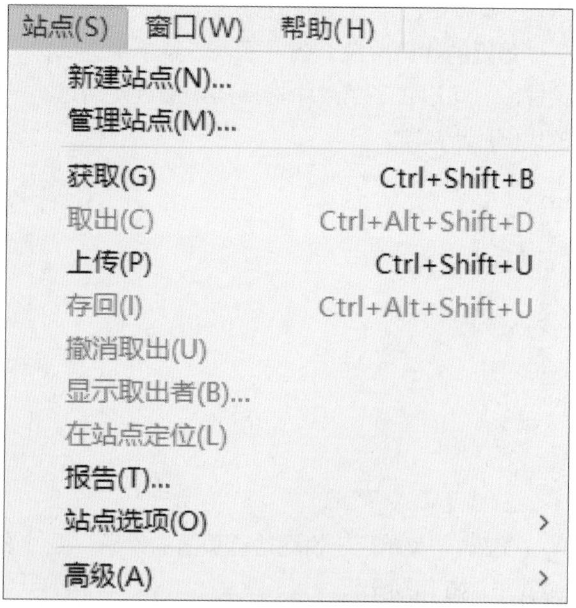

站点(S) 窗口(W) 帮助(H)	
新建站点(N)...	
管理站点(M)...	
获取(G)	Ctrl+Shift+B
取出(C)	Ctrl+Alt+Shift+D
上传(P)	Ctrl+Shift+U
存回(I)	Ctrl+Alt+Shift+U
撤消取出(U)	
显示取出者(B)...	
在站点定位(L)	
报告(T)...	
站点选项(O)	›
高级(A)	›

提示：安装Dreamweaver

在安装Dreamweaver CC 2019时，需要注意相关的系统要求：
一、Windows系统，包括Microsoft Windows XP（带有 Service Pack 2，推荐Service Pack 3）；Windows Vista Home Premium、Business、Ultimate或Enterprise（带有 Service Pack 1）；或Windows 7。二、选择Intel Pentium 4或AMD Athlon 64处理器。三、512MB内存，1GB可用硬盘空间用于安装，安装过程中需要额外的可用空间（无法安装在基于闪存的可移动存储设备上）。四、1280×800分辨率，16位显卡。

8. “窗口”菜单

“窗口”菜单提供对Dreamweaver CC 2019中所有面板的访问，如下图所示。

代码检查器：在“窗口”菜单中选择该命令，用于打开浮动面板组中的“代码检查器”。

结果：在“窗口”菜单中选择该命令，在子菜单中包含搜索、验证、参考等命令。

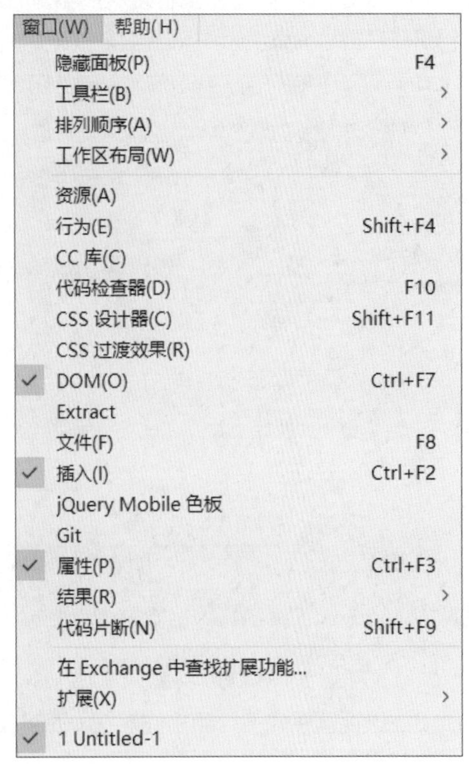

9. “帮助”菜单

“帮助”菜单提供对Dreamweaver文件的访问，包括如何使用Dreamweaver CC 2019以及各种代码的参考材料等，如下图所示。

“帮助”菜单中的命令为用户提供软件相关使用方法的帮助，其中“Dreamweaver帮助”“Adobe在线论坛”命令可以提供相关链接，便于用户了解有关内容（在可以连接到Internet的情况下）。

2.1.2 编辑窗口

在编辑窗口中，用户可以选择的视图方式包括“代码”视图、“拆分”视图、“设计”视图以及“实时”视图，如下图所示。

下面将对编辑窗口中各种视图方式的应用分别进行具体说明。

1.“代码”视图

该视图模式下，用户可以手工编写HTML、ASP VBScript、XSLT、JavaScript、服务器语言代码[如PHP或ColdFusion标记语言（CFML）]以及任何其他类型的代码，如下图所示。

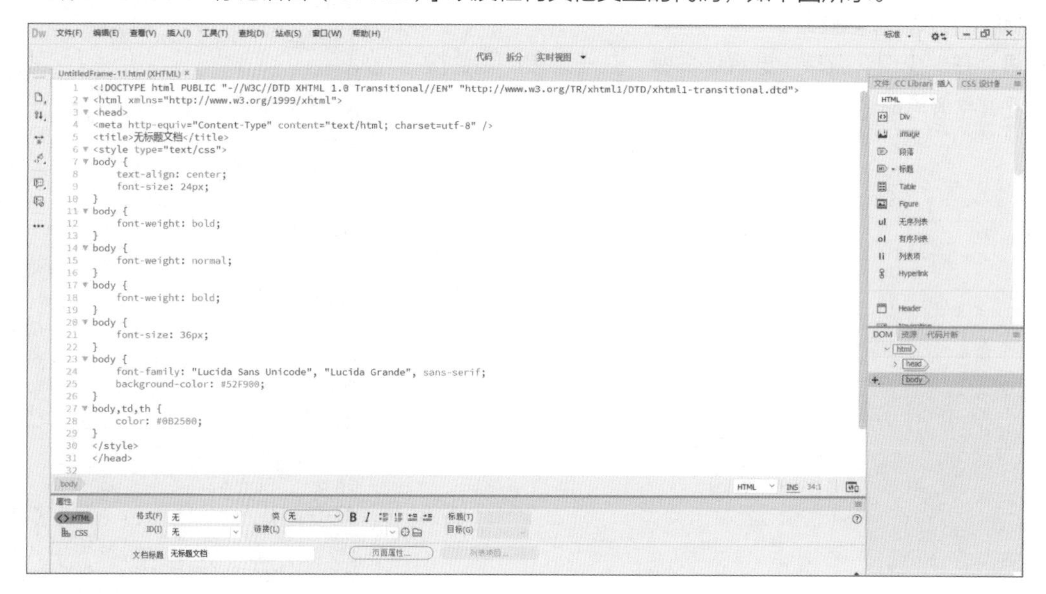

2.“拆分”视图

在该视图模式下，用户能够在一个窗口中同时看到同一文档的“代码”视图和“设计”视图，如下图所示。

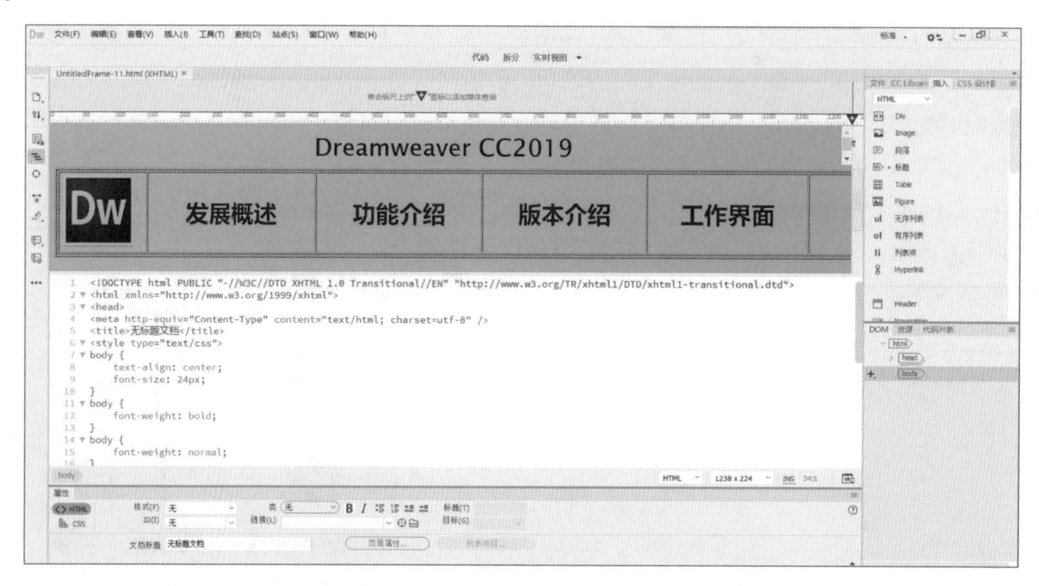

3. “设计”视图

该视图模式相当于一个用于可视化页面布局、可视化编辑和快速应用程序开发的设计环境。在该视图中，Dreamweaver显示文档的完全可编辑的可视化表示形式，类似于在浏览器中查看页面看到的内容，如下图所示。

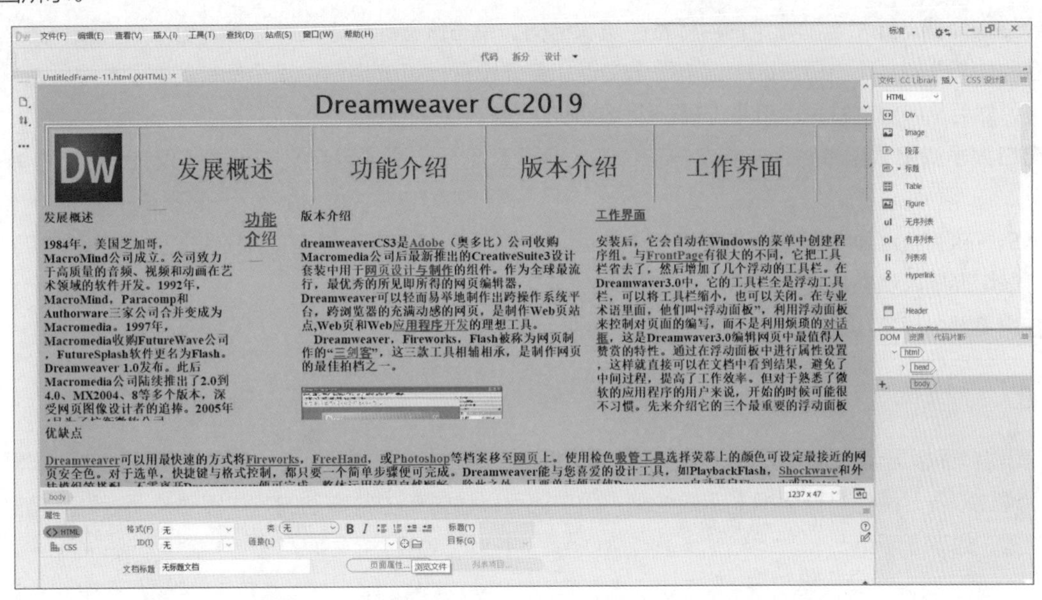

4. “实时”视图

该视图模式与“设计”视图类似，“实时”视图更逼真地显示文档在浏览器中的表示形式，并使用户能够像在浏览器中那样与文档交互，如下图所示。“实时”视图不可编辑，但用户可以在“代码”视图中进行编辑，然后刷新“实时”视图来显示所做的更改。

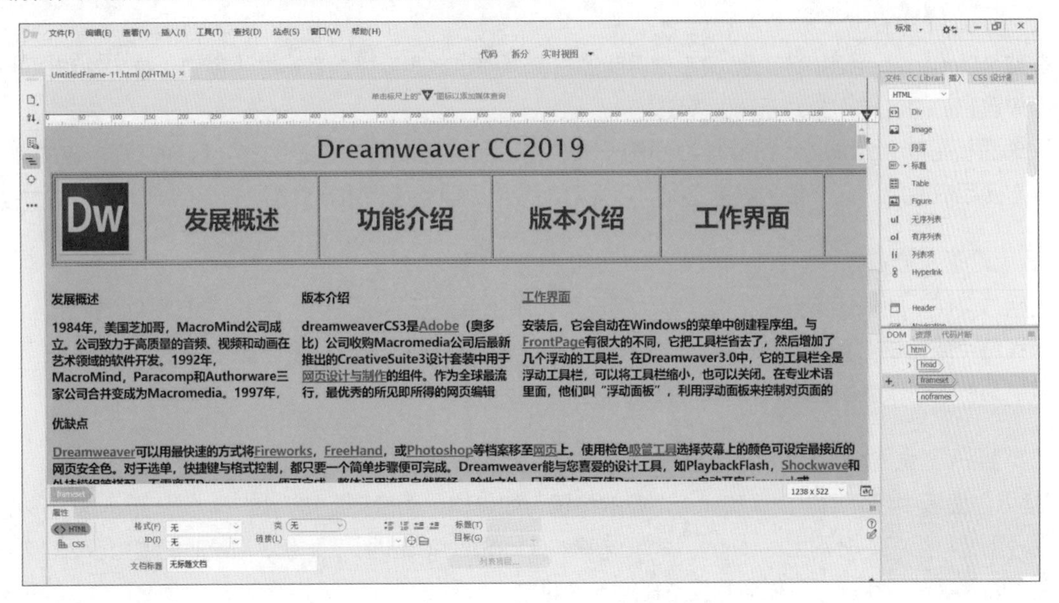

2.1.3 状态栏

Dreamweaver界面窗口底部的状态栏提供了用户正在创建的文档的有关信息，如下图所示。

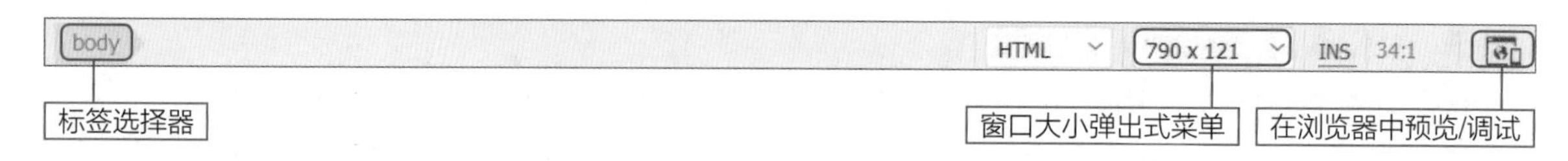

下面对Dreamweaver CC 2019状态栏中各选项的含义进行介绍，具体如下。

标签选择器： 显示当前选定内容标签的层次结构。单击该层结构中任何标签，可以选择该标签及其全部内容，如单击<body>标签选中当前整个文档。若要设置标签选择器中某个标签的类别或id属性，右击该标签，然后从弹出的快捷菜单中选择一个类或id的子菜单来操作即可。

窗口大小弹出式菜单： 用来将文档窗口的大小调整到预定义或自定义的尺寸（仅在“设计”视图中可见）。

INS： INS为Insert的简写，按下键盘上的Insert键，可以在INS状态和OVR状态之间切换，即编辑文档时可以切换插入状态和覆盖状态。

在浏览器中预览/调试： 允许用户在浏览器中预览或调试文档。

2.1.4 “属性”面板

“属性”面板显示的是网页设计中各个对象的属性，所选择的对象不同，显示的属性也不同。默认情况下，通过双击“属性”使面板显示或隐藏，用户还可以通过单击并拖动的方法移动该面板到文档窗口的其他位置，如下图所示。

2.1.5 浮动面板

在整个Dreamweaver CC 2019工作界面的右侧，整齐地竖直排放着一些小窗口，它们被称作浮动面板，而放置它们的区域称之为浮动面板组。

浮动面板是Dreamweaver操作界面的一大特色，用户可以根据自己的需要选择打开相应的浮动面板，既方便用户使用，又节省了屏幕空间。下面对部分常见浮动面板进行介绍。

1.“文件”面板

使用“文件”面板能够查看站点，默认情况下，系统会显示本地站点，更改“文件”面板布局后可以查看远程站点或测试服务器。“站点”面板包含一个集成的文件浏览器。除当前站点外，还可以在该文件浏览器中浏览本地磁盘和网络，如下左图所示。

2.“插入”面板

“插入”面板中包含用于创建和插入对象的按钮，如表格、图像和链接，如下中图所示。这些按钮按7个类别分别进行组织，分别为HTML、表单、模板、Bootstrap组件、jQuery Mobile、jQuery UI和收藏夹，另有隐藏标签。用户可以根据需要选择插入的对象。

3.“CSS设计器”面板

CSS是Cascading Style Sheet的缩写，是用于增强或控制网页样式并允许将样式信息与网页内容信息分离的一种标记性语言，其面板如下右图所示。一方面，它简化了网页的格式代码，外部的样式表保存在浏览器缓存中，加快了下载显示的速度，也减少了需要上传的代码数量。另一方面，只要修改保存着网站格式的CSS设计器文件就可以改变整个站点的风格特色。在修改网页数量庞大的站点时，非常有用，避免了一个一个网页的修改，大大减少了用户重复劳动的工作量。

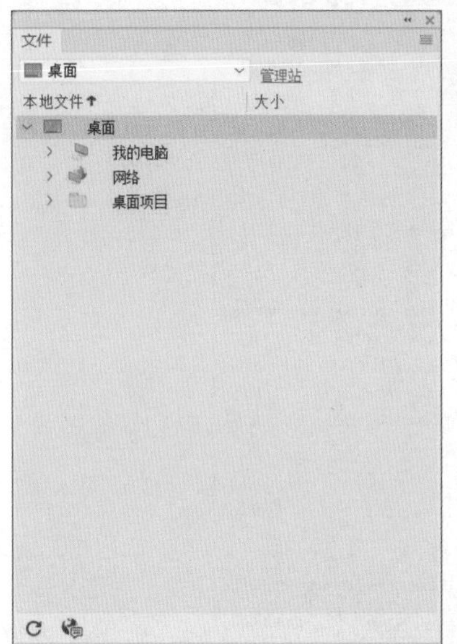

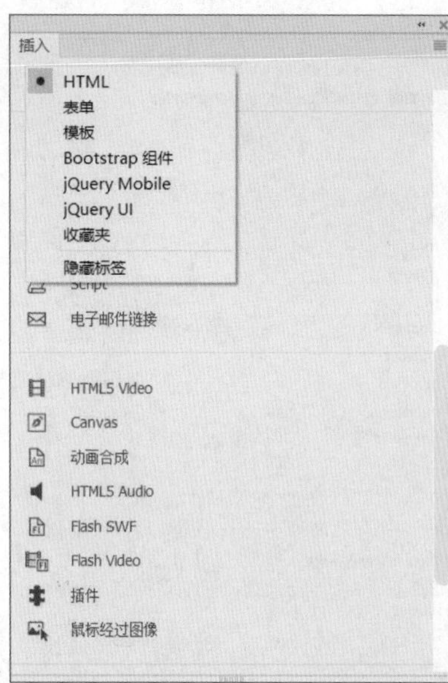

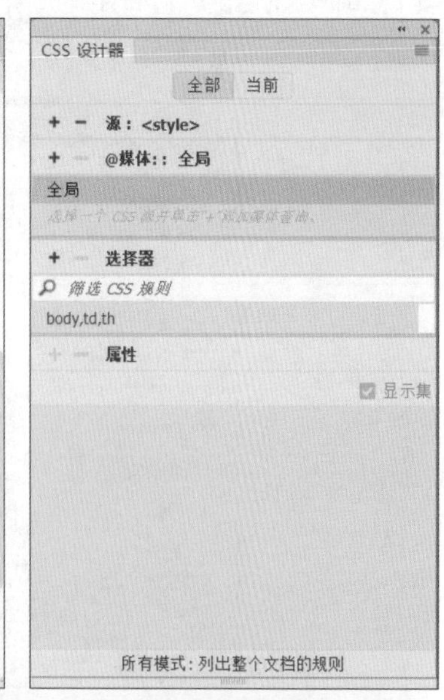

提示：快速显示/隐藏面板

当需要更大的编辑窗口时可以按F4功能键，所有的面板都会被隐藏，再按一下F4功能键，隐藏之前打开的面板又会在原来的位置上出现。用户也可以在菜单栏中执行“窗口>显示面板（或隐藏面板）”命令来显示或隐藏面板。

2.2 文档的基本操作

常见的文档基本操作包括创建文件、打开文件、保存文件、预览文件等，本节将对文档的这些操作进行详细介绍，为用户能熟练运用Dreamweaver进行网页设计打好基础。

2.2.1 创建文件

当打开Dreamweaver CC 2019软件的时候，如果显示欢迎界面，则可以在欢迎界面的“创建新项目”菜单中选择HTML选项，创建一个空白的HTML页面。如果已经设置了启动Dreamweaver时不显示欢迎界面，则可以执行“文件>新建”命令，在打开的“新建文档”对话框中选择创建一个HTML页面，如右图所示。

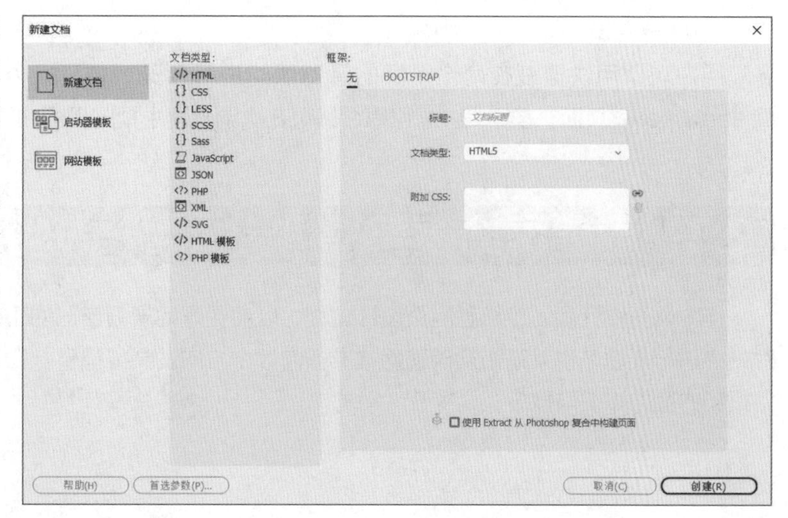

2.2.2 打开并保存文件

如果用户希望在Dreamweaver中打开其他应用程序常见的Web页，可执行“文件>打开”命令，或按下Ctrl+O组合键，打开如下图所示的“打开”对话框，浏览并选择想要打开的文件。

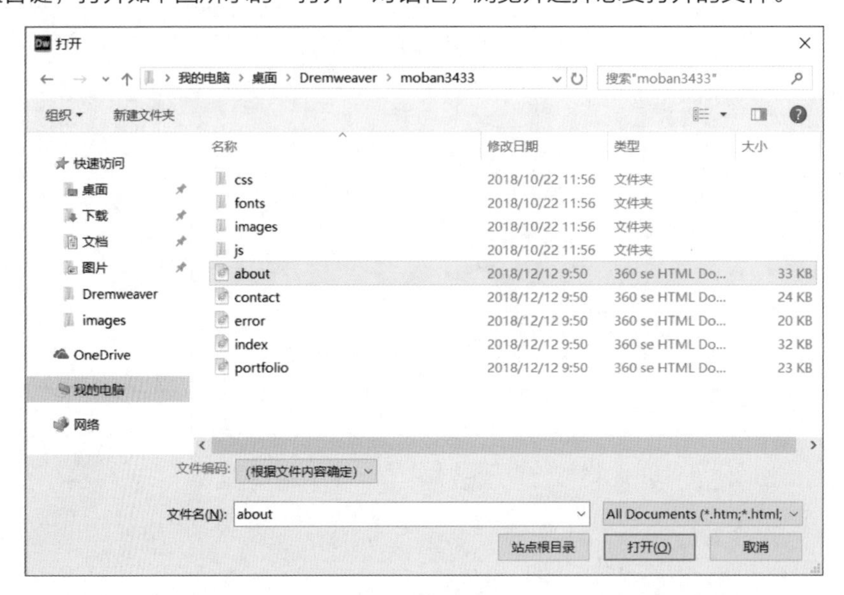

在进行工作任务中，保存操作都是非常重要的，Dreamweaver也不例外。第一次保存当前页面时，用户可以执行“文件>保存”命令，或者按下Ctrl+S组合键，打开“保存”对话框，指定保存文件的文件名和路径。

当用户希望结束一个页面时，可以在不退出Dreamweaver的情况下关闭它，即执行“文件>关闭”命令，或按下Ctrl+W组合键，如果用户对页面做了修改，Dreamweaver会在关闭该页面时提示是否需要执行保存操作。

2.2.3 预览文件

使用Dreamweaver或其他Web编写工具编辑网页时，在一个或多个浏览器中检查进展情况是非常重要的。Dreamweaver的文档窗口提供了一种Web页的模拟浏览器视图，但是由于不同的浏览器间的差异，用户还是应该经常预览Web页。Dreamweaver允许用户非常方便地调用多达20个浏览器，只需按下相应的功能键即可。

用户可以用快捷键在两个不同的浏览器间进行预览，按F12功能键可在主浏览器中预览当前的Dreamweaver页面，按Shift＋F12组合键可在次浏览器中预览相同的页面。

2.3 创建网站框架

作为网页设计师，应熟悉网页设计流程，以便更好地规划自己的工作。创建网站框架的第一步，便是对站点进行规划，也就是必须明确网站准备向哪个方向发展或提供什么服务。本节主要向用户介绍创建网站框架方面的知识与技巧。

2.3.1 什么是站点

“站点”是指属于某个Web站点的文档的本地或远程存储位置。Dreamweaver站点提供了一种方法，可以组织和管理所有的Web文档，将用户的站点上传到Web服务器，跟踪和维护其中的链接以及管理和共享文件。如果想要定义Dreamweaver站点，只需设置一个本地文件夹。若需要向Web服务器传输文件或开发Web应用程序，还必须添加远程站点和测试服务器信息。

Dreamweaver站点由本地根文件夹、远程文件夹和测试服务器文件夹组成：

本地根文件夹： 存储用户当前正在处理的文件。Dreamweaver将此文件夹称为“本地站点”。此文件夹通常位于本地计算机上，但也可能位于网络服务器上。

远程文件夹： 存储用于测试、生产和协作等用途的文件。Dreamweaver在“文件”面板中将此文件夹称为“远程站点”。远程文件夹通常位于运行Web服务器的计算机上。远程文件夹包含用户从Internet访问的文件。

测试服务器文件夹： 这是Dreamweaver在其中处理动态页的文件夹。

通过本地文件夹和远程文件夹的结合使用，可以在本地硬盘和Web服务器之间传输文件，也可以在本地文件夹中处理文件，如果想让他人同时浏览，再将它们发布到远程文件夹。

提示：新建站点的名称

在建立网站之前需要先新建一个站点，站点内所有元素的名称最好由英文小写字母、数字及下划线组成，并且含义明确，尽量避免使用中文名。

2.3.2 规划站点结构

规划站点结构首先要有清晰的思路，确定制作的是哪种类型的网站，同时对站点规模、栏目设置等都应该有详细规划。如果是为别人制作网站，则需要了解对方的需求，这时共同勾画一张草图能让思路更清晰。有时候，一个良好的构思比实际的技术显得更为重要，因为它直接决定了站点的质量和吸引力，也决定了网站即将获得的访问量。

第二步是按照思路创建站点的基本结构。利用Dreamweaver可以在本地计算机上构建出整个站点的框架，对放置文档的文件夹进行合理分类，清楚地命名。如果已经构建了自已的站点，也可以利用Dreamweaver来编辑和更新现有的站点，Dreamweaver可以在站点窗口中以两种方式显示站点结构：一种是目录结构，另种是站点地图。使用站点地图方式可以快速构建和查看站点。

第三步便可以开始具体的网页创作过程了。一旦创建了本地站点，就可以在其中组织文档和数据。一般来说，文档就是在访问站点时可以浏览的网页。文档中可能包含其他类型的数据，例如文本、图像、声音、动画和超级链接等。这个过程可以先使用图像设计软件（例如Fireworks）绘制出站点的效果图，再按照效果图进行页面的排版设计。

最后一步是在站点编辑完成后，需要将本地站点同位于Internet服务器上的远端站点关联起来，然后定期更新。

一个网站包含大量的媒体（例如Flash媒体或音乐、影片剪辑等）、图片、文档等，如何对这些文件进行管理，对规划好站点结构是至关重要的。一个规划得较好的网站会给人井井有条的感觉，同时页面更新、改版时的工作也会更加轻松。

以下是规划站点需要注意的原则。

1. 将不同的文件分类，设置不同的文件夹以便管理

首先为站点创建一个根文件夹（即所谓的根目录），然后创建多个子文件夹，这样可以将站点的文件分类存储到相应的文件夹中。

2. 对文件或文件夹命名时的注意事项

- 使用英文或汉语拼音作为文件或文件夹名。
- 名字中不能包含空格等非法字符。
- 名字应有一定的规律，以便管理。
- 文件名应该容易理解，看了就能知道文件的内容。由于某些操作系统是区分文件命名大小写的，因此建议在构建站点时全部使用小写的文件名称。

3. 合理分配各种类型的文件

对文件进行分类，如图片、网页、媒体等。一般来说，网站的图片文件放在根目录下的名为Images的文件夹中，媒体文件放在根目录下的名为media的文件夹中。其他文件应根据其类型，放在不同的文件夹中。

2.3.3 创建站点

站点是指用户准备上传到网站中的所有文件和资源的集合。在对网页进行操作之前需要先创建站点，下面介绍创建本地站点的操作方法。

首先执行“站点>新建站点”命令，调出“站点设置对象 站点”对话框，如下左图所示。

在“站点设置对象 站点”对话框中，将各个选项设置好后，单击“保存”按钮，即可完成新建站点的操作，此时在“文件”面板中显示新建的站点，如下右图所示。

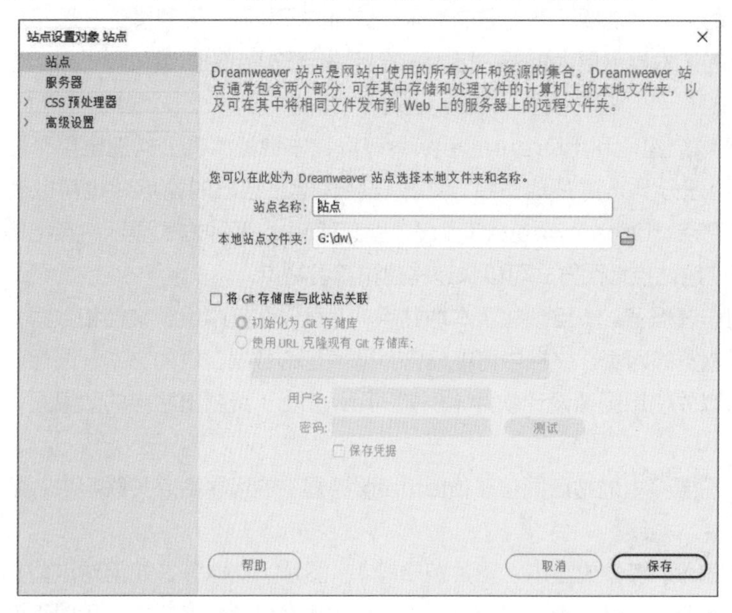

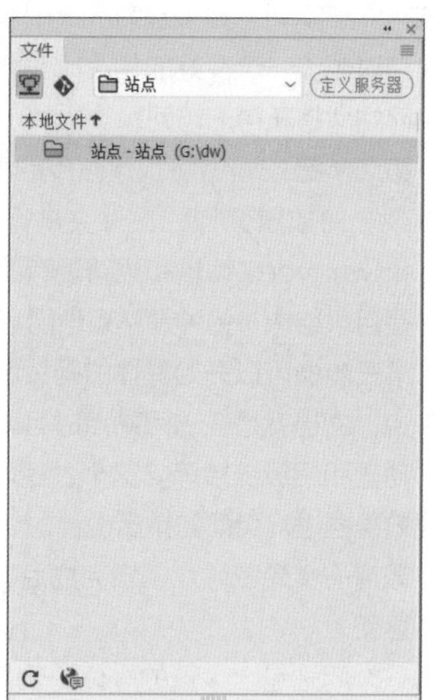

下面将对“站点设置对象 站点”对话框中各主要参数的含义进行介绍，具体如下。

站点名称： 在此文本框中可以输入新建站点的名称。

本地站点文件夹： 显示文件夹所在位置。

浏览文件夹： 单击此按钮，可以更改文件夹所在位置。

2.4 管理站点

完成新站点创建并将创建的Dreamweaver文档保存在站点根目录下后，用户可以对创建好的站点进行编辑，如编辑站点、复制站点、删除站点、导出站点和导入站点等，使之符合要求。本节将介绍管理站点的具体操作。

2.4.1 打开站点

在磁盘的指定位置成功创建站点后，用户可以随时打开站点以便检查。下面介绍打开站点的详细操作方法。

首先执行“窗口>文件”命令，打开“文件”面板。在“文件”面板中，单击“站点”右侧的下拉按钮，在下拉列表中选择需要打开的站点名，如打开“站点”，如下左图所示。

通过上述操作即可打开站点，并查看里面的信息，如下右图所示。

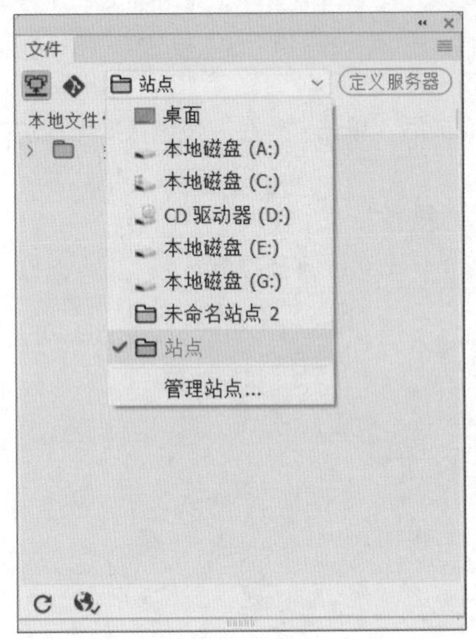

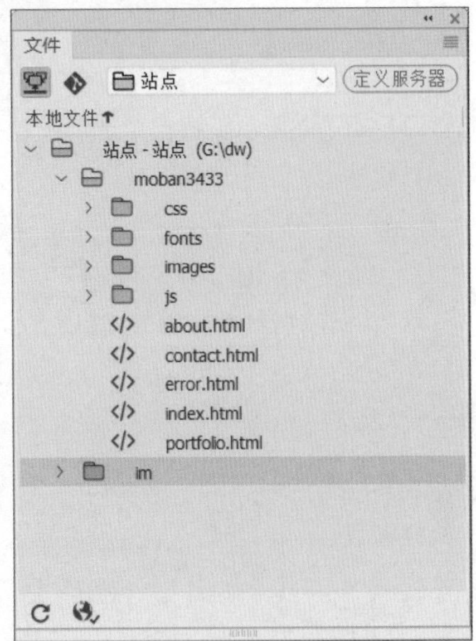

2.4.2 编辑站点

对于创建好的站点，用户可以根据需要进行相应的修改，以使之符合设计要求，下面介绍编辑站点的操作方法，步骤如下。

步骤 01 执行“站点>管理站点”命令，弹出“管理站点”对话框，选择所需站点选项❶，单击“编辑当前选定的站点”按钮❷，如右图所示。

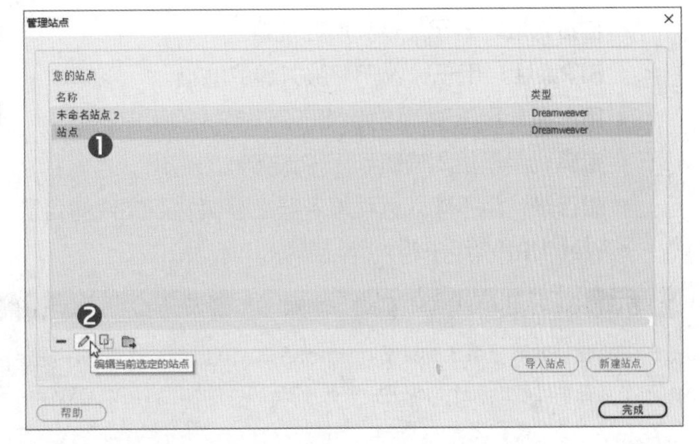

步骤 02 弹出“站点设置对象 站点”对话框，选择“服务器”类别选项，然后在右侧的面板中单击“添加新服务器”按钮，如下图所示。

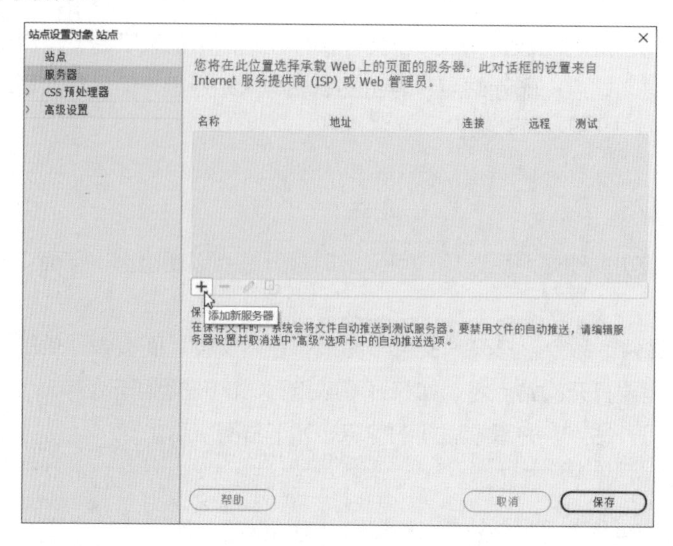

步骤 03 弹出新窗口，如下图所示。将各个选项设置完成后，单击“保存”按钮，即可成功在站点中添加服务器。

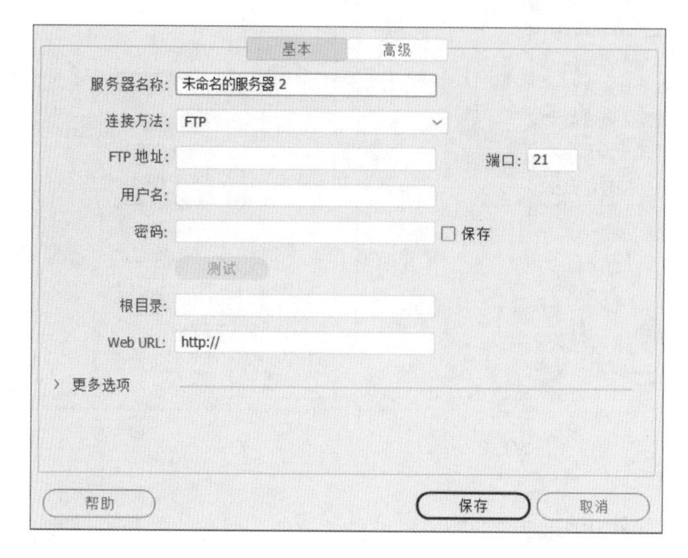

- **服务器名称**：用于输入现有服务器名称。
- **链接方法**：显示文件夹所在位置。
- **FTP地址**：用于输入FTP服务器的地址。
- **用户名**：用于输入连接到FTP服务器的用户名。
- **密码**：用于输入连接到FTP服务器的密码。
- **根目录**：用于输入远程服务器上存储站点文件的目录。
- **Web URL**：用于输入网址名称。

提示：FTP地址

FTP地址是计算机系统的完整Internet名称。在上传文件过程中需要输入完整的地址，并且不要附带其他任何文本，特别是不要在地址前面加上协议名。如果不知道FTP地址，可以与Web托管服务商联系。

实战练习 建立站点

在网页制作中，站点的建立非常重要，通过建立站点，可以使网站的制作井然有序，提高工作效率。在创建站点时，为了减少链接上的识别出错，要避免使用中文文件名称，具体操作步骤如下。

步骤 01 打开Dreamweaver CC软件，执行“站点>新建站点”命令，打开站点设置对象对话框，首先在“站点名称”文本框中输入站点的名称❶，接着单击“本地站点文件夹”右侧的按钮，选择合适的文件夹❷，然后单击“保存”按钮❸，如下左图所示。

步骤 02 在页面右侧的“文件”面板中显示了刚刚建立的站点，如下右图所示。

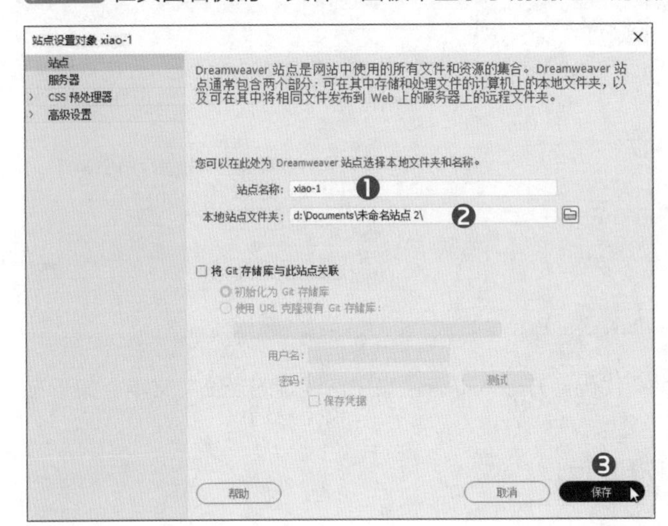

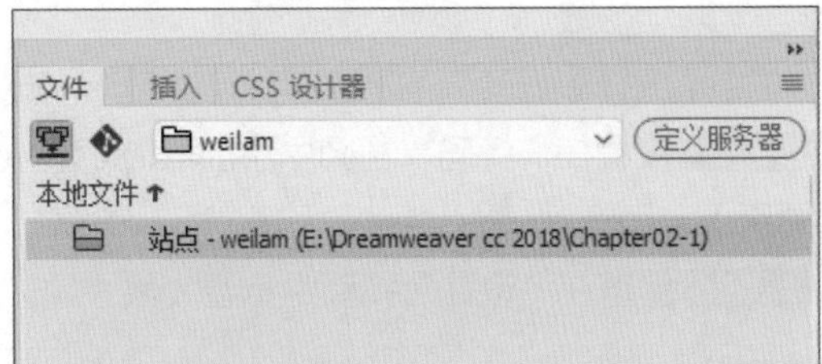

步骤 03 在“文件”面板中，选择站点并单击鼠标右键，在快捷菜单中选择“新建文件夹”命令，创建保存图片的文件夹为image，如下图所示。

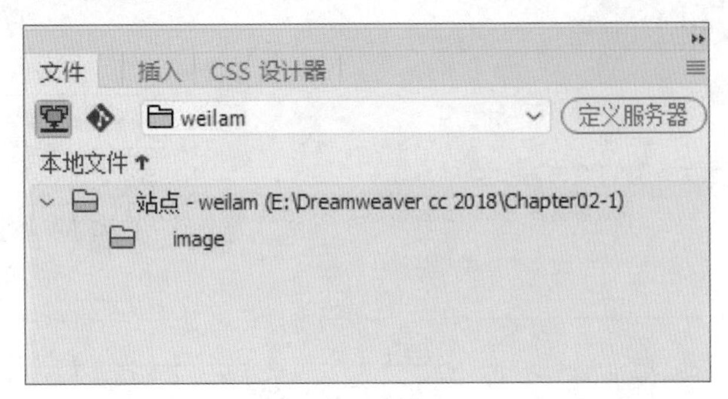

步骤 04 同样的方法，建立所需要的各个文件夹并依次命名，再新建文件并命名为index.html，如下右图所示。

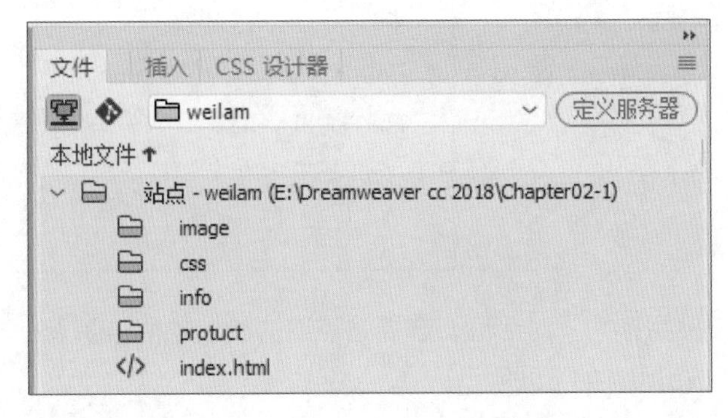

步骤 05 在“文件”面板中，双击index.html文件，打开网站首页index.html文件，如下左图所示。

步骤 06 在“代码”视图中，修改代码中的标题名为“站点的建立和管理”，如下右图所示。

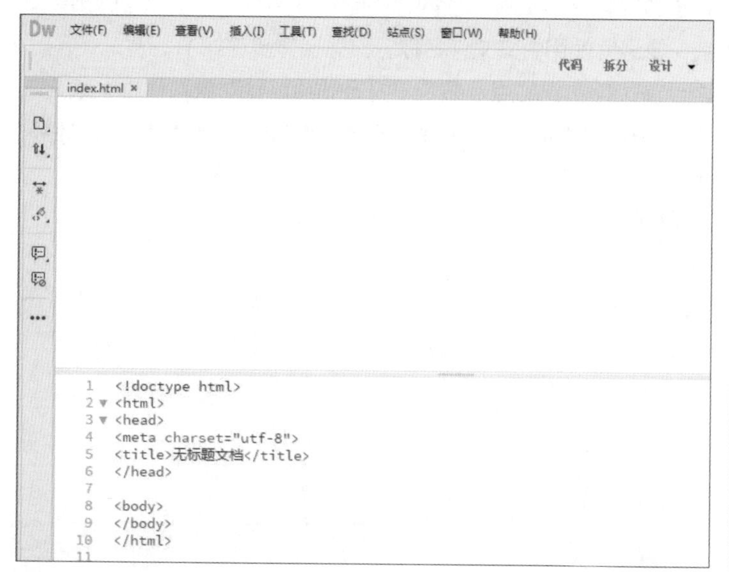


```
1   <!doctype html>
2 ▼ <html>
3 ▼ <head>
4   <meta charset="utf-8">
5   <title>站点的建立和管理</title>
6   </head>
7
8   <body>
9   </body>
10  </html>
11
```

步骤 07 接着在“代码”视图中添加<div>…</div>代码，并输入“未蓝文化欢迎您的光临”文本，如下左图所示。

步骤 08 即可在“设计”视图中查看效果，如下右图所示。

```
1   <!doctype html>
2 ▼ <html>
3 ▼ <head>
4   <meta charset="utf-8">
5   <title>站点的建立和管理</title>
6   </head>
7
8 ▼ <body>
9 ▼     <div>未蓝文化欢迎您的光临</div>
10  </body>
11  </html>
12
```

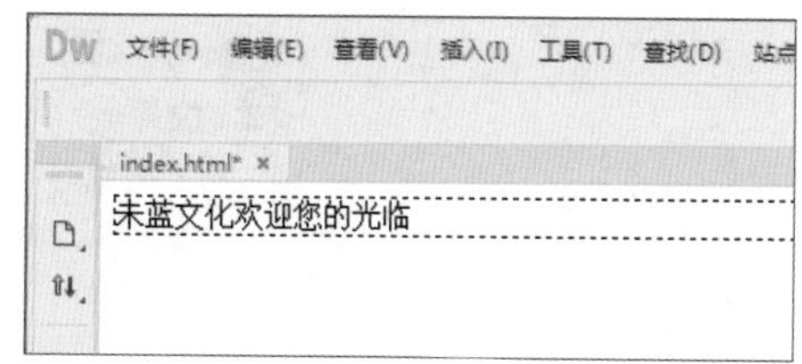

步骤 09 在页面右侧的“CSS设计器”面板中单击+按钮，在快捷菜单中选择“创建新的CSS文件”命令，将打开“创建新的CSS文件”对话框，然后单击“浏览”按钮，如右图所示。

创建新的 CSS 文件

文件/URL(F): 浏览...

添加为： 链接(L) 导入(I)

有条件使用（可选）

帮助 取消 确定

步骤 10 打开“将样式表文件另存为”对话框，选择站点下的css文件夹❶，在“文件名”文本框中输入my❷，然后单击“保存”按钮❸，如下图所示。

步骤 11 此时在“文件”面板中的css文件夹下就创建了my.css样式文件，如下左图所示。

步骤 12 同时在代码页面中，自动显示出调用my.css样式文件的代码，如下右图所示。

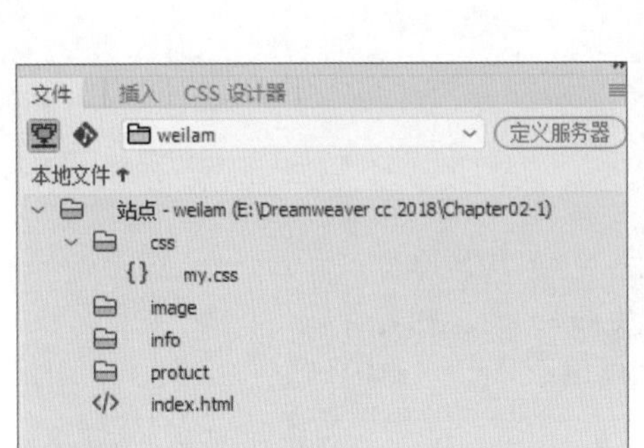

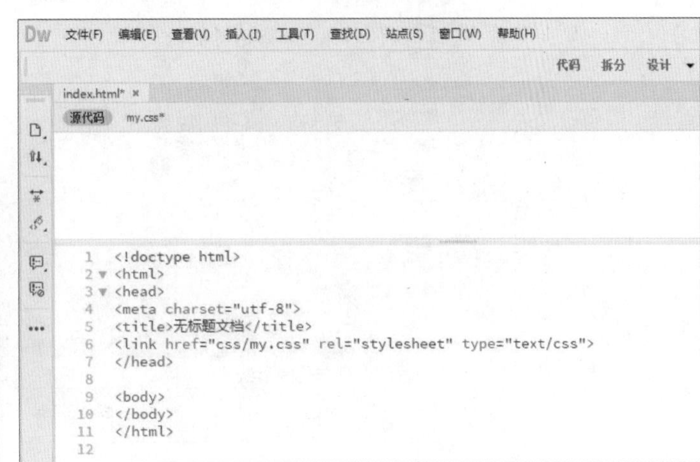


```
1  <!doctype html>
2  <html>
3  <head>
4  <meta charset="utf-8">
5  <title>无标题文档</title>
6  <link href="css/my.css" rel="stylesheet" type="text/css">
7  </head>
8
9  <body>
10 </body>
11 </html>
12
```

步骤 13 为了把“未蓝文化欢迎您的光临”文本居中显示，可以在my.css文件中添加一些代码样式，即在“文件”面板中双击my.css文件，打开my.css文件，如下左图所示。

步骤 14 在代码页面中输入下右图所示的代码，即可设置文字居中显示和颜色为红色，如下右图所示。

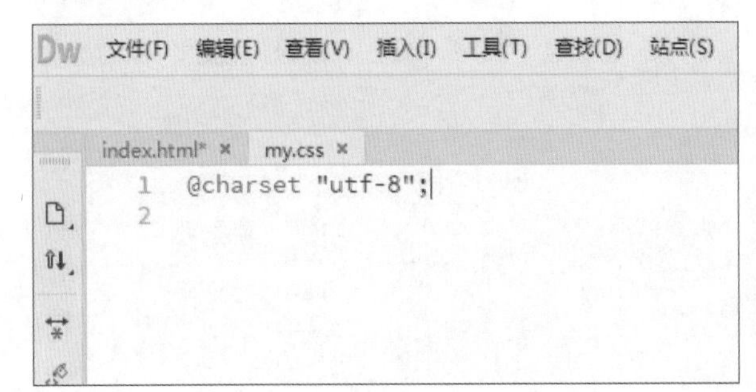


```
1  @charset "utf-8";
2
```

```
1  @charset "utf-8";
2  .centen {
3      text-align: center;
4      color: red;
5      background-color:#F0EBEB ;
6
7  }
```

步骤 15 回到index.html页面，在“设计”视图中查看效果，如下左图所示。

步骤 16 接着在代码视图中输入下右图所示的代码。

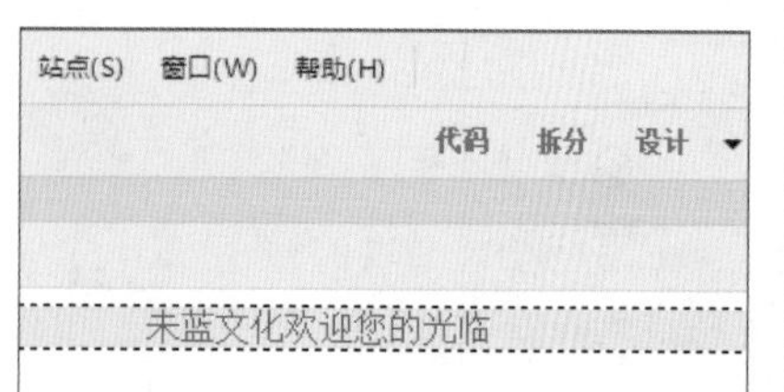

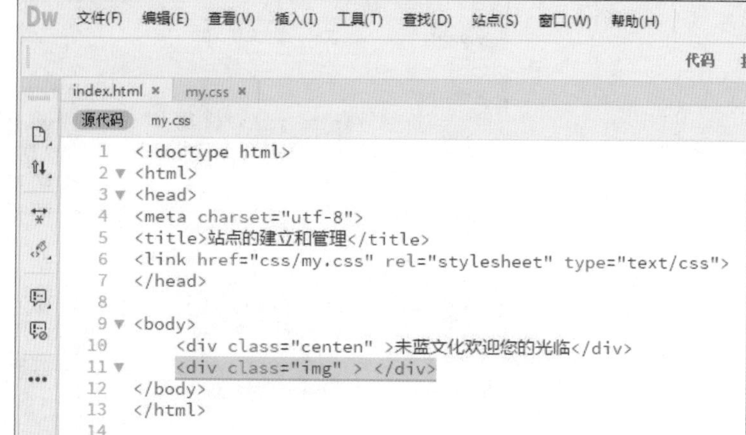

步骤 17 执行“插入>image”命令，在打开的“选择图像源文件”对话框中选择bj.jpg图片❶，单击“确定”按钮❷，如下图所示。

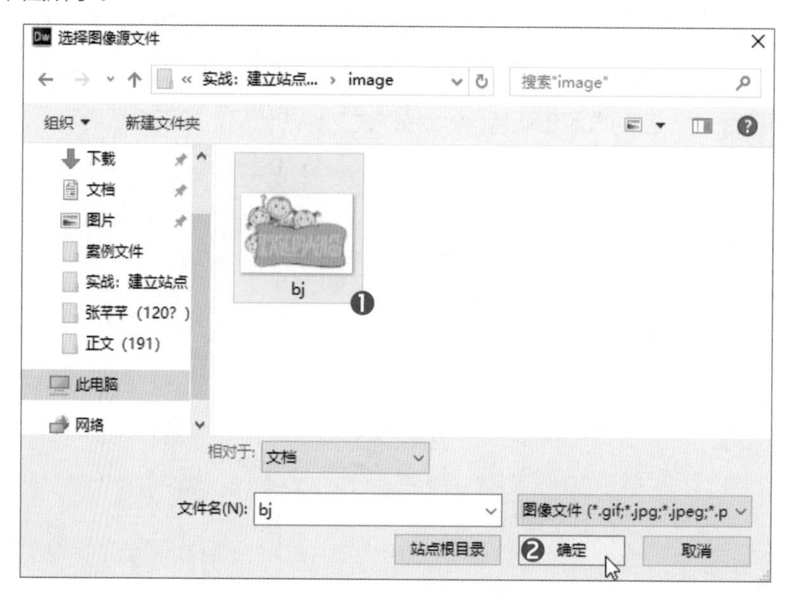

步骤 18 选择my.css文件，在“代码”视图中输入下图所示的代码。

```
1  @charset "utf-8";
2  .centen {
3      text-align: center;
4      color: red;
5      background-color:#F0EBEB ;
6
7  }
8  .img {
9      text-align: center;
10     width=600px;
11     height=413px;
12     margin: 20px;
13
14 }
```

步骤19 然后查看最终的index.html文件效果，如下图所示。

2.4.3 复制站点

执行复制站点操作可以创建所选站点的副本，副本将出现在站点列表窗口中，下面对复制站点的操作方法进行介绍，具体如下。

首先执行“站点>管理站点”命令，弹出“管理站点”对话框，选择所需复制的站点❶，单击“复制当前选定的站点”按钮❷，如下左图所示。此时在“管理站点”对话框中显示已经复制的站点，并自动命名为“站点 复制”❸，如下右图所示。

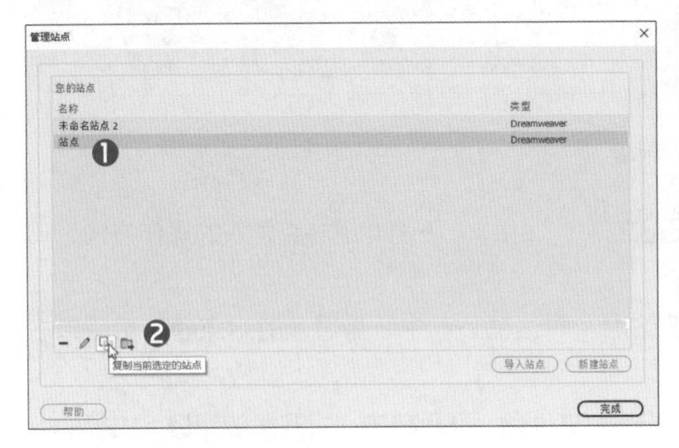

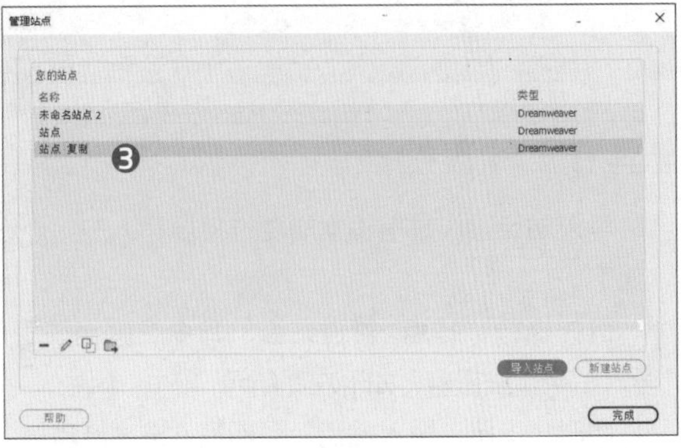

2.4.4 删除站点

删除站点是指删除“文件”面板中所选的站点，此操作无法撤销。下面介绍删除站点的操作方法，具体如如下。

首先执行“站点>管理站点”命令，弹出“管理站点”命令，选中需要删除的站点❶，然后单击“删除当前选定的站点”按钮❷，如下左图所示。

此时将弹出Dreamweaver提示对话框，提示用户删除该站点，此动作无法撤销，单击“是”按钮❸，可以删除不需要的站点，如下右图所示。然后返回到“管理站点”对话框，单击“完成”按钮，即可成功删除不需要的站点。

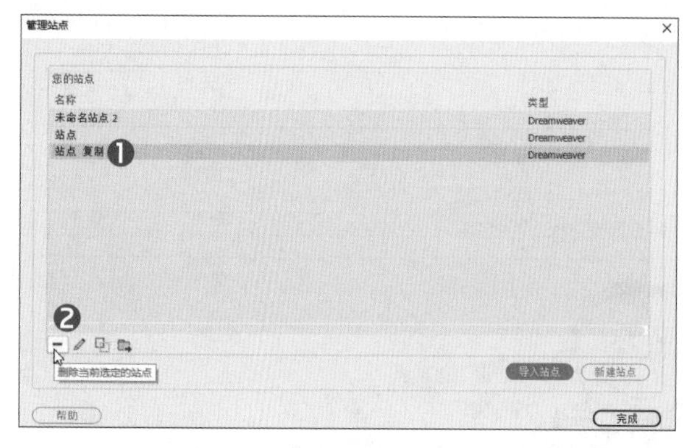

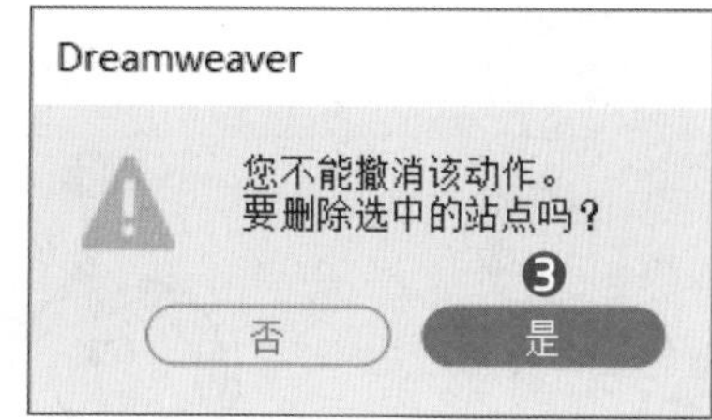

2.4.5 导出站点

导出站点操作是指将站点设置导出为XML文件（*.ste）。下面介绍导出站点的操作方法，具体如下。

首先执行“站点>管理站点”命令，弹出“管理站点”对话框，选中需要导出的站点❶，然后单击“导出当前选定的站点”按钮❷，如下左图所示。

弹出“导出站点”对话框，在“文件名”文本框中输入导出站点的名称❸，然后单击“保存”按钮❹，即可导出站点为XML的文件，如下右图所示。

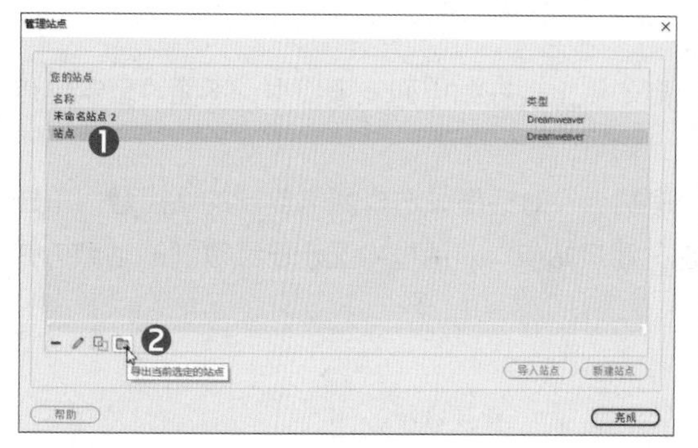

2.4.6 导入站点

导入站点操作是指根据需要选择要导入的站点设置文件（*.ste）。下面介绍站点导入的操作方法，具体如下。

首先执行“站点>管理站点”命令，弹出“管理站点”对话框，选中所需导入的站点❶，然后单击“导入站点”按钮❷，如下左图所示。

此时将弹出“导入站点”对话框，选中准备导入的站点文件❸，然后单击“打开”按钮❹，执行站点的导入操作，如下右图所示。

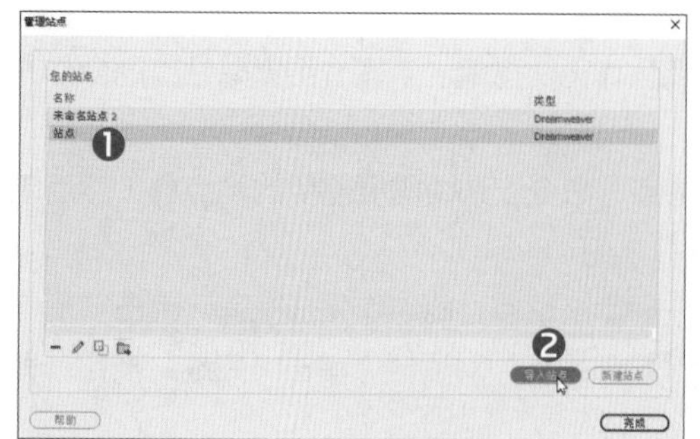

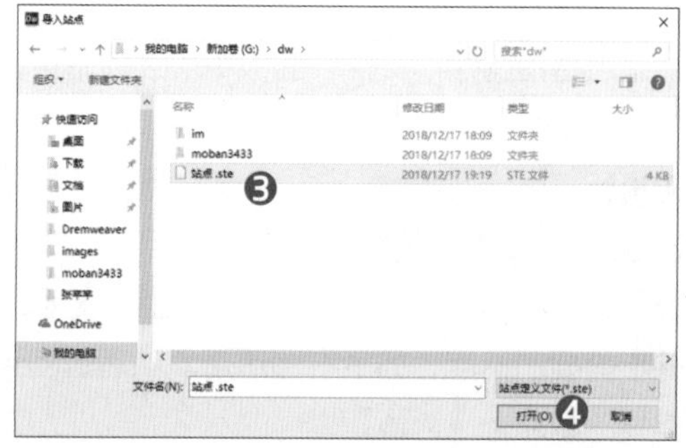

知识延伸：设置页面属性

在Dreamweaver中如果需要对页面属性进行设置，可以执行“文件>文件属性”命令，打开“页面属性”对话，如下图所示。在该对话框中，用户可以根据需要设置文档页面的整体属性。

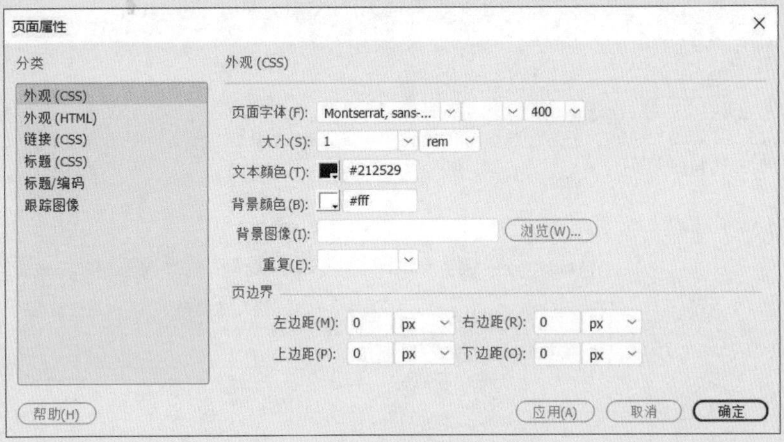

1. 设置外观（CSS）

Dreamweaver CC 2019将页面属性分为许多类别，其中“外观”分为“CSS”和“HTML”外观，“CSS”外观的基本属性的设置内容如下。

- **页面字体**：选择列表中的一个字体，定义页面的默认文本字体。
- **大小**：选择文本的大小直接输入一个数值，在后面定义数值的单位（默认为像素），该文本大小为页面中默认的文本大小。
- **文本颜色**：选择一种颜色，作为默认状态下文本的颜色。
- **背景颜色**：选择一种颜色，作为页面背景色。
- **背景图像**：可以输入希望用作HTML文档背景图像的路径和文件名称。单击“浏览”按钮，可以从磁盘上选择图像文件。这里不仅可以输入本地图像文件的路径和文件名称，也可以用URL的形式输入其他位置，例如网络上的图像地址等。
- **重复**：设置背景图像在页面中是否重复平铺。
- **左边距、右边距、上边距、下边距**：在每一项后面选择一个数值，或直接输入数字来设置页面元素同页面边缘的间距。

2. 设置外观（HTML）

“外观（HTML）”属性是一些与页面的链接效果有关的设置，如下图所示。

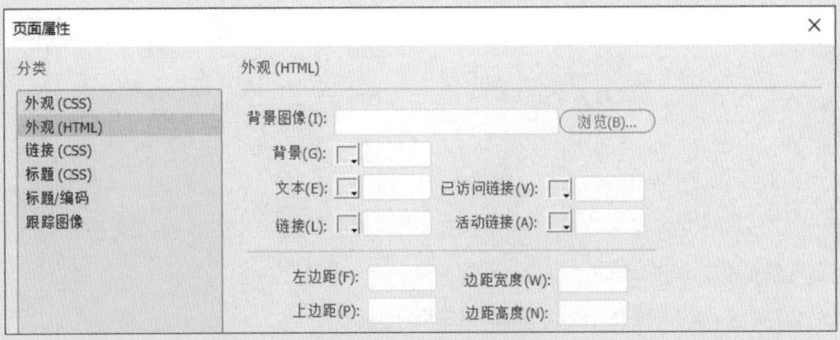

- **链接**：定义链接文本默认状态下的字体颜色。
- **已访问链接**：指定应用于已访问链接的颜色。
- **活动链接**：指定鼠标指针在链接上单击时应用的颜色。

3. 设置链接（CSS）

“链接（CSS）”属性是一些与页面的链接效果有关的设置，如下图所示。

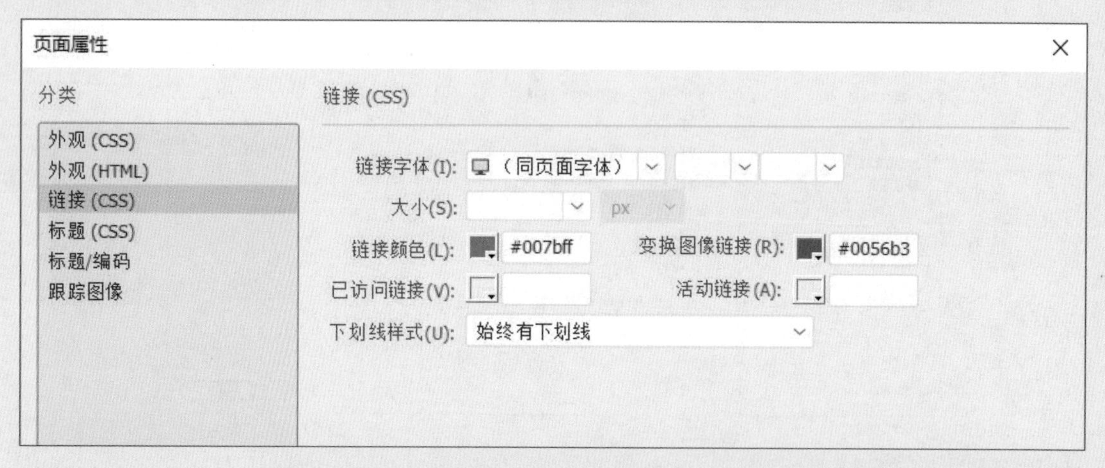

- **链接字体**：可从下拉列表中选择一种字体来定义页面超链接文本在默认状态下的字体。
- **大小**：直接输入一个数值，在后面定义数值的单位（默认为像素），定义超链接文本的字体大小。
- **链接颜色**：选择一种颜色作为默认状态下文本的颜色。定义超链接文本默认状态下的字体颜色；在“变换图像链接”中选择一种颜色，作为光标放在链接上时文本的颜色。设置“变换图像链接”可为链接增加动态的效果。
- **已访问链接**：可定义访问过的链接的颜色；在“活动链接”中定义活动链接的颜色。
- **下划线样式**：可定义链接的下划线样式。

4. 设置标题（CSS）

“标题（CSS）”属性是设置标题字体的一些属性，如下图所示。

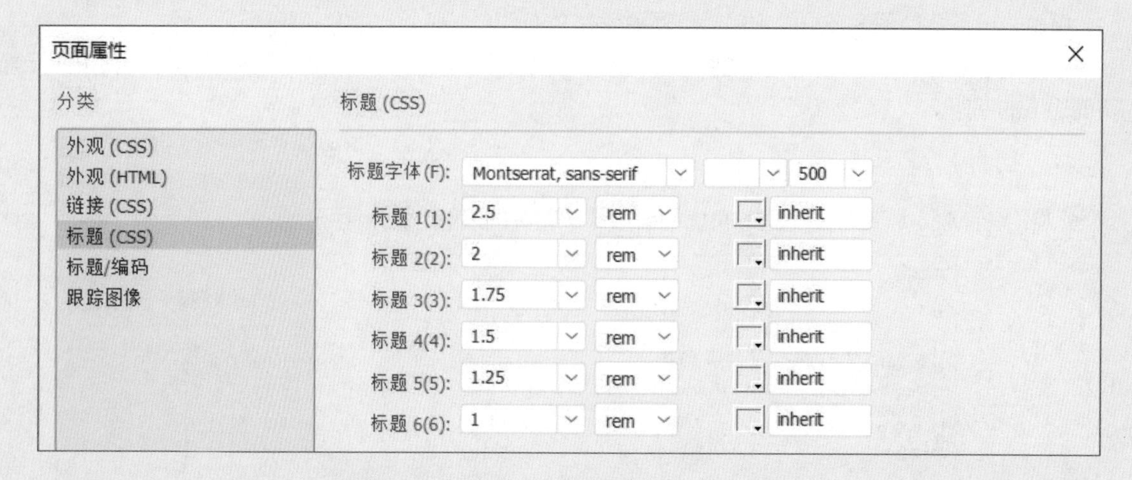

- **标题字体**：定义标题文字的字体。
- **标题1~6**：分别定义一级标题到六级标题的字号和颜色。

5. 设置标题/编码

“标题/编码”属性用来设置网页标题与文字编码，如下图所示。

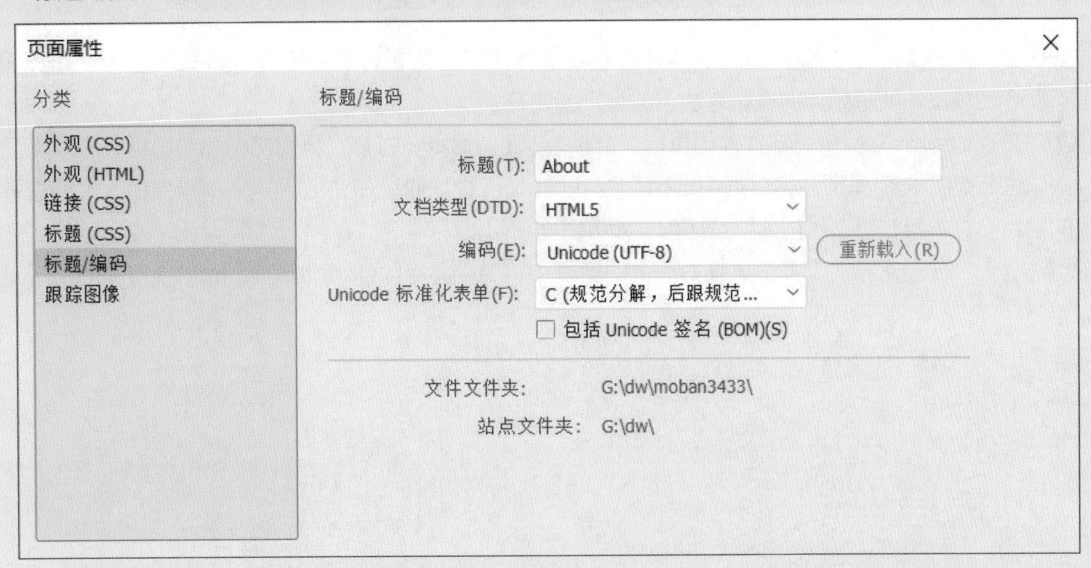

- **标题**：定义页面标题。
- **文档类型**：设置页面的DTD文档类型。
- **编码**：定义页面使用的字符集编码。
- **Unicode 标准化表单**：设置表单的标准化类型。
- **包括Unicode签名**：在表单标准化类型中包括Unicode签名。

6. 设置跟踪图像

“跟踪图像”用来设置跟踪图像的属性，如下图所示。

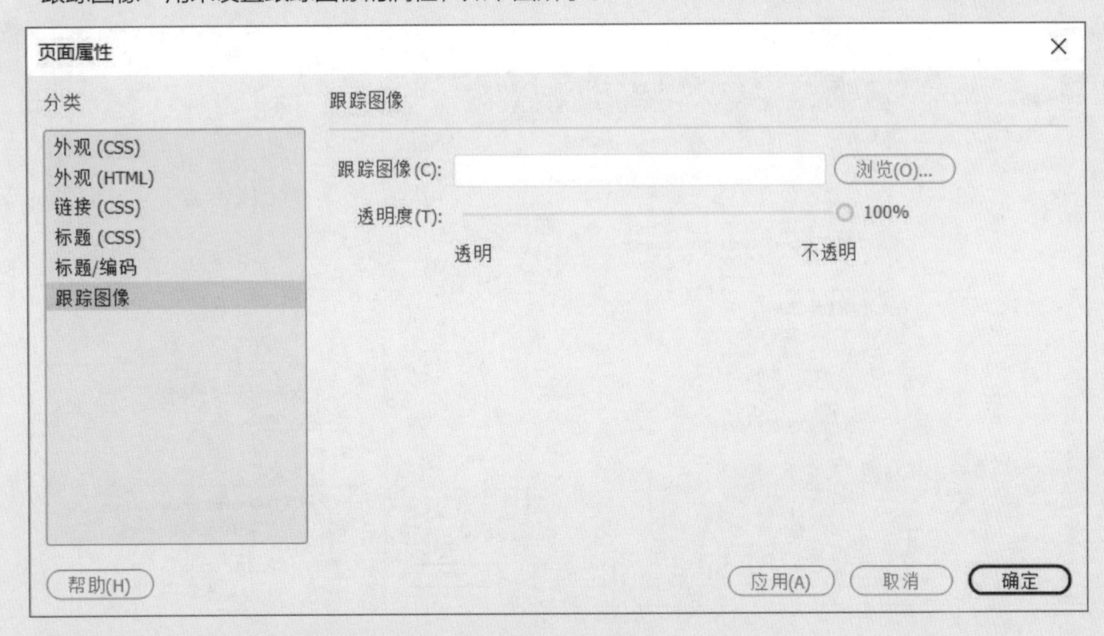

- **跟踪图像**：可以为当前制作的网页添加跟踪图像。
- **透明度**：调节跟踪图像的透明度，可以通过拖动滑杆来实现。

上机实训：创建并管理我的站点

要设计一个网站，首先要创建站点，并对站点的样式进行设置，然后再逐步添加内容，丰富页面效果。下面介绍创建与管理站点的操作方法，具体步骤如下。

步骤 01 打开Dreamweaver CC软件，执行“文件>新建”命令，打开“新建文档”对话框，在“新建文档”选项面板的“文档类型”列表框中选择“</>HTML”选项❶，在“标题”文本框中输入“创建并管理我的站点”文本❷，单击“创建”按钮❸，如下左图所示。

步骤 02 执行“文件>另存为”命令，在打开的对话框中将文档另存为Chapter02.html，如下右图所示。

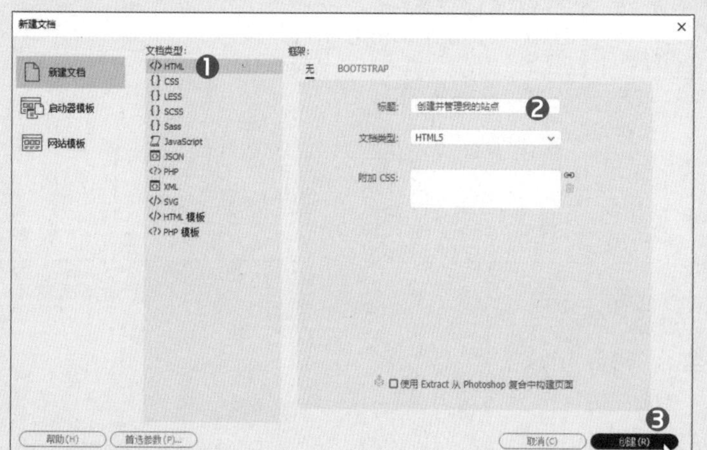

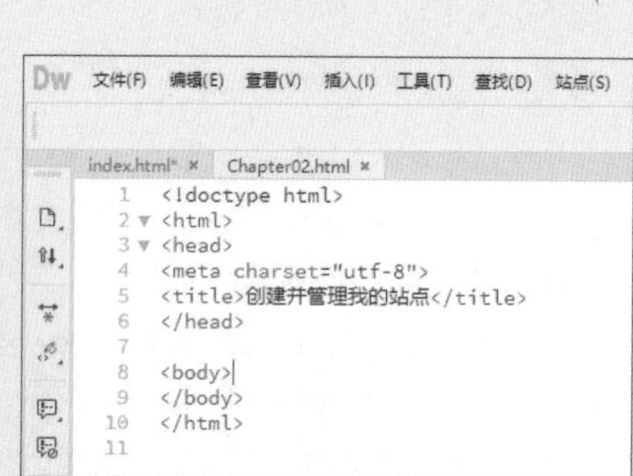

步骤 03 执行“站点>新建站点”命令，在打开的对话框中对“站点名称”和“本地站点文件夹”进行设置❶，然后单击“保存”按钮❷，如下左图所示。

步骤 04 在工作画面右边显示刚才建立的站点，表示本地站点创建完成，如下右图所示。

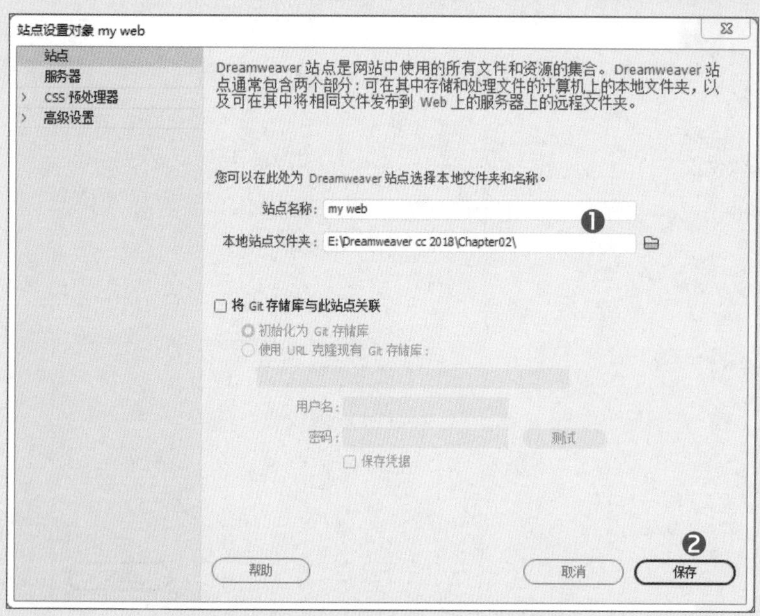

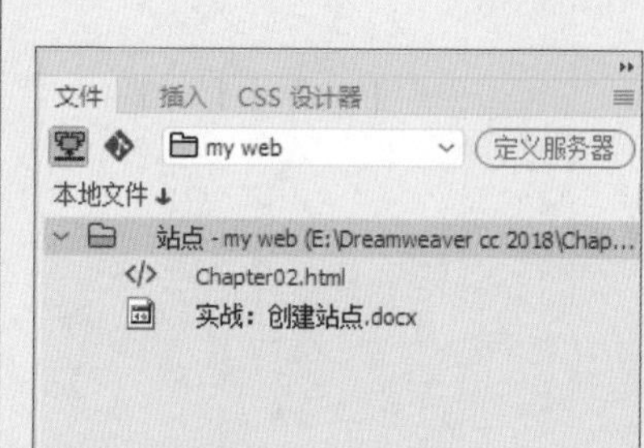

步骤 05 选择创建的站点并右击❶，在弹出的快捷菜单中选择“新建文件夹”命令❷，如下左图所示。

步骤 06 新创建一个图片文件夹，然后输入新创建的文件夹名称，如下右图所示。

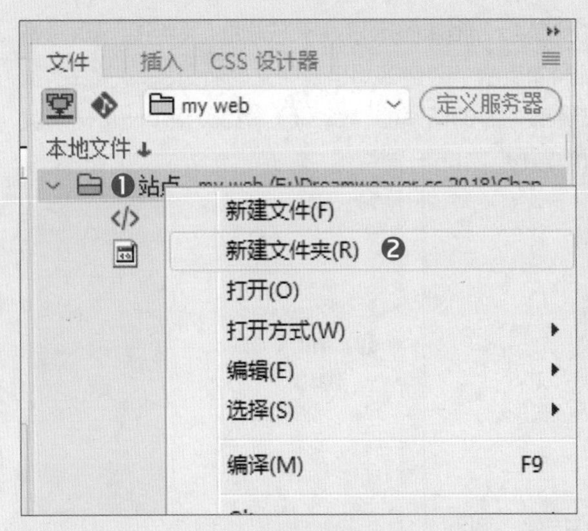

步骤 07 在“CSS设计器”面板中单击“添加CSS源”按钮➕❶，在弹出的列表中选择“创建新的CSS文件”选项❷，如下左图所示。

步骤 08 打开“创建新的CSS文件”对话框，在“文件/URL(F)”文本框中输入my❶，在“添加为”选项区域中选择“链接”单选按钮❷，表示在这个Chapter02.html文件外创建的my.css样式效果，需要链接来调用这个文件的效果，然后单击“确定”按钮❸，如下右图所示。

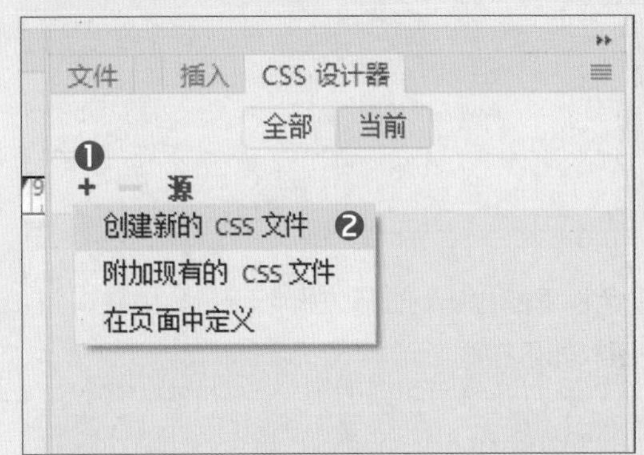

步骤 09 创建my样式文件后，“CSS设计器”面板中会显示出my.css文件，表示在Chapter02.html文件中调用到了my.css样式，如下左图所示。

步骤 10 在“CSS设计器”面板种选择my.css样式，然后在下方的“属性”选项区域中对页面的颜色和字体属性进行设置，如下右图所示。

步骤 11 切换至“源代码”页面，返回到Chapter02.html文档，画面背景颜色将变成粉红色（#F8F7E2），如下左图所示。

步骤 12 在“CSS设计器”面板中，单击“选择器”左侧的“添加选择器”按钮❶，创建tpbeijing样式，然后在“属性”选项区域中对tpbeijing样式的属性进行设置❷，如下右图所示。

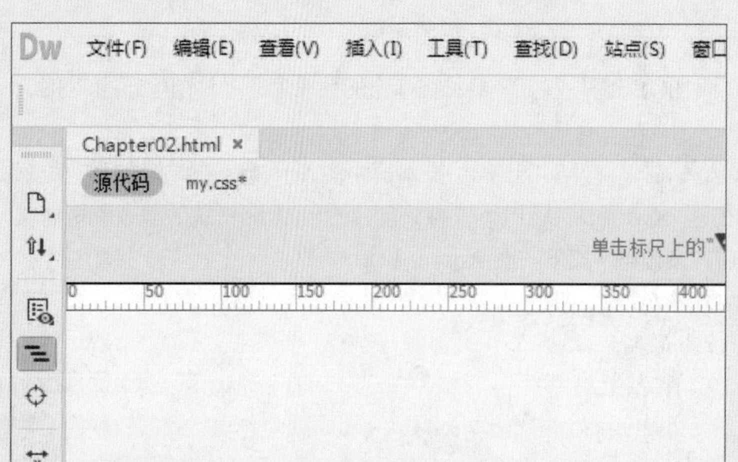

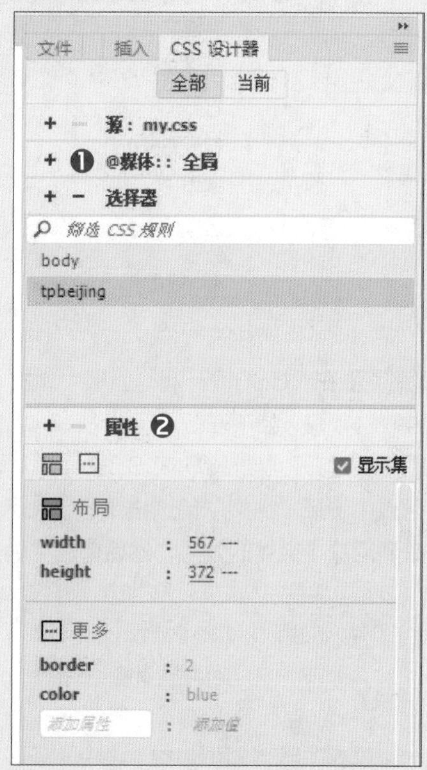

步骤 13 回到Chapter02.html文档，在“代码”视图中输入橙色框里的代码，如下左图所示。

步骤 14 切换至“插入”面板，单击HTML分类中的Image按钮，如下右图所示。

步骤 15 在打开的“选择图像源文件”对话框中选择11.jpg图片❶，单击“确定”按钮❷，如下左图所示。

步骤 16 然后在弹出的提示对话框中单击“是”按钮，如下右图所示。

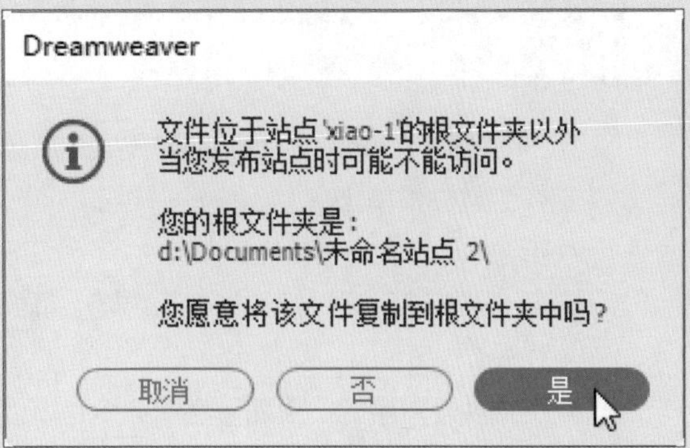

步骤17 打开"复制文件为"对话框，选择img文件夹❶，单击"打开"按钮❷，即可将图片存到站点上的img文件夹中，并且可以将图片插入画面中，如下图所示。

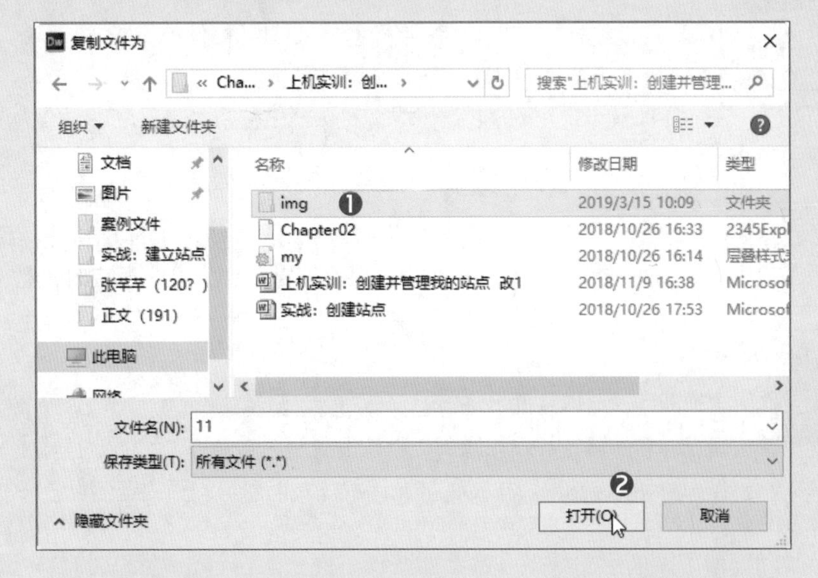

步骤18 对my.css文件代码进行修改，使图片居中，并输入文字，最终效果如下图所示。

课后练习

1. 选择题

(1) 用户在编辑文件过程中，如果想要上方显示代码窗口、下方显示视图窗口，那么需要在“文档”工具栏中单击__________按钮。

A.拆分　　B. 代码　　C.设计　　D. 实时代码

(2) 如果准备查看已设置好的文件头内容，最好将视图模式切换到__________视图。

A.代码　　B. 拆分　　C.设计　　D.实时代码

(3) 网页文件设置中的“页面属性”命令在下面__________的菜单中。

A.插入　　B. 文件　　C. 查看　　D. 窗口

(4) __________是用于精确定位的，是用户从标尺拖动到文档上的线条。它们有助于更加精确地放置和对齐对象。

A. 标尺　　B. 辅助线　　C. 跟踪图像　　D. 插件

(5) __________是指用户准备上传到网站中的所有文件和资源的集合。

A.表单　　B.HTML　　C.站点　　D.标签

2. 填空题

(1) __________视图模式下，用户可以手工编写HTML、ASP VBScript、XSLT、JavaScript、服务器语言代码（如PHP或ColdFusion标记语言（CFML））以及任何其他类型的代码。

(2) __________是在整个开发周期中进行的一个持续的过程。在这一工作流程的最后，在服务器上发布该站点。

(3) 为了避免工作区出现混乱，可以将面板进行__________显示。

(4) 标尺的度量单位有三种：像素、英尺和厘米，默认设置是__________。

(5) __________是用于增强或控制网页样式，并允许将样式信息与网页内容信息分离的一种标记性语言。

3. 上机题

打开给定的素材，在页面中进行页面整体属性的操作，原始素材如下左图所示。结合本节所学知识，最终的设计效果如下右图所示。

操作提示

1. 应用“页面属性”的相关知识进行操作；
2. 学习页面颜色的搭配技巧。

Chapter 03 插入网页元素

本章概述

网页最基本的元素是文本和图像，几乎所有的网页都是由文本和图像经过精心编排而组成的。正确并且恰当地处理文本和图像等网页基本元素是网页设计者必备的基础技能之一。本章将详细介绍文本和图像及其相关元素的插入及设置。

核心知识点

1. 掌握在网页中插入文本
2. 熟悉网页中常用的图像格式
3. 了解超级链接的概述
4. 理解如何插入图像元素
5. 掌握插入表单元素的方法

3.1 插入文本元素

文本是网页信息的重要载体，也是网页中必不可少的内容，它的格式是否合理直接影响到网页的美观程度。制作精美、设计合理的文本元素不仅能够增强网页的观赏性，而且可以提升浏览者浏览网页的兴趣。下面介绍插入文本元素的具体方法。

3.1.1 插入普通文本

想要在Dreamweaver编辑窗口中插入文本，既可以直接在“编辑窗口”窗口中输入文本，也可以将其他文本粘贴过来进行使用。下面介绍插入普通文本的具体操作方法。

1. 直接输入文本

直接输入文本是指在Dreamweaver编辑窗口中输入文本，具体操作方法如下。

将插入点放置在编辑窗口中准备编辑的位置，此时窗口中会出现闪烁的光标，提示在这里输入起始文字，输入文本即可，如下图所示。

2. 复制粘贴文本

复制粘贴文本是指复制其他格式文件中的文字，然后粘贴到Dreamweaver编辑窗口中，具体操作方法如下。

首先打开准备复制的文件，选中文本，单击右键，在弹出的快捷菜单中选择“复制”命令，如下左图所示。然后返回编辑窗口中按下Ctrl+V组合键粘贴文本，会弹出“插入文档”对话框，选择插入文档的方式，单击“确定”按钮，如下右图所示。

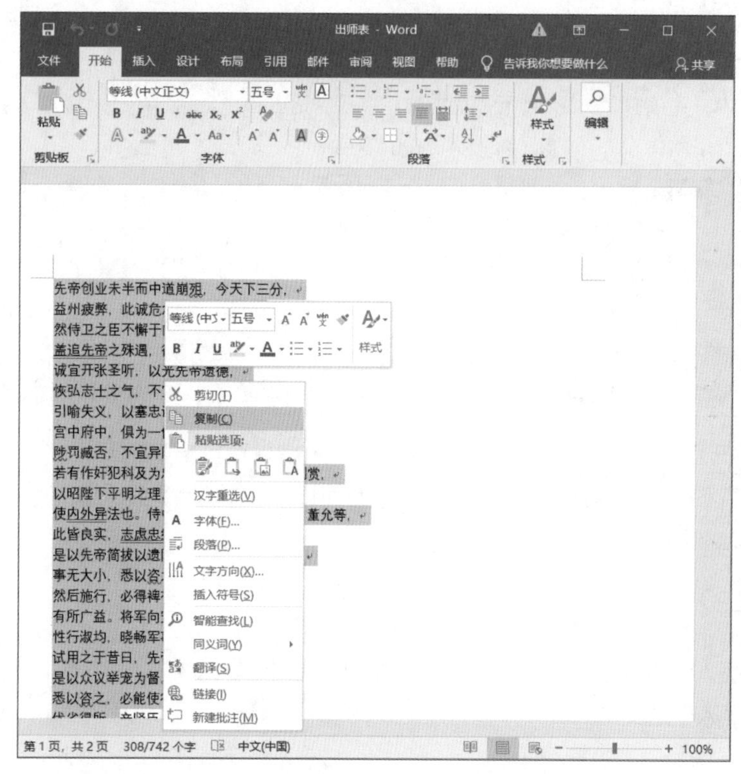

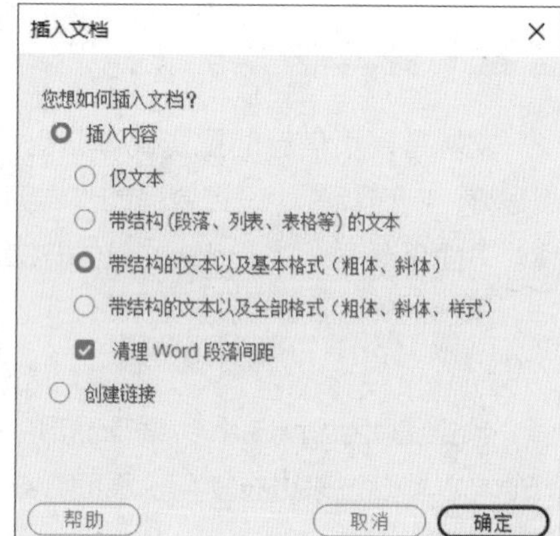

下面对“插入文档”对话框的参数进行详细介绍。

- **插入内容**：默认选中此单选按钮，表示插入内容。
- **仅文本**：选中此单选按钮，表示只粘贴文本内容，不包含任何字体格式。
- **带结构**：选中此单选按钮，表示粘贴带有结构和格式的文本。
- **创建链接**：选中此单选按钮，表示将创建带有链接的文本内容。

3.1.2 插入特殊符号

在网页中，有时可能需要插入一些特殊符号，常用的插入方法为通过某些输入法的软键盘输入。但是软键盘中所列的符号毕竟有限，有时需要的符号软键盘中没有，如商标符、版权符等，为了解决该问题，在 Dreamweaver中集成了这种功能，用户可以很方便地插入特殊符号。

1. 特殊字符

要在网页中插入特殊字符，可以利用Dreamweaver CC 2019自带的特殊字符。插入字符的具体操作如下。

步骤 01 将鼠标光标定位到待插入处，打开“插入”面板，单击“字符”选项，如下左图所示。

步骤 02 选择需要的字符，若该菜单中没有，可以选择“其他字符”命令，如下中图所示。

步骤 03 从弹出的“插入其他字符”对话框中选择，然后单击“确定”按钮，如下右图所示。

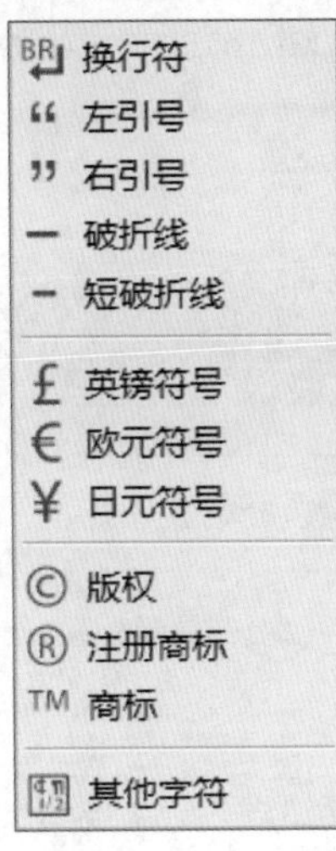

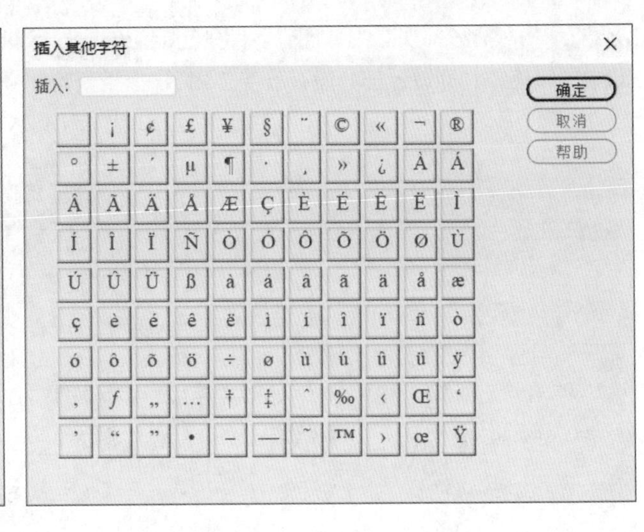

2. 空格

要实现文本的空格，可以按键盘上的空格键，这和很多字符处理程序是一样的，但需要注意的是Dreamweaver编辑窗口限制在同一个位置只能使用一次空格键，也就是只能空一格。要使当前位置空一个以上的空格，可以调出任意一种中文输入法，单击输入法指示条上的“全角/半角”转换按钮，将当前输入法切换到全角状态，然后再按键盘上的空格键，这时每按一次便可输入一个空格。

3.1.3 插入说明

插入说明是一个很好的习惯，可以方便源代码编写者对代码进行事后的管理和维护，特别是在代码过长的情况下。恰当的说明有助于理解源代码，但不会显示在浏览器中。下面给“中国风”添加说明：“中国风，即中国风格”，表明它的显示范围。为了便于查看说明的位置，首先要将网页放置在“拆分”视图中，再进行如下操作步骤。

步骤 01 将鼠标光标移至段落开头“中国风”处，如下左图所示。

步骤 02 在“插入”面板中选择“说明”选项，如下右图所示。

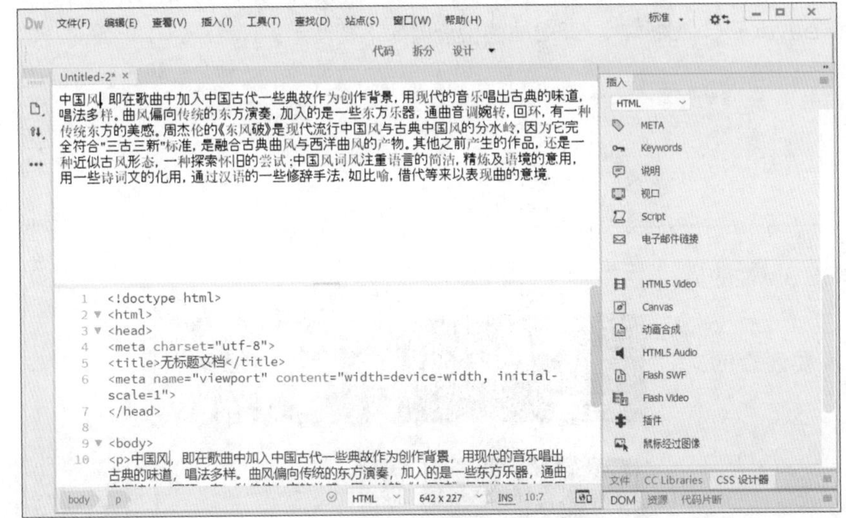

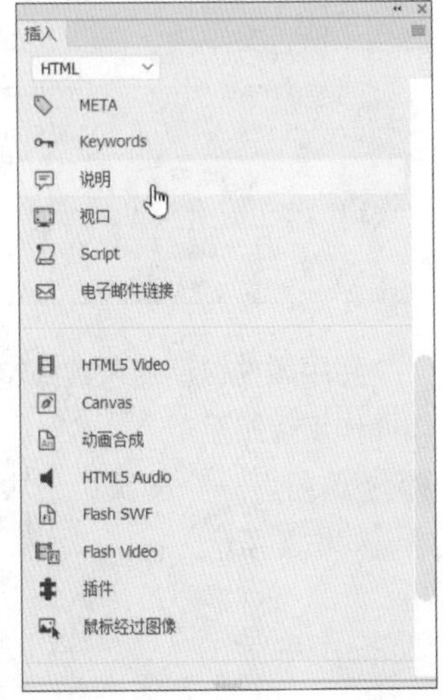

步骤 03 打开“说明”对话框，输入“中国风，即中国风格”文本❶，然后单击“确定”按钮❷，如下左图所示。

步骤 04 在“拆分”视图中“代码”部分的相应位置显示<meta name="description" content="中国风，即中国风格">，而设计部分没有改变，如下右图所示。

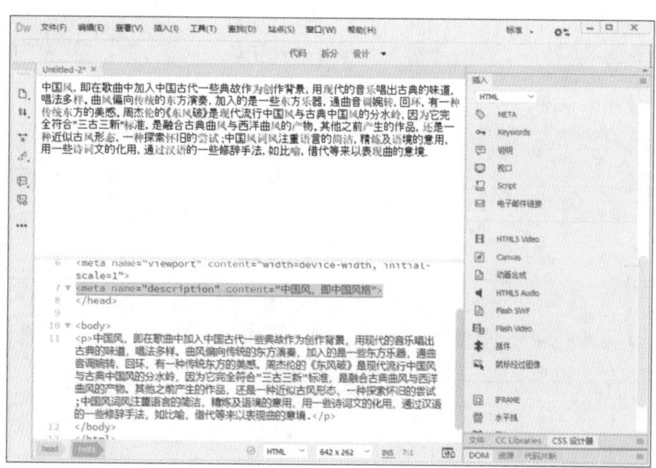

3.1.4 设置文本属性

在Dreamweaver CC 2019中插入文本的方法比较简单。但是要使文本内容真正与页面背景、图片、Flash动画等其他元素协调一致，使整个页面看起来浑然天成，则对文本内容进行后期修改和修饰是必要的，也是非常重要的一个环节。

要设置文本属性，最简单的方法就是利用“文本”属性面板，操作直观、方便、快捷。“文本”属性面板位于编辑窗口的下方，用户可以通过拖动其前方的标识，将属性面板拖到任意位置。如果在编辑窗口的下方没有发现属性面板，那么可以单击“窗口”面板中的“属性”命令，即可打开属性面板。或者直接按“Ctrl＋F3”组合键也可以快速打开和关闭属性面板。属性面板包含了CSS属性检查器和HTML属性检查器两种。

1. 使用属性检查器设置文本CSS属性

对于编辑窗口中的文本，可以使用CSS格式设置其属性，该格式可以新建CSS样式或将现存的样式应用于所选文本中。在Dreamweaver CC 2019中，CSS属性检查器如下图所示。

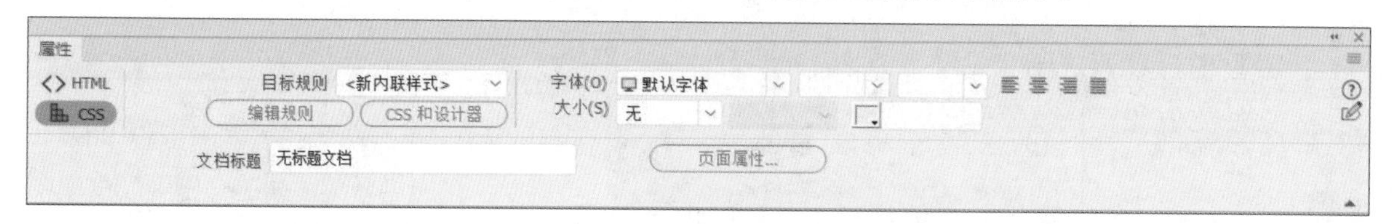

利用属性检查器设置文本CSS属性的具体操作步骤如下。

步骤 01 打开一个网页，选中需要设置的文本，如右图所示。

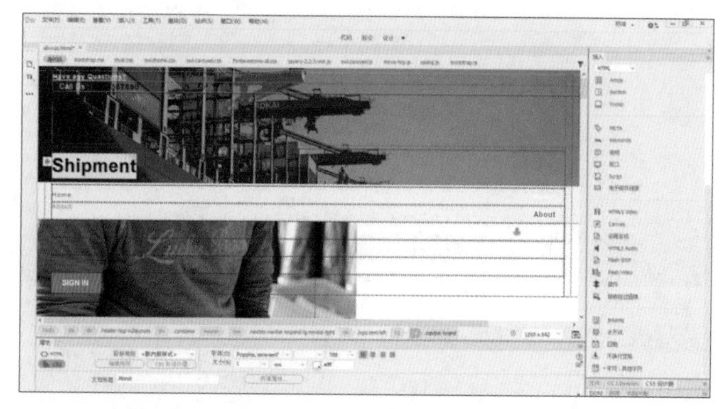

步骤 02 在“属性”面板中，单击“CSS”按钮，打开“字体”下拉列表，设置字体格式，如下图所示。

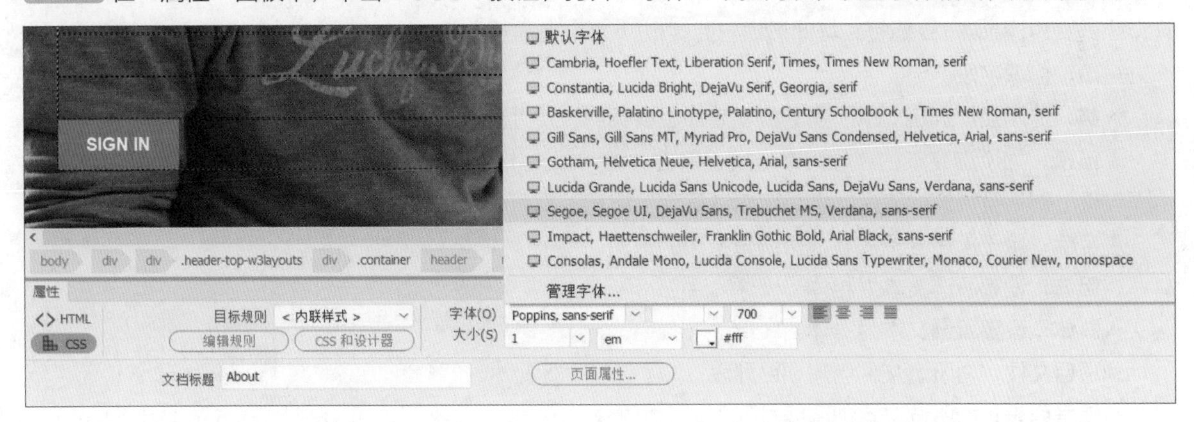

步骤 03 如果需要的字体不在下拉列表中，可以自行添加。单击“字体”下拉列表中的“管理字体”命令，在打开的“管理字体”对话框中选择需要的字体，然后单击“完成”按钮即可，如下左图所示。

步骤 04 在“属性”面板中单击“颜色”按钮，还可以设置文本颜色，如下右图所示。

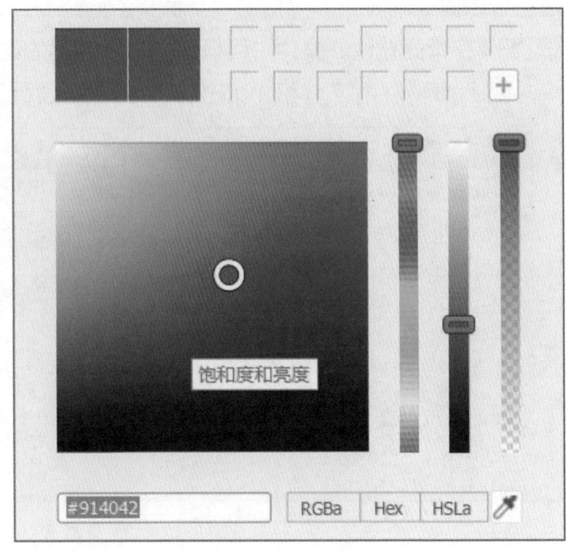

2. 使用属性检查器设置文本HTML属性

HTML格式用于设置文本的字体、大小、颜色、边距等，因此编辑窗口中的文本可以通过HTML格式设置其属性。在Dreamweaver CC 2019中，HTML属性检查器如下图所示。

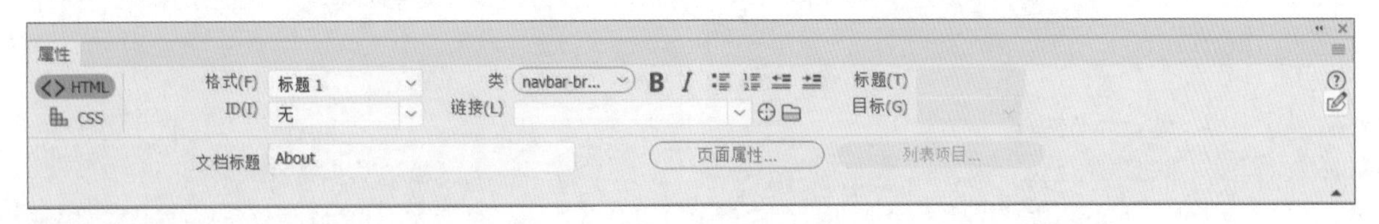

- **格式**：设置所选文本段落样式。“段落”选项表示为所选择的文本添加<p>标签，“标题1”表示为所选文本添加<H1>标签，其他选项与此类似。
- **ID**：标识字段。
- **类**：显示当前选定对象所属的类、重命名该类或链接外部样式表。
- **链接**：为所选文本创建超文本链接。单击“链接”文本框右侧的“浏览文件”按钮，打开“选择文件”对话框，选择文件，然后单击“确定”按钮，即可建立链接。
- **目标**：用于指定准备加载链接编辑窗口的方式。
- **粗体**：设置所选文本为粗体。
- **斜体**：设置所选文本为斜体。
- **项目文件**：为所选文件创建项目列表。
- **编号列表**：为所选文本创建编号列表。

实战练习 插入文本元素

在网页中加入一些文字说明，不仅丰富页面显示，还能让浏览者更容易理解网页内容。下面通过具体实例介绍插入文本元素的操作，具体步骤如下。

步骤 01 打开Dreamweaver CC软件，执行“站点>新建站点”命令，在打开对话框的“站点名称”文本框中输入wenben❶，在“本地站点文件夹”文本框内选择合适的文件夹❷，单击“保存”按钮❸，如下左图所示。

步骤 02 在页面右侧“文件”面板中，选择创建的站点并右击，在弹出的快捷菜单中选择“新建文件”命令，创建crwb.html文件和img文件夹，如下右图所示。

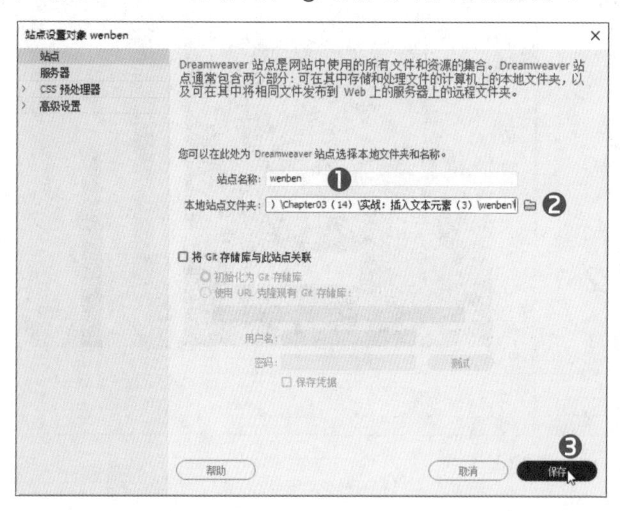

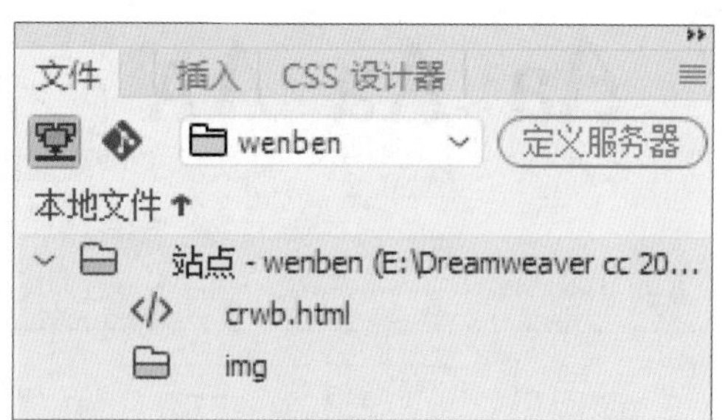

步骤 03 双击crwb.html文件，打开crwb.html文件页面，在代码标题栏输入“插入文本元素”文本。然后在代码页面的文件中输入样式代码，这样做就可以不用调用文件外的css文件样式，如下图所示。

```
2 ▼ <html>
3 ▼ <head>
4   <meta charset="utf-8">
5   <title>插入文本元素</title>
6 ▼ <style>
7   .cen{margin:0 auto;width:680px;height:540px;position:relative;}
8   .cen2{margin:0 auto;width:650px;height:519px;position:absolute;left:2%;top:2%;background-image:
    url(../wenben/img/12.jpg.jpg)}
9   </style>
10  </head>
```

步骤 04 接着在代码页面输入蓝色选区部分代码，如下图所示。

```
5   <title>插入文本元素</title>
6 ▼ <style>
7   .cen{margin:0 auto;width:680px;height:540px;position:relative;}
8   .cen2{margin:0 auto;width:650px;height:519px;position:absolute;left:2%;top:2%;}
9   </style>
10  </head>
11
12 ▼ <body>
13 ▼ <div class="cen">
14      <div class="cen2"></div>
15  </div>
16  </body>
```

步骤 05 查看设计页面的效果，如下图所示。

步骤 06 执行“插入>标题>标题1”命令，在内嵌的<div>…</div>代码中输入标题文字，如下图所示。

```
1   <!doctype html>
2 ▼ <html>
3 ▼ <head>
4   <meta charset="utf-8">
5   <title>插入文本元素</title>
6 ▼ <style>
7   .cen{margin:0 auto;width:680px;height:540px;position:relative;}
8   .cen2{margin:0 auto;width:650px; height:519px;position:absolute;left:2%;top:2%;background-image:
    url(../wenben/img/12.jpg.jpg)}
9   </style>
10  </head>
11
12 ▼ <body>
13 ▼ <div class="cen">
14 ▼     <div class="cen2"><h1>独上小楼春欲暮</h1></div>
15  </div>
16  </body>
17  </html>
```

步骤 07 执行“插入>段落>标题1”命令，在内嵌的<div>…</div>代码中输入标题文字，如下图所示。

```
1   <!doctype html>
2 ▼ <html>
3 ▼ <head>
4   <meta charset="utf-8">
5   <title>插入文本元素</title>
6 ▼ <style>
7   .cen{margin:0 auto;width:680px;height:540px;position:relative;}
8   .cen2{margin:0 auto;width:650px; height:519px;position:absolute;left:2%;top:2%;background-image:
    url(../wenben/img/12.jpg.jpg)}
9   </style>
10  </head>
11
12 ▼ <body>
13 ▼ <div class="cen">
14      <div class="cen2"><h1>独上小楼春欲暮</h1></div>
15 ▼    <div class="cen2"></div>
16  </div>
17  </body>
18  </html>
19
```

步骤 08 执行“插入>段落”命令，在内嵌的<div>…</div>代码中输入段落文字，如下图所示。

```
<!doctype html>
<html>
<head>
<meta charset="utf-8">
<title>插入文本元素</title>
<style>
.cen{margin:0 auto;width:680px;height:540px;position:relative;}
.cen2{margin:0 auto;width:650px; height:519px;position:absolute;left:2%;top:2%;background-image:
url(../wenben/img/12.jpg.jpg)}
</style>
</head>

<body>
<div class="cen">
    <div class="cen2"><h1>独上小楼春欲暮</h1><p>独上小楼春欲暮，愁望玉关芳草路。
消息断，不逢人，却敛细眉归绣户。
坐看落花空叹息，罗袂湿斑红泪滴。
千山万水不曾行，魂梦欲教何处觅？</p></div>

</div>
</body>
</html>

```

步骤 09 在设计页面中查看效果，如下图所示。

步骤 10 在代码页面中，对文字在换行处加上
换行代码，然后调整文字的样式，完成整个案例的制作，查看设计效果，如下图所示。

3.2 插入图像元素

在站点中创建Dreamweaver编辑窗口后，用户可以将图像元素插入到该编辑窗口中，HTML源代码中会生成对该图像文件的引用。同时图像文件也需要保存在当前站点中，否则Dreamweaver会询问用户是否要将此文件复制到当前站点中。

3.2.1 网页中常用图像格式

当创建好站点，搭建好本地站点的结构并创建文件之后，便可以开始页面的制作了。因为制作网页的首要步骤是准备素材，而图像是一种重要的素材，只有对它有了深入的了解，才能得心应手地制作出专业的、图文并茂的网页。

图像元素是网页不可或缺的重要组成部分。精美网页的设计常常会使用大量的图片，而图片的运用不仅令网页更加生动多彩，吸引浏览者的眼球，而且其影响甚至比千言万语还要更直接。俗话说“百闻不如一见”，无形的文字和声音，远远不如有形的图像含义丰富。因此，利用好图片，也是网页设计的关键。

当然，图像的使用会受到网络传输速度的限制，为了缩短下载时间，一个页面中的图像最好不要超过200KB。但是随着宽带技术的发展，网络传输速度不断提高，这种限制会越来越小。

1. GIF图像

GIF是Graphics Interchange Format的缩写，使用LZW算法（一种由Unisys公司拥有的注册专利性无损压缩算法）进行压缩，以.gif作为文件的后缀名，最多支持256种颜色，色彩比较简单，但文件比较小，是网上常用的图像格式。网上的图标、按钮等通常使用这种格式的图像。GIF图像可分为87a和89a两种格式，其中89a的GIF文件支持动画效果，这种动画形式可以使网页变得非常生动，而且容量也很小，网上的很多Logo、Banner通常都是用这种方法制作的，而且它支持交错显示模式。所谓交错显示模式是指在网络传输速率较慢时，一张图像往往不能一下显示出来，就以类似百叶窗的效果慢慢显示，这样用户在浏览主页的时候就不会失去耐心而跳转到其他网页了。

但是，由于GIF动画最多只支持256种颜色，当用它来表现更丰富的色彩效果时，往往显得力不从心，所以它现在面临着Flash动画的挑战。Flash是现在网络动画的新时尚，它支持全彩色（32位颜色），制作出来的是矢量图形，这就意味着它可以被任意放大，不会产生锯齿边缘或模糊失真，而且其文件容量也非常小。

GIF图像在网络上流行的另一个原因是它支持透明背景，所以它在网页中经常用做项目符号和按钮等希望不遮挡背景的元素。

如下图所示，就是适合GIF格式表现的图形。

2. JPG图像

JPG是Joint Photographic Group的缩写，文件的后缀名是.jpg，它是一种有损压缩方式，且压缩比很高，压缩效果很显著。JPG图像支持全彩色模式，可以使图片的色彩非常丰富，而且其有损压缩所产生的损失肉眼很难看出来。所以当网页上需要全彩色的图像时，如新闻照片、产品介绍、人物专访、摄影作品等，最好采用JPG格式。

JPG格式的图像会有高、中、低质量的选项，JPG图像的大小主要是由图像质量决定的。对于Web浏览器而言，用中、低质量就可以了，这样将减小图像的尺寸，该种格式支持渐进显示效果，即在网络传输速率较慢时，一张图像可以由模糊到清晰慢慢显示出来。

下图所示，就是适合使用JPG格式表现的图像。

3. PNG图像

PNG是Portable Network Graphic的缩写，这种图像格式由于受到W3C组织的大力推荐，已经在网络上逐渐推广。PNGl图像采用与GIF图像类似的压缩算法，但是避开了牵扯版权争议的相关内容，因此是一种可以“安全”使用的图像。PNG图像可以采用无损压缩算法，以真实重现原始图像的信息，同时它又支持真彩色，而且图像文件的大小和JPG/JPEG没有太大的差别。

PNG图像是一种格式上非常灵活的图像，它可以同时实现GIF的一些特性，例如透明背景等，还可以控制对图像的压缩比率，使用无损或是有损压缩算法，以进一步减小文件大小。与JPG图像不同，PNG格式可以支持多种颜色数目，例如8位色（256色）、16位色（65536色）或24位色（1677216色）等，甚至还支持32位更高质量的颜色。

如下图所示，就是适合使用PNG格式表现的图像。

3.2.2 插入网页图像

在了解网页制作中常用的图像格式后，接下来就可以为所制作的网页选择合适的图片，并将其插入页面了，这样有助于用户网上浏览。在实际操作中，还可以在网页中插入动态图片，让网页更生动。打开一个需要插入图像的页面，按以下步骤为其插入图像。

步骤 01 将光标定位在准备插入图像的位置，在“插入”面板中选择“Image”选项，如下左图所示。

步骤 02 在“选择图像源文件”对话框中选择要插入的图像文件❶，如下右图所示。选择插入的图像后，单击“确定”按钮❷，即可在“设计”视图中查看插入的图片效果。

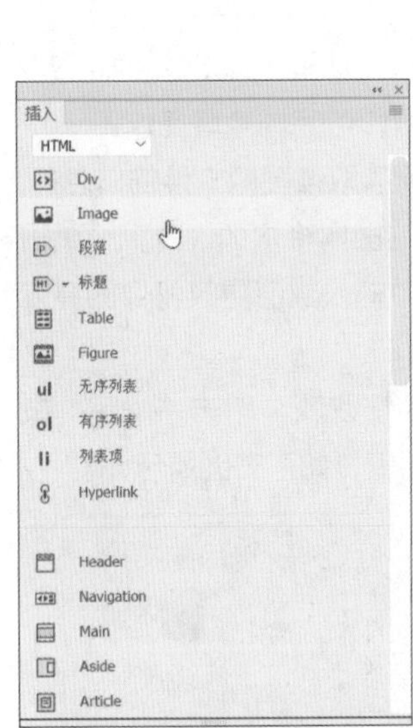

3.2.3 设置图像的属性

在网页中添加图像后，为了使图像文件符合网页的实际需要，与文字等其他页面元素协调一致，对图像进行后期的调整和修饰是十分必要的。

要设置图像属性，仍然通过属性面板对图像进行设置。在网页编辑窗口中单击要编辑的图像，显示的属性面板如下图所示。

- 属性面板左上角的内容显示了所选图片的缩略图，并且在缩略图的右边还显示了该对象的信息，包括该对象为“图像”文件，大小为“530K”。信息内容下面“ID”文本框中可以输入图像的名称，该名称主要是为了脚本语言中便于引用图像而设置的。
- **Src**：在该文本框中可以输入图像的源文件位置，也可以拖动后面的“指向文件”至文件浮动面板本地网站中图像文件，还可以单击后面的文件夹图标按钮，直接选择图像文件的路径和文件名。
- **链接**：在该文本框中可以输入图像的链接地址，内部和外部均可。也可以拖动后面的“指向文件”至文件浮动面板本地网站中的文件，形成内部链接。又或者单击后面的文件夹图标按钮，直接选择网站中的文件。

- **编辑：** 编辑区的功能按钮如下图所示。在大多情况下，操作时都会先弹出一个对话框，提示用户该操作可撤销。

PS标识：使用外部图像编辑软件进行“编辑”图像的操作。为了得到更好的编辑效果，建议使用专门处理网页图像的Photoshop软件。

编辑图像设置：单击该按钮，将弹出“图像预览”对话框，此时可以对图像进行相对优化操作。

从源文件更新：单击该按钮，在更新智能对象时，网页图像将根据原始文件的当前内容和原始优化设置，以新的大小和无损方式重新显示图像对象。

裁剪：单击该按钮，将弹出提示对话框，提示用户执行的操作将永久性改变，单击“确定”按钮，在图像上显示8个控制点，可以拖动任意点更改图像大小，按Enter键即可完成裁剪操作。

重新取样：对于已经插入到页面的图像，可以通过单击该按钮进行重新读取该图像文件的信息。

亮度和对比度：单击该按钮后，将弹出提示对话框，提示用户要执行的操作将永久性改变，单击“确定”按钮，弹出“亮度/对比度”对话框，可以移动滑块或在文本框中输入数值更改图像的亮度和对比度，如下左图所示。

锐化：单击该按钮，弹出提示对话框，提示用户要执行的操作将永久性改变，单击“确定”按钮，弹出“锐化”对话框，可以移动滑块或在文本框中输入数值更改锐化值，如下右图所示。

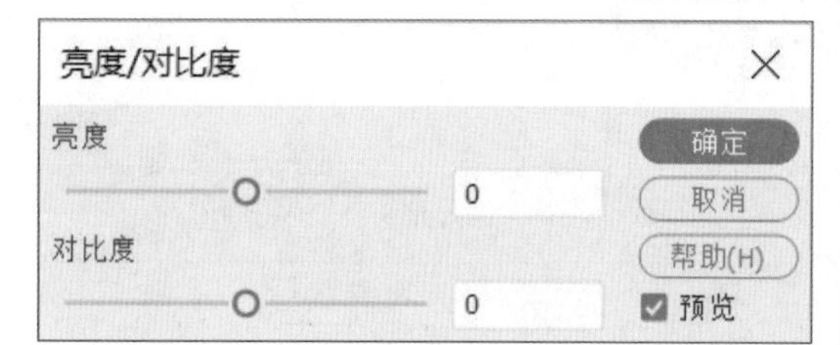

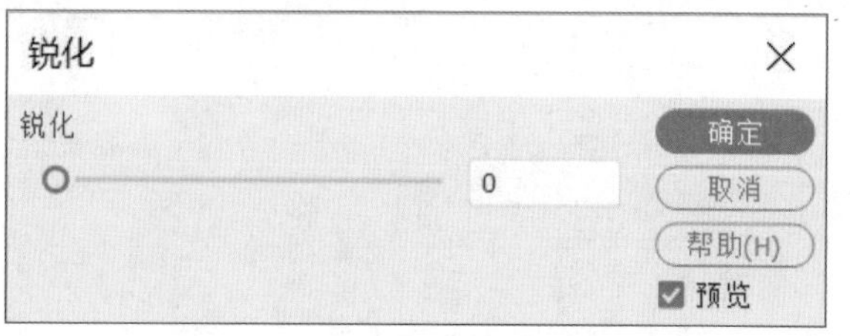

- **宽、高：** 文本框中可以设置页面中选中图像的宽度和高度。在图像刚插入到页面时，系统会在“宽”和“高”文本框中显示图像的原始尺寸，默认情况下单位为像素。调整时可以在文本框中直接修改数值，也可以在网页编辑窗口中拖动图片黑色的角点到适当的大小，若用户改变了图像默认的宽和高，则在“宽”和“高”文本框后会出现一个弧形箭头，单击它可以恢复图像到原始大小。
- **替换：** 在该文本列表框中可以输入图像的说明文字。在浏览器中，当鼠标停留在图片上或者图像不能被正确显示时，在其相应区域将显示说明文字。
- **地图名称和热点工具：** 该区域允许用户标注和创建客户端图像地图。其方法是选择相应热点工具，在图像上绘制相应形状，并在“属性”检查器中添加相应链接地址。
- **目标：** 在该下拉列表框中可以设置链接文件显示的目标位置。
- **类：** 在其右侧的下拉列表中可以选择定义好的CSS样式，或者进行“重命名”和“附加样式表”的操作。
- **原始：** 单击该边框右侧的“浏览文件”图标，可替换插入的图像文件。

3.2.4 编辑网页图像

在Dreamweaver CC 2019中，设计者可以对图像进行必要的编辑，包括裁剪大小、重新取样、设置亮度和对比度及锐化图像等。下面介绍编辑网页图像的具体操作方法。

1. 裁剪图像

当图像插入到网页中之后，如果发现多余的部分，可以利用“属性”面板中的“裁剪”按钮对图像进行相应的裁剪操作。

步骤 01 打开一个插入图像的网页，选中需要裁剪的图像❶，单击“属性”面板中的“裁剪”按钮❷，如下左图所示。

步骤 02 弹出Dreamweaver提示对话框，在此单击“确定”按钮，如下右图所示。

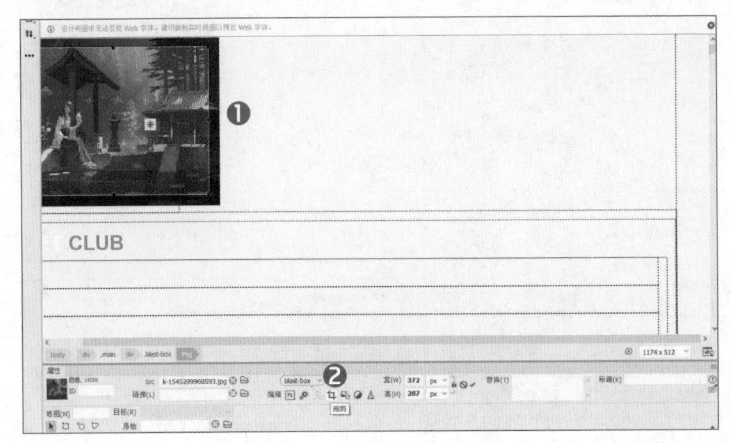

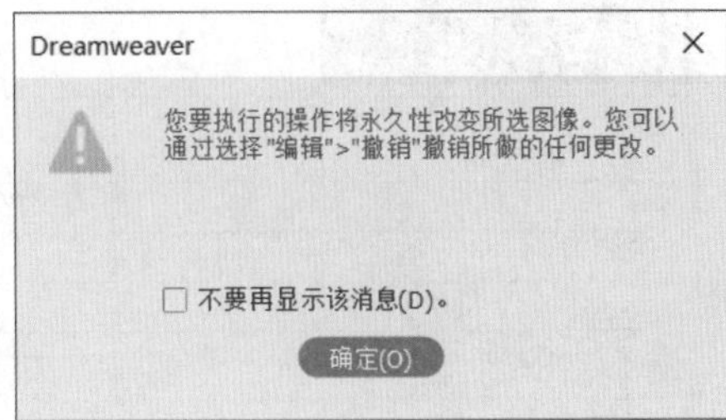

步骤 03 进入图像裁剪状态，通过移动鼠标和拖动图片边框上的控制柄来选择想要保留的范围，如下图所示。

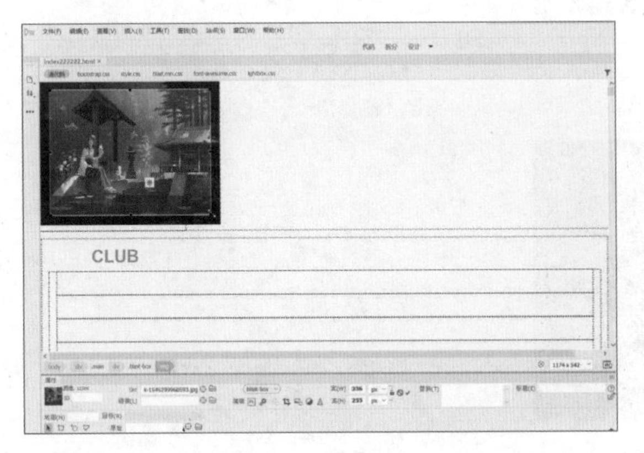

步骤 04 设置完成后按Enter键确定，即可显示裁剪后的图片，如下图所示。

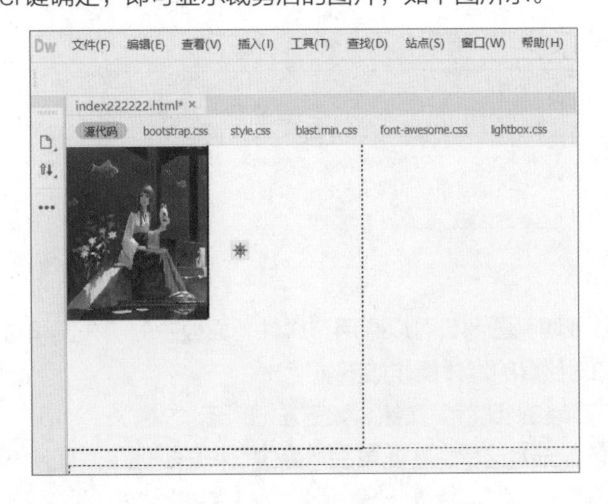

2. 重新取样

改变图像宽度和高度的尺寸后，可以通过该命令重新采集图样，使图像文件本身的尺寸变小，具体操作步骤如下。

步骤 01 选中需要修改的图像❶，改变其大小后，单击“重新取样”按钮❷，如下左图所示。

步骤 02 弹出Dreamweaver提示对话框，在此单击“确定”按钮，如下右图所示。

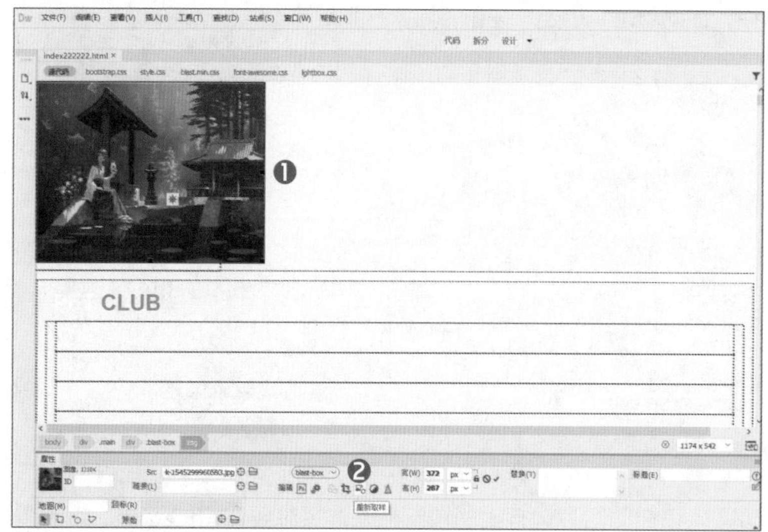

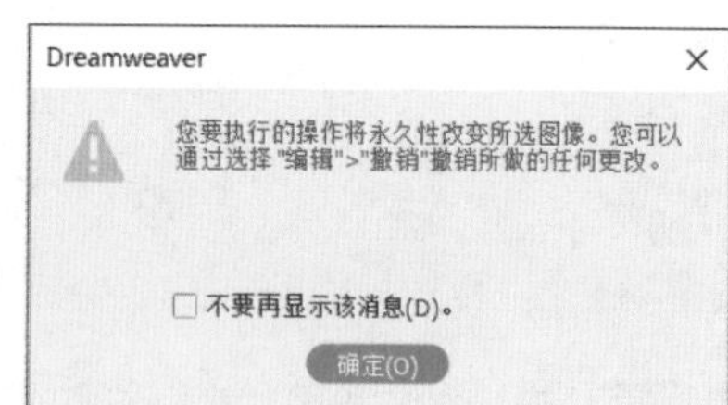

步骤 03 显示“重新取样”效果，如下图所示。

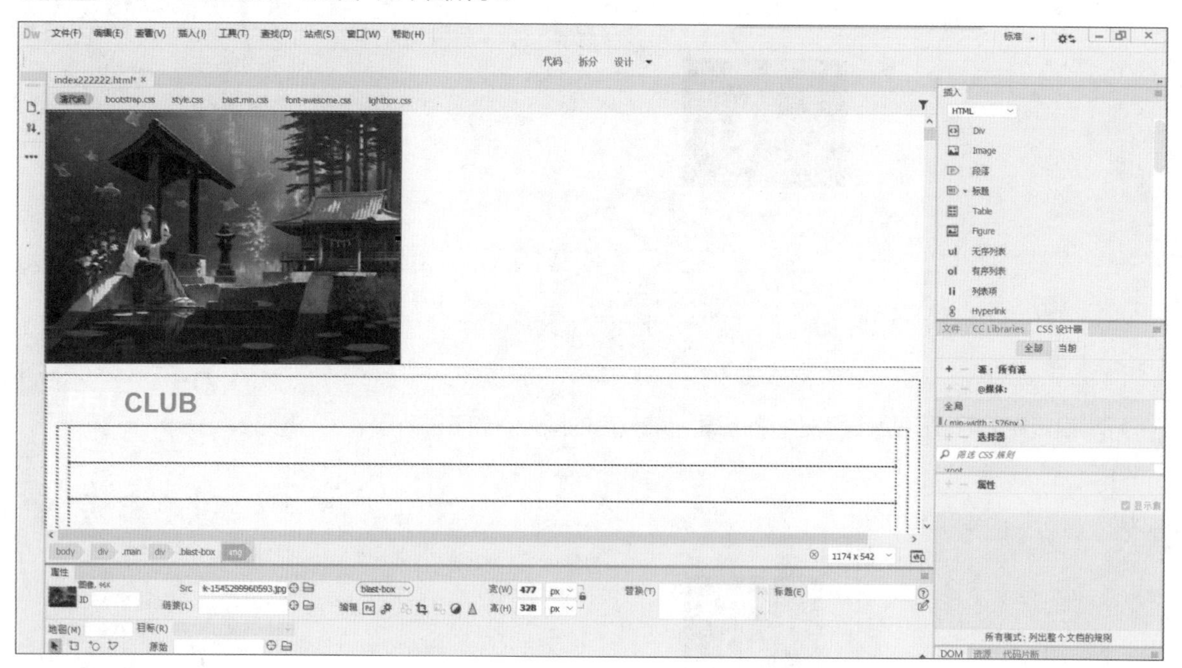

3. 设置亮度和对比度

对于页面中的暗淡图像或明亮图像，可以利用“属性”面板中的“亮度和对比度”按钮来改变其亮度和对比度。设置图像亮度和对比度的具体操作如下。

步骤 01 选中图像，单击“亮度和对比度”按钮，如下左图所示。

步骤 02 弹出Dreamweaver提示对话框，在此单击“确定”按钮，如下右图所示。

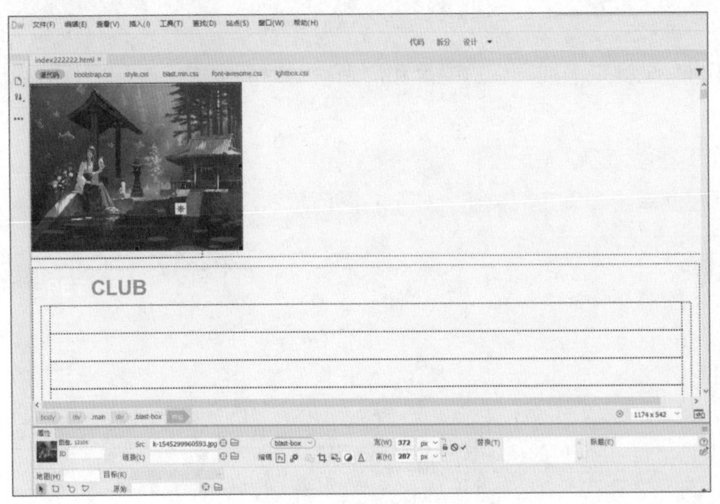

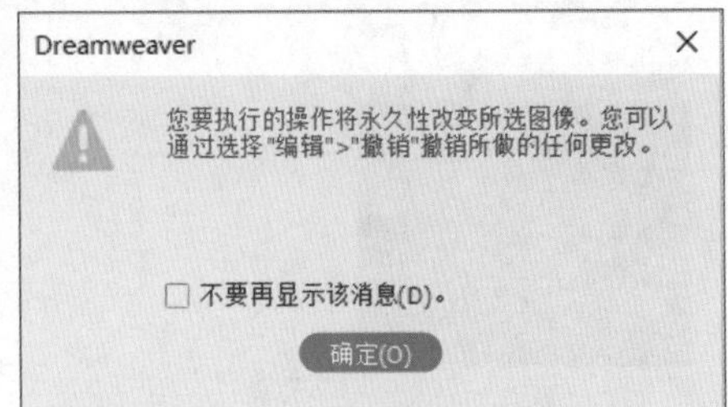

步骤 03 在“亮度/对比度”对话框中，适当调整其亮度和对比度，单击“确定”按钮，如下图所示。

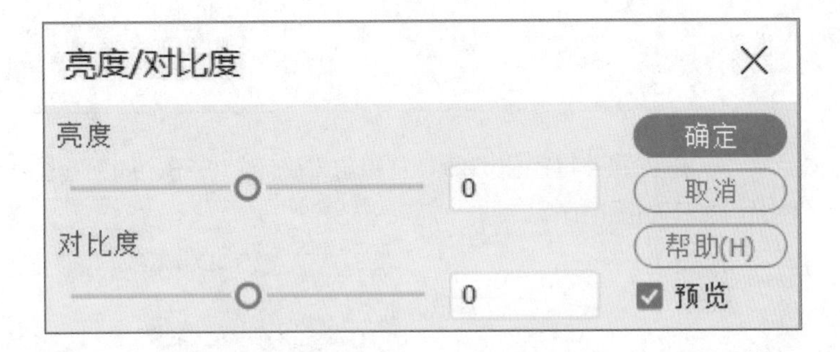

步骤 04 显示更改“亮度和对比度”后的图片效果，如下图所示。

4. 锐化图像

锐化是指通过增加所选图像周边像素的对比度来增加图像的锐度和清晰度。对图像执行锐化操作的具体步骤如下。

步骤 01 选中图像，单击“锐化”按钮，如下左图所示。

步骤 02 弹出Dreamweaver提示对话框，在此单击“确定”按钮，如下右图所示。

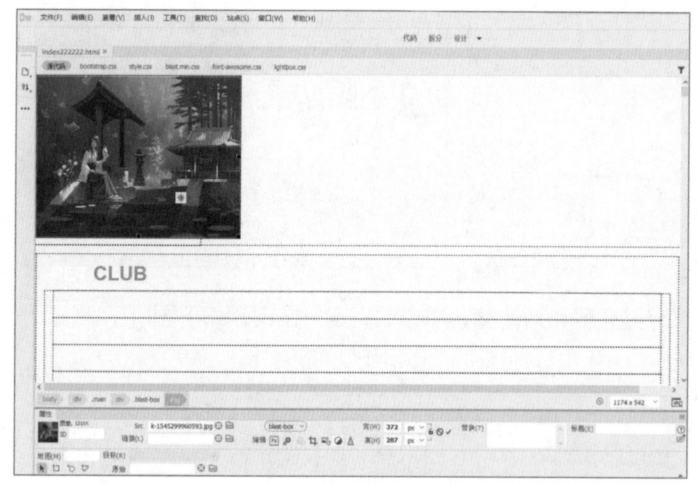

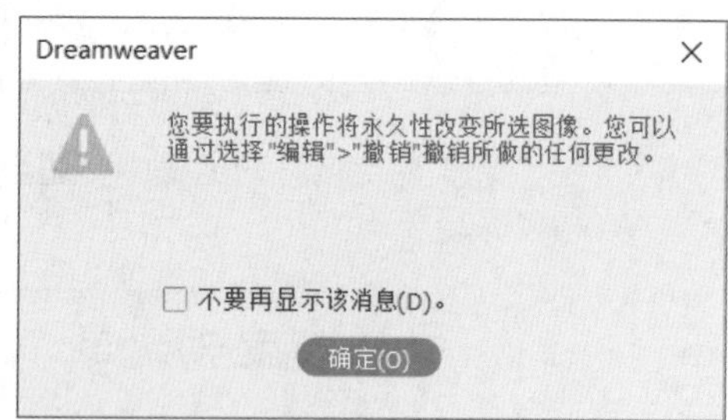

步骤 03 在“锐化”对话框中，适当调整其锐化数值，并单击“确定”按钮，如下左图所示。

步骤 04 显示锐化后的图片，如下右图所示。

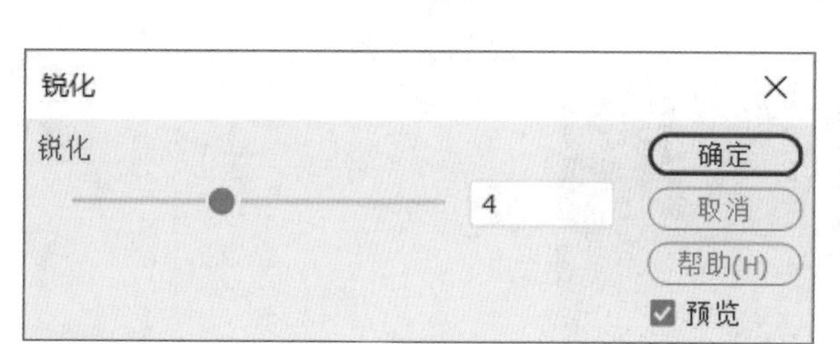

3.3 插入多媒体元素

在Dreamweaver中插入图像后，用户还可以根据需要向网页中添加多媒体元素，以丰富网页内容。本节介绍如何在网页中插入声音、Flash动画和FLV文件。

3.3.1 插入声音

在网页中可以插入声音。其中有多种不同类型的声音文件和格式，例如.wav、.midi和.mp3。在确定采用哪格式和方法添加声音前，需要考虑以下几个因素：添加声音的目的、页面访问者、文件大小、声音品质和不同浏览器的差异等。一般情况下，添加声音的方法有两种：链接到音频文件和嵌入声音文件，下面分别介绍。

1. 链接到音频文件

链接到音频文件是将声音添加到网页的一种简单而有效的方法。这种集成声音文件的方法可以使访问者选择是否要收听该文件，并且使文件可用于最广范围的听众。

步骤 01 在Dreamweaver编辑窗口中选择要链接到音频的文件，在“属性”面板❶中单击“链接”文本框右侧的“浏览文件”按钮❷，如下图所示。

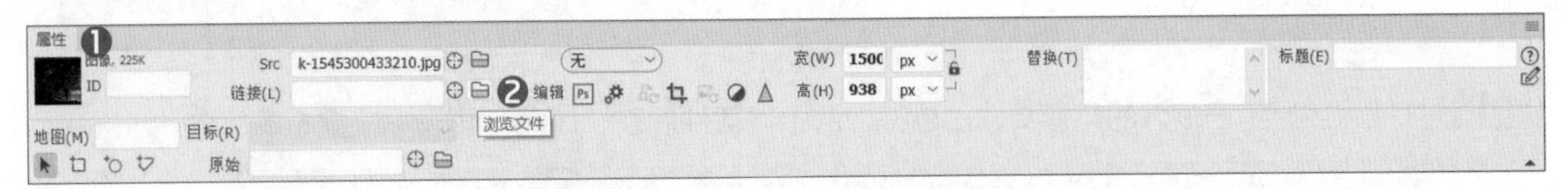

步骤 02 弹出“选择文件”对话框，选择需要插入的声音❶，然后单击“确定”按钮❷，如下左图所示。

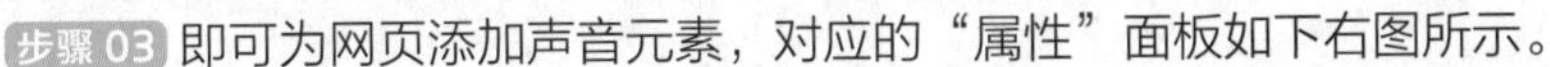

步骤 03 即可为网页添加声音元素，对应的“属性”面板如下右图所示。

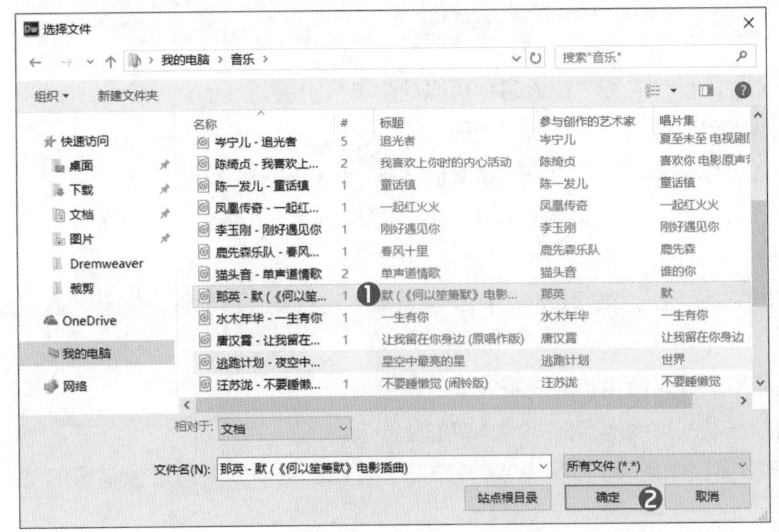

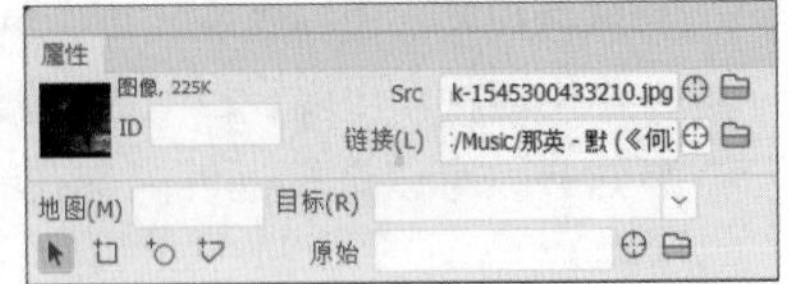

2. 嵌入声音文件

如果用户希望能够调整声音文件在页面上的外观，那么可以嵌入声音文件。同时还可以手动调整音乐插件的大小，下面介绍具体操作方法。

步骤 01 在“设计”视图中，将插入点设置在需要嵌入文件的地方，在“插入”面板中选择“插件”选项，如右图所示。

步骤 02 在“选取文件”对话框中选择文件，然后单击“确定”按钮。当插入“插件”对象时，Dreamweaver会显示一个通用的占位符，如下图所示。

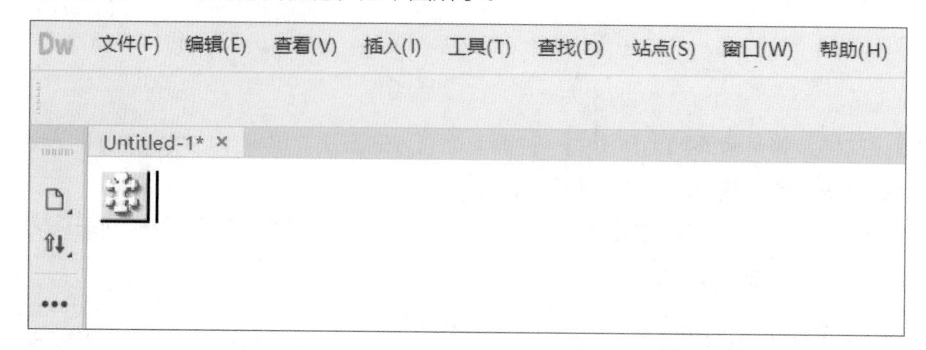

步骤 03 在插入点显示已嵌入的声音文件占位符，选中该插件后在“属性”面板中设置如下参数。

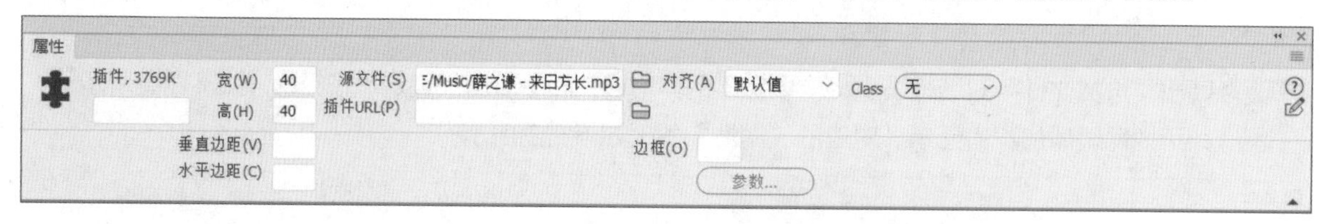

- **插件：** 可以输入用于播放媒体对象的插件名称，使该名称可以被脚本所引用。
- **宽：** 可以设置对象的宽度，默认单位是像素，也可以采用Pc、Pt、in、mm、cm或%。
- **高：** 可以设置对象的高度，默认单位是像素，同对象的宽度值一样，也可以采用其他单位。
- **源文件：** 可以设置插入内容的URL地址，既可以直接输入地址，也可以单击右边的文件夹图标，从磁盘上选择文件。
- **插件URL：** 可以输入插件所在的路径。在浏览网页时，如果浏览器中没有安装该插件，则会从此路径上下载插件。
- **垂直边距：** 可以设置对象上端和下端同其他内容的间距，单位是像素。
- **水平边距：** 可以设置对象左端和右端同其他内容的间距，单位是像素。
- **对齐：** 可以选择插件内容在编辑窗口中水平方向上的对齐方式，可用的选项同处理图像对象时的一样。
- **边框：** 可以设置对象边框的宽度，单位是像素。
- **参数：** 用于设定对象的其他参数。

3.3.2 插入Flash动画

Flash可做出文件体积小、效果华丽的矢量动画。目前Flash动画是网上最流行的动画格式，被大量用于网页页面。Flash技术是实现和传递基于矢量图形和动画的首要方案，结合使用Dreamweaver与以动感、鲜活的表现效果深受用户喜爱的Flash，有助于制作出更具感染力的主页。

Dreamweaver不仅与Flash之间有较强的兼容性，在Dreamweaver中也可以制作Flash动画，下面介绍插入Flash动画的具体操作步骤。

步骤 01 新建编辑窗口或打开已有的编辑窗口，将光标放到要插入Flash动画的位置，在“插入”面板中选择Flash SWF选项，如下左图所示。

步骤 02 在弹出的对话框中选择要插入的Flash文件❶，然后单击“确定”按钮❷，如下右图所示。

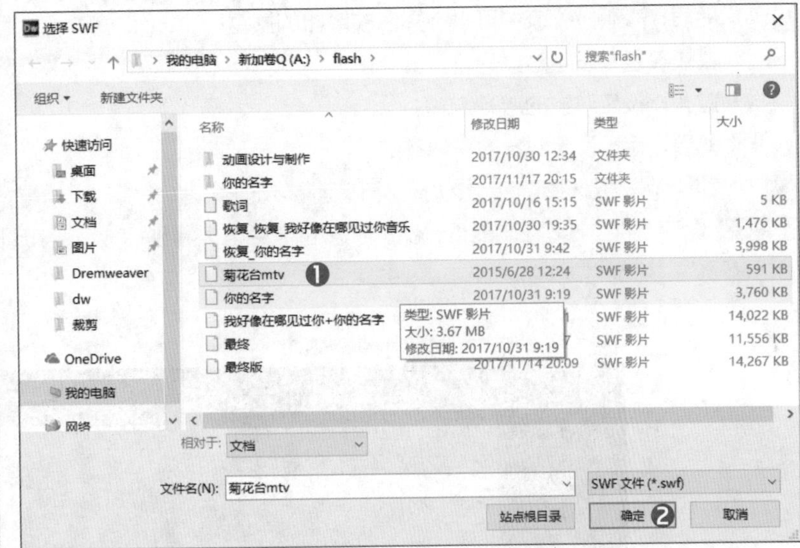

步骤 03 如果文件夹不在站点根文件夹中，将提示是否将文件拷贝到站点文件夹中，单击“是”按钮，如下左图所示。

步骤 04 随后弹出“对象标签辅助功能属性”对话框，可以输入一个标签，也可以单击“取消”按钮，如下右图所示。

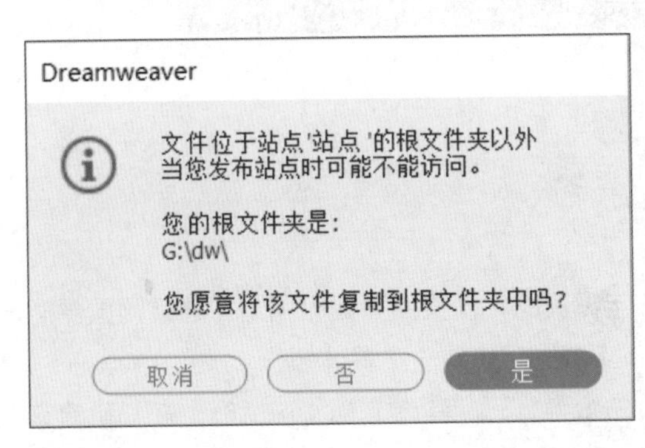

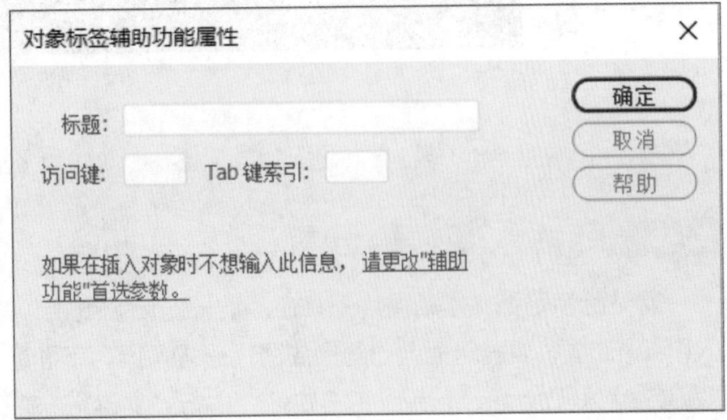

步骤 05 在编辑窗口中选择Flash动画对象，即可看到Flash动画的“属性”面板，可设置Flash动画的相关属性，如下图所示。

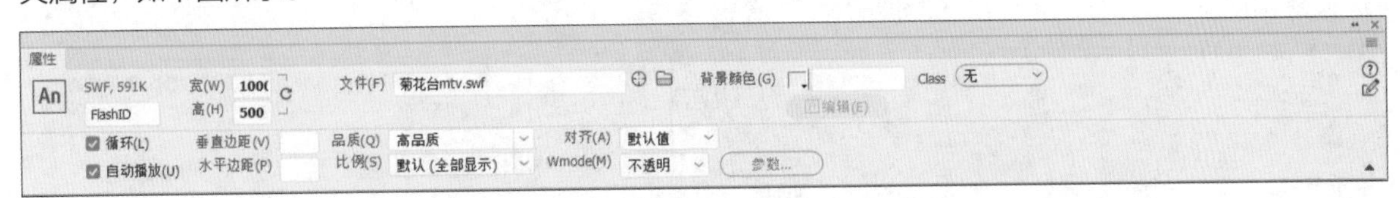

- **SWF：**在该文本框中可输入Flash动画的名称，以便以后脚本识别和引用。
- **宽和高：**设定对象的宽度和高度，默认单位为像素。
- **文件：**设定对象的URL路径，可以直接输入，也可以通过单击右边的文件夹按钮选择。
- **循环：**选择此复选框，可无限循环播放对象。
- **自动播放：**选择此复选框，可在页面载入时自动播放对象。
- **垂直边距：**可以设置对象上端和下端同其他内容的间距，单位是像素。
- **水平边距：**可以设置对象左端和右端同其他内容的间距，单位是像素。

- **品质**：在下拉列表中可以选择播放对象的质量。
- **背景颜色**：设定对象的背景颜色。
- **对齐**：设定对象的对齐方式。
- **参数**：用于设定对象的其他参数。
- **Class**：可以选择已经定义好的样式定义该动画。

步骤 06 保存文件，按F12功能键预览，在浏览器中可以看到播放Flash动画的效果，如下图所示。

实战练习 插入多媒体元素

网站除了网页文字和图片外，还需要一些动画或视频来丰富页面，使页面更具吸引力。通常网页要插入Flash动画，要同时插入动画播放器代码才可以，下面通过实战练习来看一下具体操作步骤。

步骤 01 打开Dreamweaver CC软件，执行“文件>新建”命令，打开“新建文档”对话框，在“新建文档”选项面板❶的“文档类型”列表框中选择选择</>HTML选项❷，在“标题”文本框中输入“多媒体”文本❸，单击“创建”按钮❹，如下左图所示。

步骤 02 新建dmt.html文档，如下右图所示。

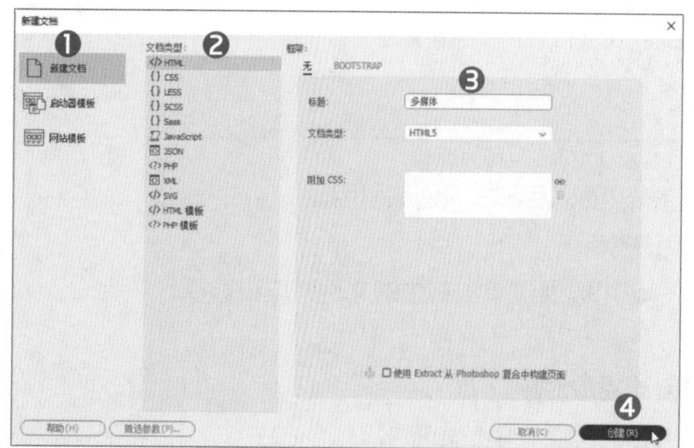

Dw 文件(F) 编辑(E) 查看(V) 插入(I) 工具(T) 查找(D) 站点(S)

dmt.html ×

```
1  <!doctype html>
2  <html>
3  <head>
4  <meta charset="utf-8">
5  <title>多媒体</title>
6  </head>
7
8  <body>
9  </body>
10 </html>
11
```

步骤03 在菜单栏中执行“插入>Table”命令，打开Table对话框，设置表格“行数”和“列”均为1，单击“确定”按钮，如下左图所示。

步骤04 即可创建一行一列的表格，然后在“插入”面板中选择Flash SWF选项，如下右图所示。

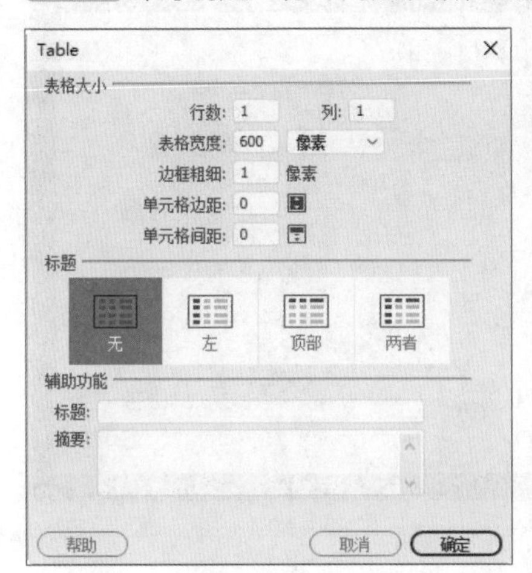

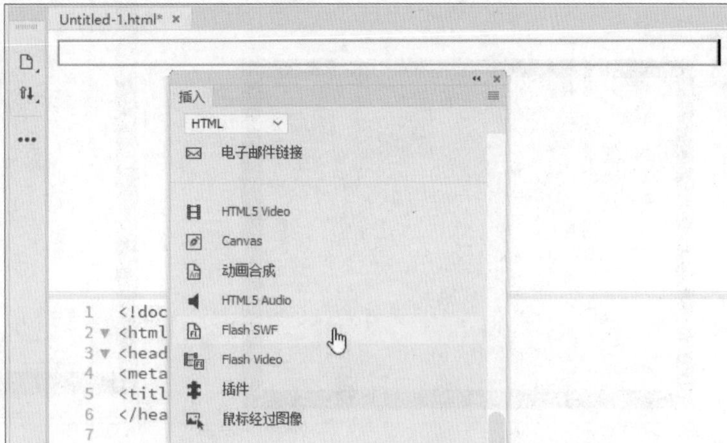

步骤05 在打开的“选择SWF”对话框中选择xs.swf文件❶，单击“确定”按钮❷，如下左图所示。

步骤06 打开“对象标签辅助功能属性”对话框，在“标题”文本框内输入视频标题名❶，然后单击“确定”按钮❷，如下右图所示。

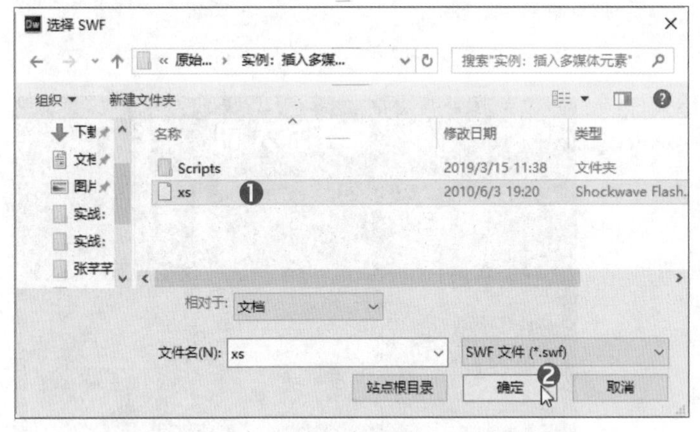

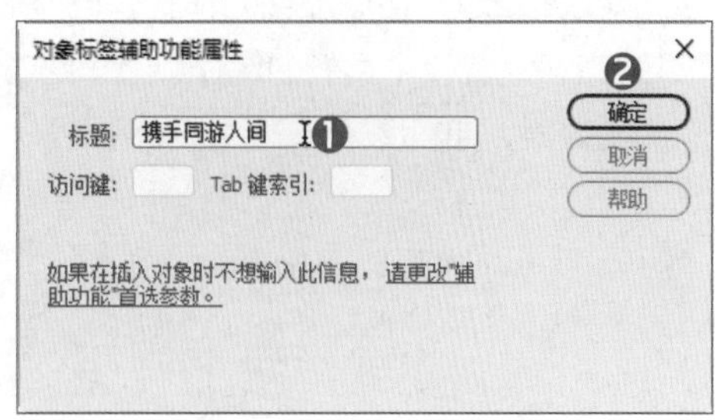

步骤07 返回设计页面并查看效果，如下左图所示。

步骤08 打开代码页面，选择表格中的单元格，输入下右图所示的蓝色底纹的选框代码。

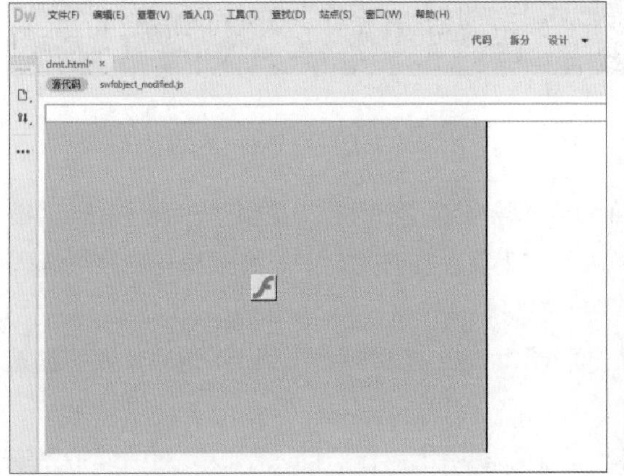

```
1  <!doctype html>
2  <html>
3  <head>
4  <meta charset="utf-8">
5  <title>多媒体</title>
6  <script src="Scripts/swfobject_modified.js"></script>
7  </head>
8
9  <body>
10 <table width="600" border="1" cellspacing="0" cellpadding="0" >
11   <tbody>
12     <tr>
13       <td align="center" bgcolor="#0B0B0B" height="450"><object class
         11cf-96B8-444553540000" width="550" height="400" id="FlashID" t
14         <param name="movie" value="xs.swf">
15         <param name="quality" value="high">
```

步骤 09 然后返回设计页面并查看效果，如下左图所示。

步骤 10 同样的操作方法，在表格下方插入表格2，如下右图所示。

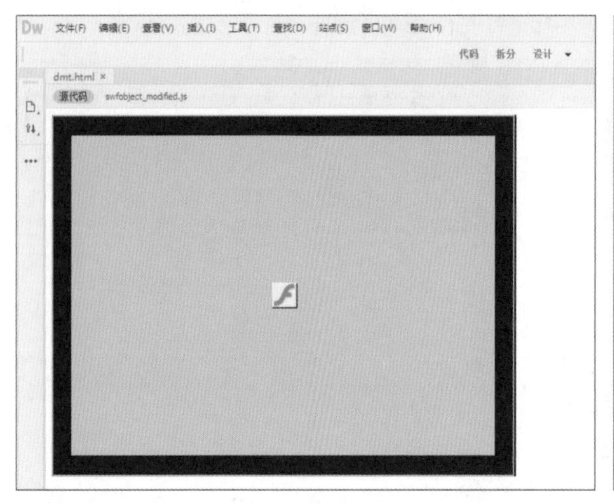

步骤 11 在“属性”面板设置表格2的“高”为50❶、“背景颜色”为#111010❷，如下图所示。

步骤 12 执行“插入>标题>标题1”命令，插入标题后，对表格2单元格添加代码样式，调整表格2至表格1上方，完成整个案例的制作。按F12功能键查看添加的效果，如右图所示。

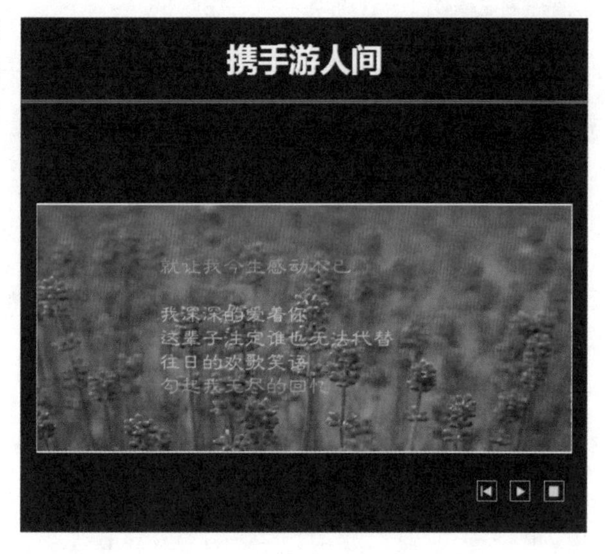

3.3.3 插入FLV文件

为了简化用户的操作，特别是对于初级用户，Dreamweaver CC 2019专门提供了Flash Video按钮，用户可以向网页中轻松添加FLV视频，无须使用Flash创作工具。在开始之前，必须有一个经过编码的FLV文件。下面介绍插入FLV文件的具体操作。

步骤 01 将光标定位在准备插入FLV文件的位置，然后在“插入”面板中选择Flash Video选项，如下左图所示。

步骤 02 随机弹出“插入FLV”对话框，设置对话框参数，如下右图所示。在“插入FLV”对话框中完成各个参数设置后，单击“确定”按钮，即可在页面中成功插入FLV文件。在“编辑窗口”窗口中会显示一个FLV文件占位符。

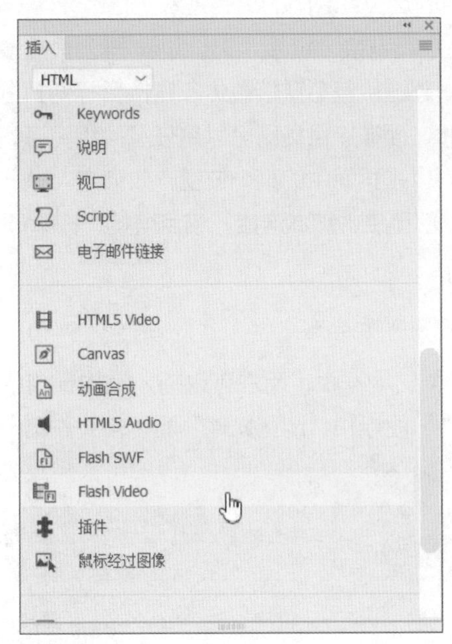

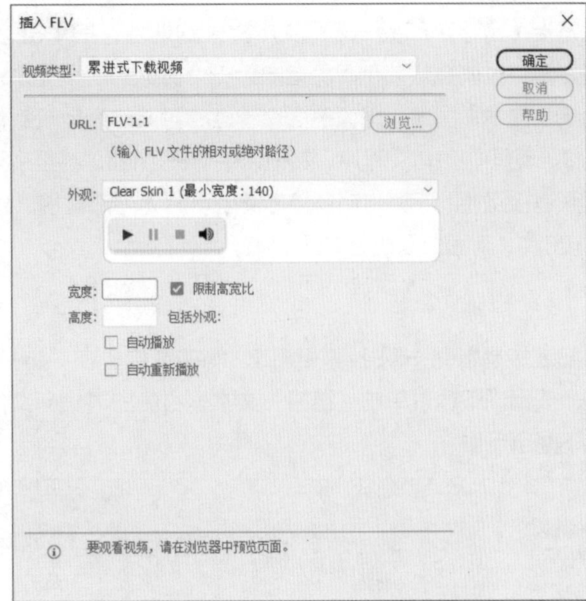

- **视频类型：** 单击其右侧的下拉按钮，在下拉列表中可以选择“累进式下载视频”或“流视频”两种类型。累进式下载视频是将FLV文件下载到站点访问者的硬盘上，然后进行播放。但与传统的“下载并播放”视频传送方法不同，累进式下载允许在下载完成之前就开始播放视频文件。流视频是对视频内容进行流式处理，并在一段可确保流畅播放的很短的缓冲时间后在网页上播放该内容。
- **URL：** 用于指定FLV文件的相对路径或绝对路径。想要指定相对路径，需要单击“浏览”按钮，以选择文件指定路径。想要指定绝对路径，可以在其文本框中输入FLV文件的URL。
- **外观：** 通过单击其右侧的下拉按钮，在下拉列表中选择相应列表项，可以指定外观不同的视频组件，并在下方的预览区域显示。
- **宽度和高度：** 以像素为单位指定FLV文件的宽度和高度。如果Dreamweaver无法确定FLV文件的准确高度，需手动输入宽度和高度值，同时勾选“限制高宽比”复选框以输入等比例的文件。
- **自动播放：** 指定在Web页面打开时是否播放视频。
- **自动重新播放：** 指定播放控件在视频播放完之后是否返回初始位置。

提示：插入FLV文件

执行“插入FLV文件”命令后，将生成一个视频播放器SWF文件和一个外观SWF文件，它们用于在网页上显示视频内容（想要查看新的文件，需要在“文件”面板中单击“实时预览”按钮或按F12键），这些文件与视频内容所添加到的HTML文件存储在同一目录中。

3.4 创建超链接

超链接是网页的一个重要组成部分，网站中的每一个网页都是通过超链接的形式关联在一起的。同时，Dreamweaver使用编辑窗口提供的路径创建指定站点中其他页面的链接。本节将对超链接的创建、管理以及应用进行详细介绍。

3.4.1 关于超链接

一个网站是由多个页面组成的，页面之间是根据链接关系确定相互之间的跳转关系。

超链接（链接）即另一个超文本文件的地址，指单击这个超链接（链接）时，浏览器会根据该地址加载超文本，也就是从一个网页指向另一个目标的链接关系。超链接包括链接载体和链接目标两部分。一般情况下，文本、图像、图像热区、动画等可以作为链接载体。而链接目标则可以是任意网络资源，如文本、图像、动画、声音、程序、其他网站、E-mail，甚至还可以是页面中的某个位置，如锚点。

按照链接路径的不同、超链接的类型可分为内部链接、外部链接、脚本连接、锚点链接、E-mail链接和空链接6种，下面分别进行介绍。

1. 内部链接

内部链接是指同一网站编辑窗口之间的链接。在“链接”文本框中，用户可以输入编辑窗口的相对路径，一般情况下通过单击“链接”文本框右侧的“指向文件”图标和“浏览文件”图标来完成路径的创建，如下图所示。

2. 外部链接

外部链接是指在不同网站编辑窗口之间的链接，也就是链接的目标文件不在站点内，而在远程的Web Server上，因此只要在“链接”文本框中输入需要链接到的网址即可，如下图所示。

3. 脚本链接

脚本链接是指通过脚本控制链接的结果。常用的脚本语言有JavaScript：window.Close()、JavaScript：alter（“……”）等，如下图所示。

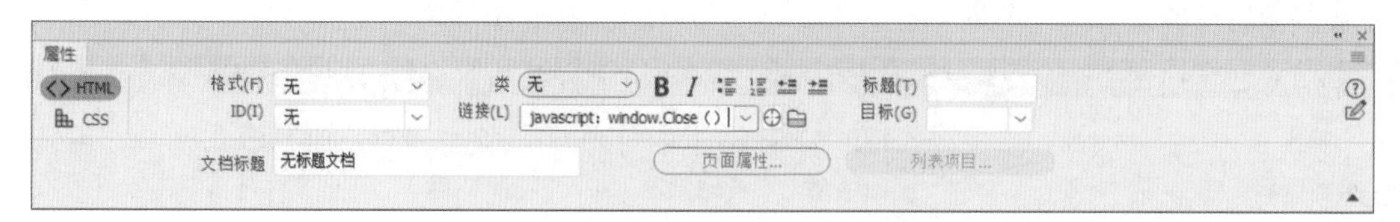

4. E-mail链接

E-mail链接是指通过发送电子邮件而创建的链接。可在“属性”面板的“链接”文本框中输入要提交的邮箱，如下图所示。

5. 锚点链接

锚点链接是指在同一个页面中的不同位置的链接，通常应用于一个较长的网页中。通过创建锚点链接，可以使链接指向当前编辑窗口的其他位置。锚点链接常常被用来跳转到特定的主题或编辑窗口的顶部，让访问者能够快速浏览到选定的位置。

6. 空链接

在制作网页过程中，有时需要利用空链接来模拟链接，以响应鼠标事件，防止页面中出现的各种问题。在“属性”面板的“链接”文本框中输入“#”符号即可创建空链接。

3.4.2 创建超链接

在创建好网站的每个网页之后，就可以开始准备创建页面之间的链接了。创建超链接有两种常用方法，一种是直接在属性面板中定义超链接，另一种是使用“指向文件”按钮。

1. 使用属性面板定义超链接

在Dreamweaver CC 2019中，利用超链接不仅可以进行网页之间的相互链接，还可以使网页链接到相关的图像文件、多媒体文件及下载程序等。下面介绍使用属性面板定义超链接的方法。

步骤01 首先打开要定义链接的页面，在编辑窗口中选中要添加链接的元素，如文字，如下左图所示。

步骤02 在属性面板的“链接”文本框内输入链接地址，如下右图所示。

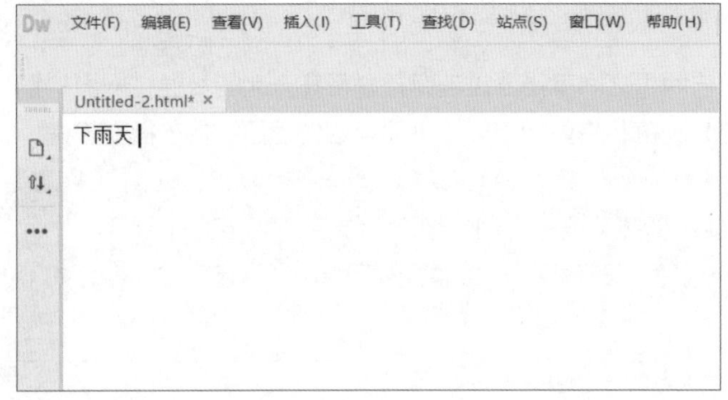

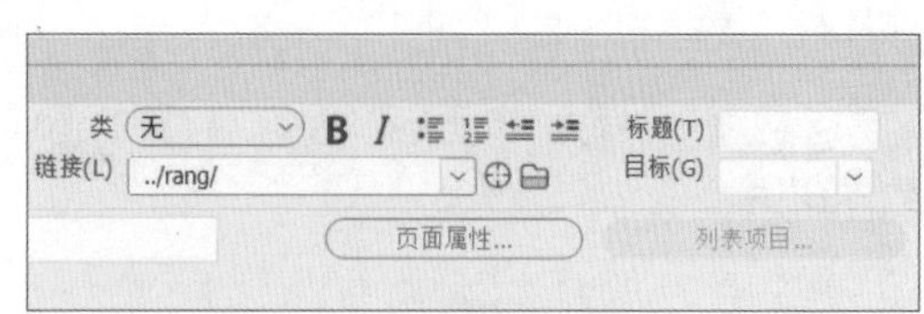

步骤03 如果链接文件位于本地站点目录中，也可以单击“浏览文件”按钮在硬盘中查找文件，如下左图所示。

步骤04 在“目标”下拉列表中选择链接文本将以怎样的方式在浏览器窗口中打开，如下右图所示。

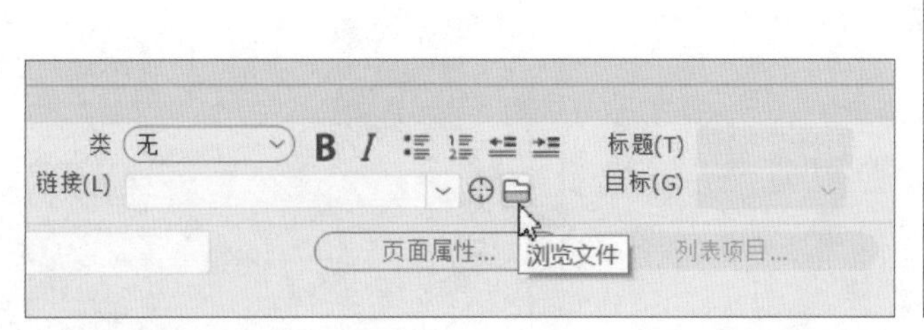

“目标”下拉列表各项参数的含义如下。

- **_blank**：将被链接文档显示在一个新的未命名的框架内。

- **new**：将被链接文档显示在一个新的未命名的窗口内。
- **_parent**：将被链接文档显示在包含链接的框架的上一级框架或者窗口内。如果包含链接的框架不是被嵌套的话，这时被链接的文档会占满整个窗口。
- **_self**：将被链接文档显示在和链接同一框架或窗口内。此目标选项是默认的，通常没有指定时就会被采用。
- **_top**：将被链接文档显示在整个浏览器窗口并因此取消所有框架。

2. 使用“指向文件”按钮定义超链接

当链接文件位于本地站点时，除了在属性面板中直接输入链接地址外，还可以使用“指向文件”按钮定义链接。下面介绍使用“指向文件”按钮定义超链接的方法。

在文档窗口中选中要编辑链接的元素，并在属性面板中“链接”栏的右边找到“指向文件”按钮，如下图所示。用鼠标拖拽“指向文件”按钮，并在右边的“文件”面板中找到希望链接的文件，指向该文件。选中文件后释放鼠标左键即可。按照同样的方法可以创建或编辑其他链接。

实战练习 创建网站超链接

网站是由很多网页和数据库组成的，而网页与网页之间就是通过超链接联系在一起的，通过网页的链接，使得网页大小可以做得很小，内容分得很细，浏览起来更加流畅。下面介绍创建超链接的操作方法，具体步骤如下。

步骤 01 打开Dreamweaver CC软件，执行“文件>新建”命令，创建clj.html文件，如下左图所示。

步骤 02 执行“插入>Table”命令，打开Table对话框，设置相关参数❶，然后单击“确定”按钮❷，如下右图所示。

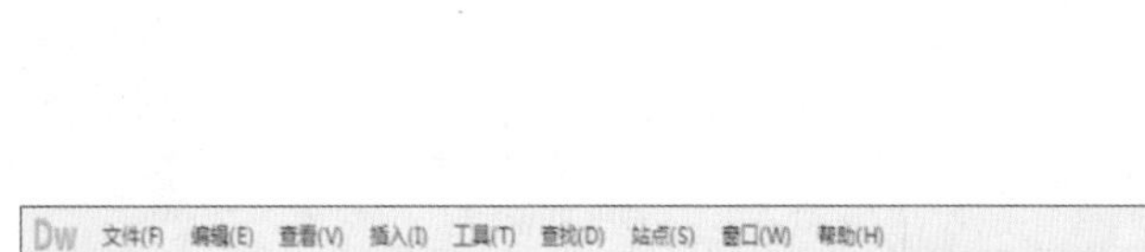

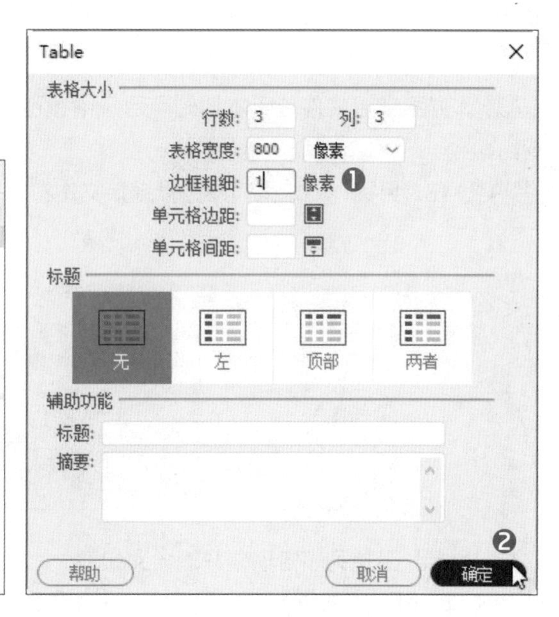

步骤 03 在设计页面中查看设计页面效果，如下图所示。

步骤 04 执行“窗口>属性”命令，调出“属性”面板❶。选择表格第一列的三个单元格，然后在“属性”面板中单击“合并”按钮❷，如下图所示。

步骤 05 此时，可以查看合并单元格后的效果，然后在合并的单元格中输入“友情链接”文本，如下图所示。

步骤 06 同样的操作方法，在其他单元格中输入所需网站名称文本，然后选中表格中“百度”文本，如下图所示。

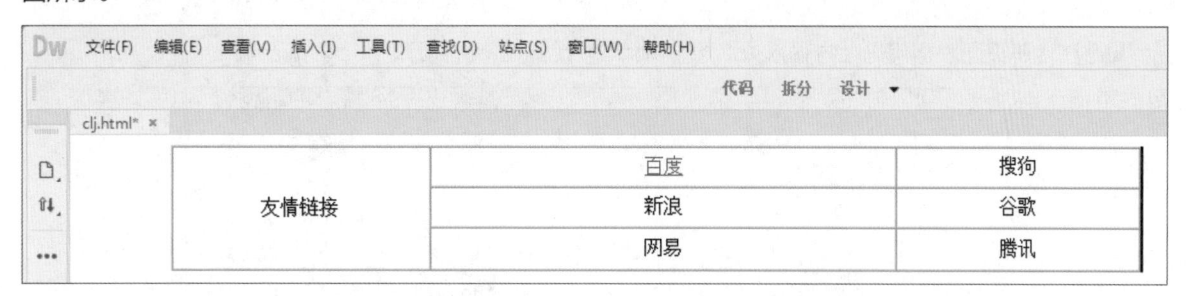

步骤 07 在“属性”面板的“链接”文本框内输入百度网址www.baidu.com，完成超链接，如下图所示。

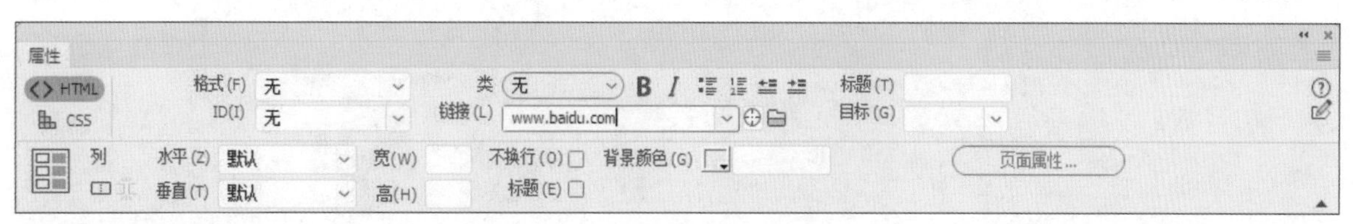

步骤 08 同样的操作方法，分别选择不同的网站名称并添加相应的网址，然后调整表格行距，在“属性”面板中设置文本居中对齐，效果如下图所示。

友情链接	百度	搜狗
	新浪	谷歌
	网易	腾讯

步骤 09 接着在代码页面选择表格代码，然后在表格代码里添加表格背景颜色代码bgcolor="#FFF4C0"，为表格添加橙色底纹，对应的代码如下图所示。

```
<!doctype html>
<html>
<head>
<meta charset="utf-8">
<title>创建超链接</title>
</head>

<body>
<table width="800" height="100" border="1" align="center" cellpadding="0" cellspacing="0"
 bgcolor="#FFF4C0">
  <tbody>
    <tr>
      <td width="210" rowspan="3" align="center">友情链接</td>
      <td width="381" align="center"><a href="www.baidu.com">百度</a></td>
      <td width="201" align="center"><a href="https://www.sogou.com">搜狗</a></td>
    </tr>
    <tr>
      <td align="center"><a href="https://www.sina.com.cn">新浪</a></td>
      <td align="center"><a href="www.google.com">谷歌</a></td>
    </tr>
    <tr>
      <td align="center"><a href="https://www.163.com">网易</a></td>
      <td align="center"><a href="www.qq.com">腾讯</a></td>
    </tr>
  </tbody>
</table>
</body>
</html>
```

步骤 10 查看设计页面的效果，如下图所示。

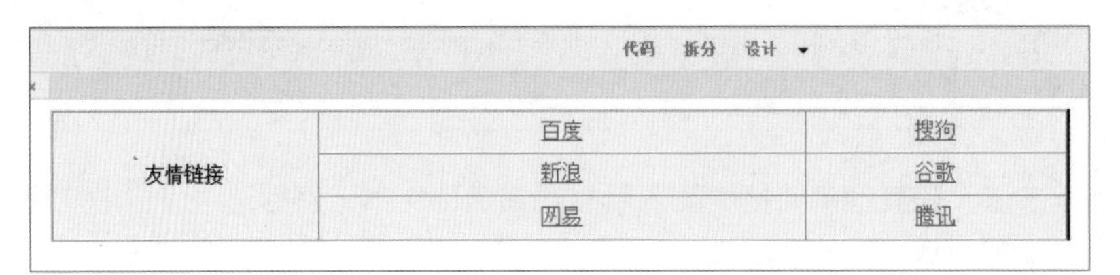

步骤 11 在代码页面表格代码上方输入<div>…</div>，代码如下图所示。

```
<!doctype html>
<html>
<head>
<meta charset="utf-8">
<title>创建超链接</title>
</head>

<body>
    <div style="border: solid 1px #000000; width:806px;height:104px;padding-top:3px;" >
<table width="800" height="100" border="1" align="center" cellpadding="0" cellspacing="0"
 bgcolor="#FFF4C0">
  <tbody>
    <tr>
      <td width="210" rowspan="3" align="center">友情链接</td>
      <td width="381" align="center"><a href="www.baidu.com">百度</a></td>
      <td width="201" align="center"><a href="https://www.sogou.com">搜狗</a></td>
    </tr>
    <tr>
      <td align="center"><a href="https://www.sina.com.cn">新浪</a></td>
      <td align="center"><a href="www.google.com">谷歌</a></td>
    </tr>
    <tr>
      <td align="center"><a href="https://www.163.com">网易</a></td>
      <td align="center"><a href="www.qq.com">腾讯</a></td>
    </tr>
  </tbody>
</table>
        </div>
</body>
</html>
```

步骤 12 在表格外套进了一个div的框架，效果如下图所示。

步骤 13 在设计页面选择表格，然后切换至“属性”选项卡❶，设置CellPad和CellSpace值均为1❷，如下图所示。

步骤 14 对表格中的单元格添加背景代码，调整链接文字的颜色，最终效果如下图所示。

3.4.3 管理链接

无论何时只要在本地站点对文档进行移动或重新命名，Dreamweaver CC 2019都会更新其链接，尤其当全部站点内容都保存在本地硬盘上的时候，这一作用会表现得更加明显。当然远程站点上的文件不会发生任何变化，除非将本地文件登入远程服务器。管理链接包括更新链接和测试链接。其中要想使链接更新的过程更快一些，可以创建一个Cache文件来保存本地站点所有链接的信息。当使用Dreamweaver CC 2019添加、修改或删除本地站点上的文件链接的时候，用户不会看到这种更新。

1.启动自动链接更新

启用自动链接更新功能，可以使更改的链接随之进行变动，以提高工作效率。下面介绍启动自动链接更新的具体操作。

在菜单栏中执行“编辑>首选项”命令，或按Ctrl+U组合键，弹出“首选项”对话框，在对话框左侧的“分类”列表中选择“常规”选项，在右侧的“常规”区域的“移动文件时更新链接”的，列表中可选“总是”选项，单击“确定”按钮，即可启动自动链接更新操作，如右图所示。

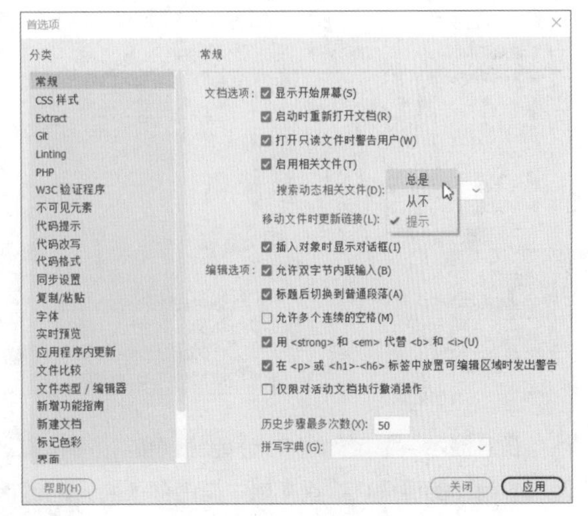

- **总是：** 每当移动或重命名选定文档时，自动更新启动和指向该文档的所有链接。
- **从不：** 在移动或重命名选定文档时，不自动更新启动和指向该文档的所有链接。
- **提示：** 选择该列表项，在操作时将弹出对话框，提示用户是更新这些文件中的链接，还是保留原文件不变。

2. 手动更改超链接

除了自动更新链接外，还可以手动更新所有创建的超链接，以指向其他位置。首先打开一个文件，在菜单栏中执行“站点>站点选项>改变站点范围的链接”命令，如下左图所示。

在弹出的“更改整个站点链接（站点-站点）”对话框中，在“更改所有的链接”文本框中进行更改链接，或单击其右侧的“浏览文件”图标，在弹出的对话框中进行选择。然后在“变成新链接”文本框中输入更改后的链接，或者单击其右侧的“浏览文件”图标，在弹出的对话框中进行选择，如下右图所示。

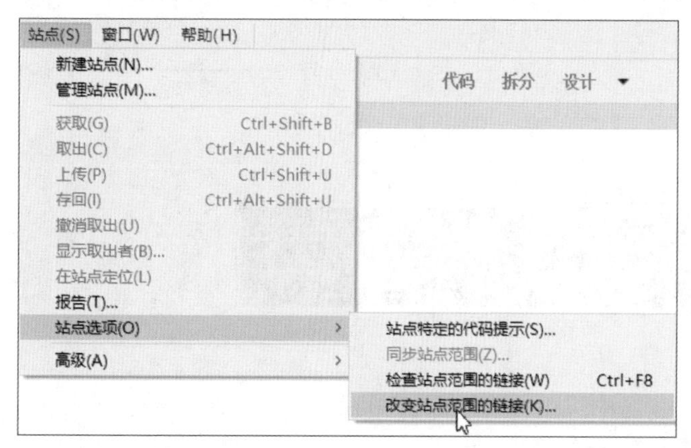

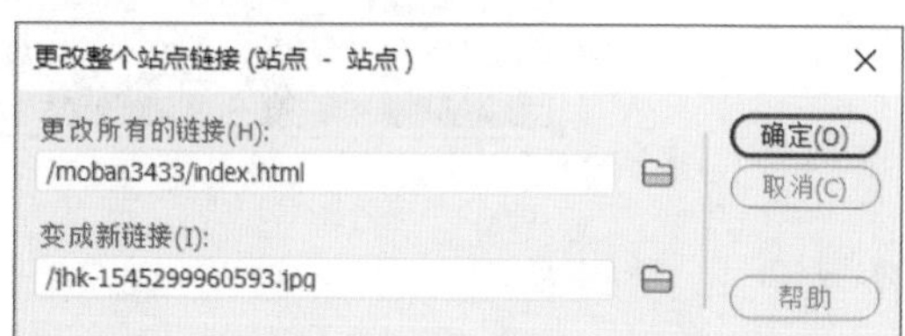

单击“确定”按钮后，随即弹出“更新文件”对话框，提示用户是否进行更新，单击“更新”按钮以完成手动更新超链接操作。

3. 检查链接错误

如果网页中存在错误链接，这种情况是很难察觉的，常规的方法只有打开网页单击链接来发现错误，而Dreamweaver可以帮助设计者快速检查站点中网页的链接，避免出现链接错误。

要检查链接错误首先必须确定用户在站点窗口中，然后从本地站点列表中选中要检查的文件或文件夹，再执行“站点>站点选项>检查站点范围的链接”命令，如下左图所示。此时的视图如下右图所示。

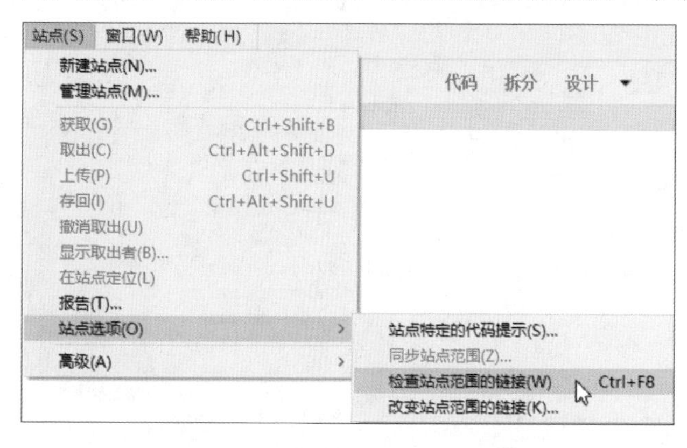

在“显示”下拉列表中选择要检查的链接方式。

- **断掉的链接：** 检查文档中是否存在断开的链接，这是默认选项。

- **外部链接**：检查文档中的外部链接是否有效。
- **孤立文件**：检查站点中是否存在孤立文件。所谓孤立文件，就是没有任何链接引用的文件。该选项只在检查整个站点链接的操作中才有效。

选择“显示”下拉列表中的“断掉的链接”选项，此时会在下面的结果窗口显示检查结果，如下图所示。

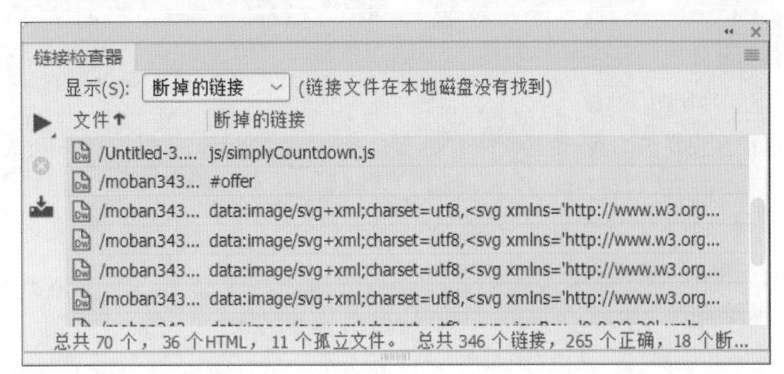

双击HTML文档可以临时打开该文件，允许设计者在文档中通过属性面板修改链接，设置完毕会自动返回当前的站点窗口中。

知识延伸：认识链接的相关代码

虽然在Dreamweaver中编辑网页的属性可以实现所见即所得，但对于一些常用的HTML代码还是有必要了解一下，比如超链接标记。下面具体说明一下各类链接的代码表示方法。

1. 超链接标记的属性

超链接标记在网页中的标记其实很简单，只有一个，即<A>标记，其相关属性及含义如下。

- **HREF**：指定链接地址。
- **NAME**：给链接命名。
- **TITLE**：给链接设置提示文字。
- **TARGET**：指定链接的目标窗口。
- **ACCESSKEY**：指定链接热键。

2. 内部链接

内部链接在HTML代码中的格式如下。

（A HREF =“文件名”，TARGET4=“属性值”）链接文件（/A）

其中，文件名若为“#”号，即为空链接；TARGET用来定义目标窗口，取值可以为“_Parent”“_blank”“_blank”“_Self”或“_top”。

3. 锚点链接

锚点链接在HTML代码中的格式如下。

定义锚点：<A NAME =“锚点名称”>文字</A>

引用锚点：<A HREF =“#锚点名称”>文字链接</A>

4. 图像映射

在没有可视化的网页编辑软件时，要制作图像映射是一件非常麻烦的事，在图像映射所需的图片文件中声明USEMAP属性，映射图像的名称为MAP，而定义矩形、椭圆形和多边形的三个热点区域使用的是<AREA>标记。

5. 链接状态代码

文本链接有以下四种状态。

- **A:link**：超链接还没有被访问时的状态。
- **A:visited**：超链接被访问后的状态。
- **A:active**：超链接处于活动状态时的状态。
- **A:hover**：光标移动到超链接后的状态。

如下样式代码则说明了不同状态下链接的颜色：

```
<style type=“text/css”>
<! --
a: link{color: #00CC66; }
a: visited{color:: #3299CC; }
a: hover{color:#996600; }
a: active{color:#993366; }
-->
</style>
```

上机实训：在网站中插入音乐

为了使网站内容更丰富，用户可以在网页上加一些背景音乐，这样就可以边看网页边听音乐了，下面介绍为网页添加声音的具体操作。

步骤01 打开Dreamweaver CC软件，执行“站点>新建站点”命令，打开“站点设置对象”对话框，在“站点名称”文本框内输入yinyue❶，单击“本地站点文件夹”文本框右侧的“浏览文件夹”按钮，选择合适的文件路径❷，单击“保存”按钮❸，如右图所示。

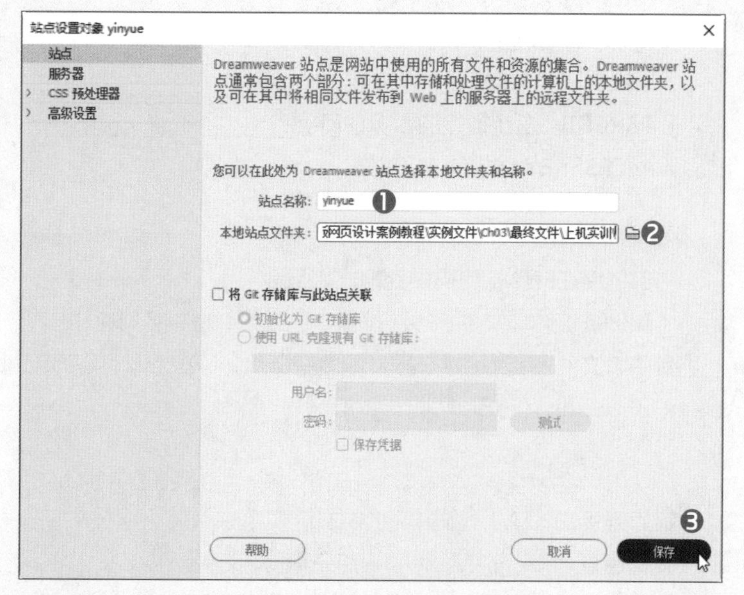

步骤02 在页面右侧的“文件”面板中创建一个yinyue的站点，如右图所示。

步骤03 执行“文件>新建”命令，打开“新建文档”对话框，在“新建文档”选项面板❶的“文档类型”列表框中选择“</>HTML”选项❷，在“标题”文本框中输入“音乐”文本❸，然后单击“创建”按钮❹，如下左图所示。

步骤04 执行“文件>另存为”命令，选择刚刚建立的站点文件夹❶，在文件名文本框内输入yy❷，然后单击“保存”按钮❸，如下右图所示。

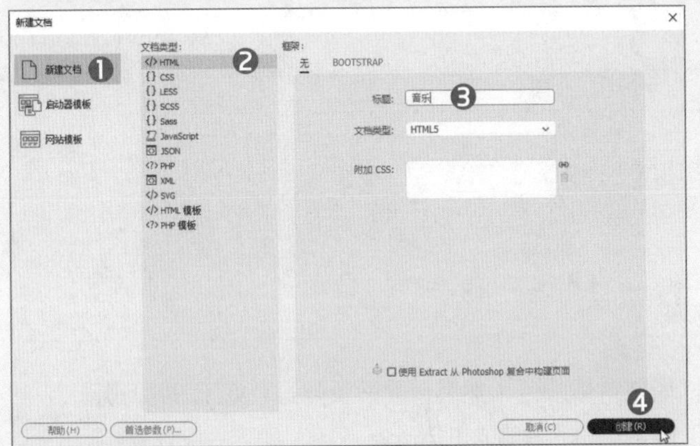

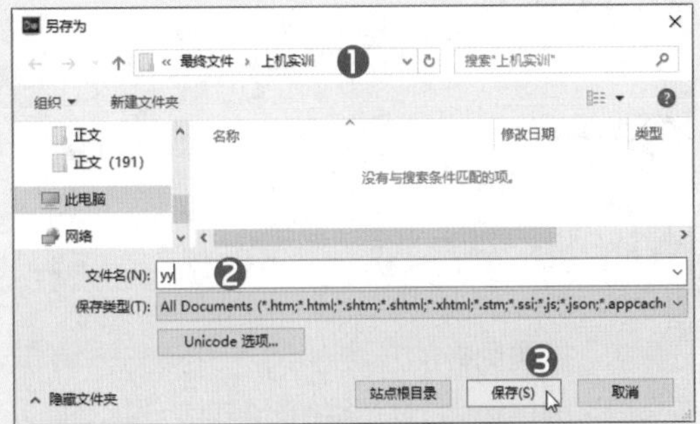

步骤05 切换至“设计”页面，执行“插入>Table”命令，在打开的Table对话框中设置相关参数后❶，单击“确定”按钮❷，如右图所示。

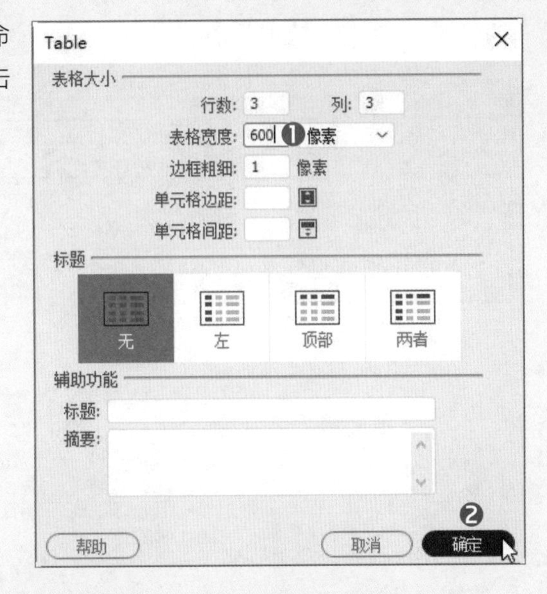

步骤06 在“设计”视图中查看效果。执行“窗口>属性”命令，打开“属性”面板，设置CellPad、Border和CellSpace的值均为1，如下左图所示。

步骤07 设置完成后查看效果，接着选中表格上面的两行，在“属性”面板中单击□按钮，如下右图所示。

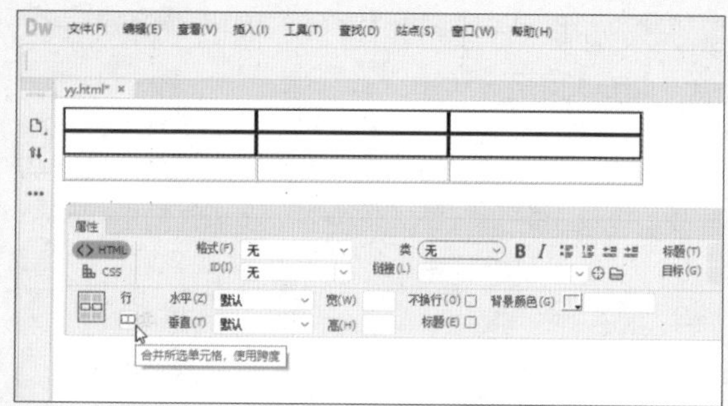

步骤 08 即可合并所选单元格。选择已合并的单元格❶，在“属性”面板中设置“水平”为“居中对齐”❷、“高度”为80❸、“背景颜色”为#E9E7E7❹，如下图所示。

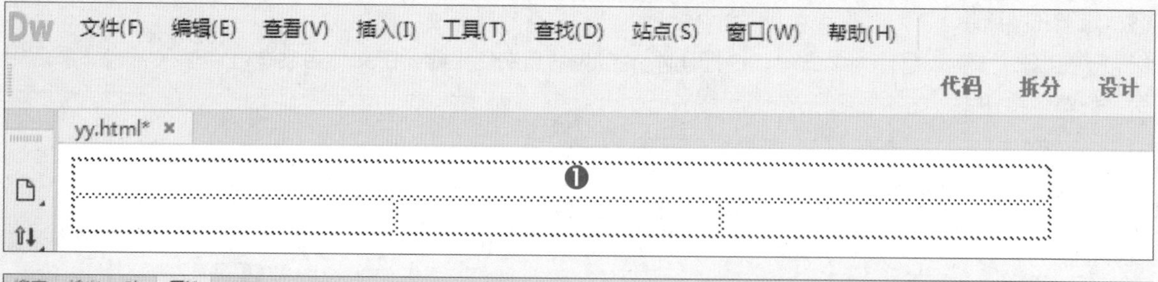

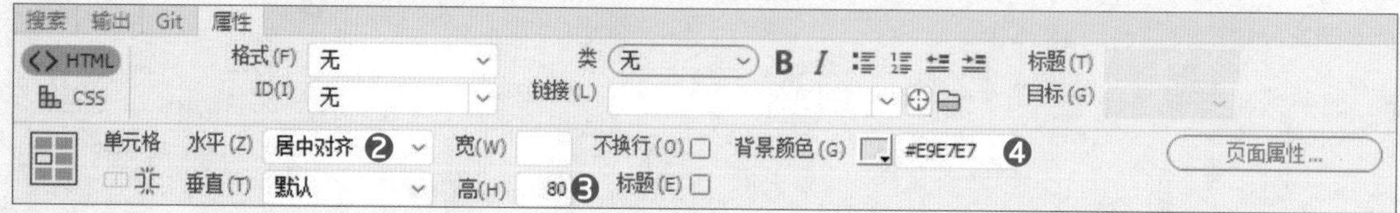

步骤 09 按照同样的方法对下方一行的三个单元格填充背景颜色，然后查看设置效果，如下左图所示。

步骤 10 选择表格上方合并的单元格，在“插入”面板中选择HTML5 Audio选项，如下右图所示。

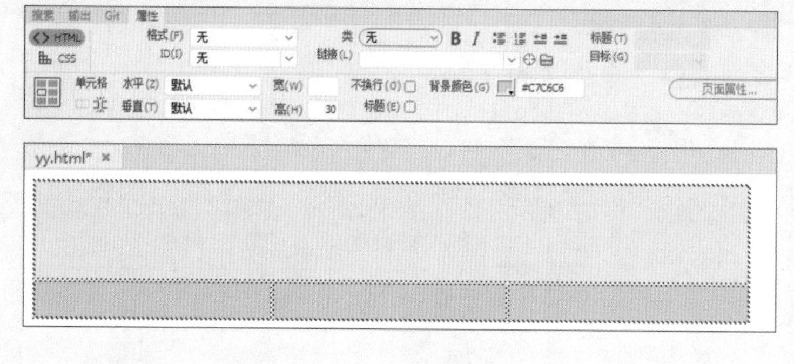

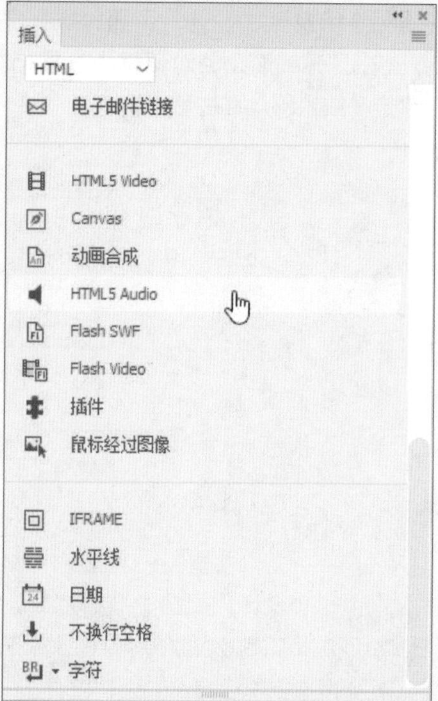

步骤11 此时，在代码页面上自动添加了相应的音乐控制代码，如下图蓝色区域所示。

```
yy.html* ×
1   <!doctype html>
2   <html>
3   <head>
4   <meta charset="utf-8">
5   <title>音乐</title>
6   </head>
7
8   <body>
9   <table width="600" border="0" cellspacing="1" cellpadding="1">
10    <tbody>
11      <tr>
12        <td height="80" colspan="3" align="center" bgcolor="#E9E7E7"><audio controls></audio></td>
13      </tr>
14      <tr>
15        <td bgcolor="#C7C6C6"> </td>
16        <td bgcolor="#C7C6C6"> </td>
17        <td height="30" bgcolor="#C7C6C6"> </td>
18      </tr>
```

步骤12 在“代码”视图中选择音乐代码，然后在“属性”面板中单击“Alt源1”文本框右侧的“浏览”按钮，在打开的“选择音频”面板中选择合适的音乐❶，单击“确定”按钮❷，如下左图所示。

步骤13 在打开的信息提示对话框中单击“是”按钮，如下右图所示。

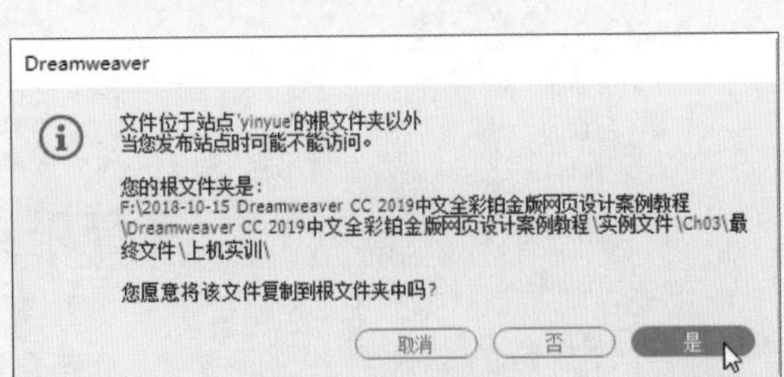

步骤14 打开“复制文件为”对话框，选择所需的文件位置❶，单击“保存”按钮❷，将音乐文件复制到站点下，如下图所示。

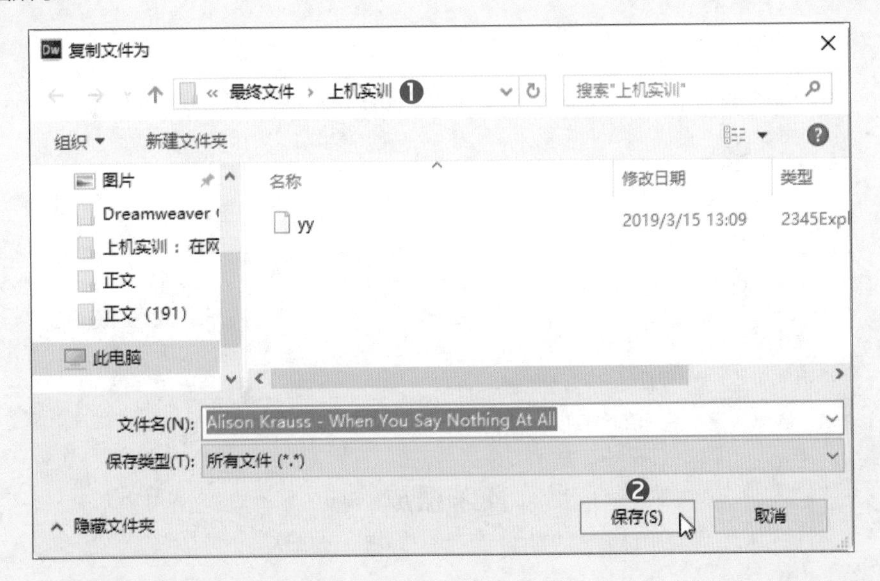

步骤15 此时，在查看代码页面已经插入了音乐代码，如下图所示。

```
1  <!doctype html>
2  <html>
3  <head>
4  <meta charset="utf-8">
5  <title>音乐</title>
6  </head>
7
8  <body>
9  <table width="600" border="0" cellspacing="1" cellpadding="1">
10   <tbody>
11     <tr>
12       <td height="80" colspan="3" align="center" bgcolor="#E9E7E7"><audio controls>
13         <source src="Alison Krauss - When You Say Nothing At All.mp3" type="audio/mp3">
14       </audio></td>
15     </tr>
16     <tr>
17       <td bgcolor="#C7C6C6"> </td>
18       <td bgcolor="#C7C6C6"> </td>
19       <td height="30" bgcolor="#C7C6C6"> </td>
20     </tr>
21   </tbody>
22 </table>
23 </body>
24 </html>
```

步骤16 选择表格下方一行中间的单元格，执行“插入>标题>标题1”命令，然后输入“音乐播放”文本，如下图所示。

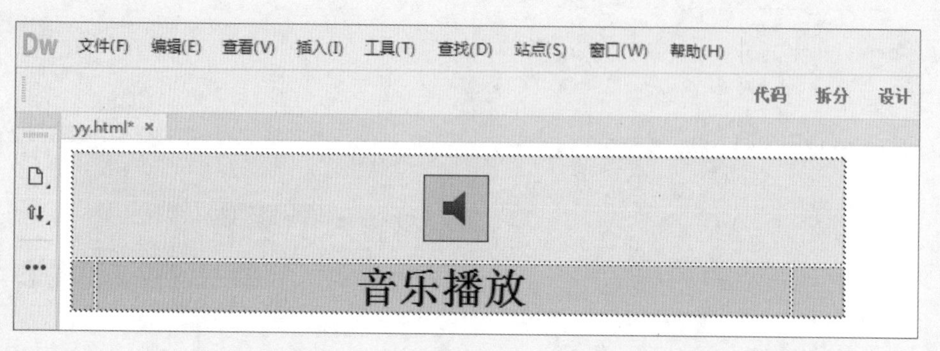

步骤17 接着需要对代码进行相应的调整，在代码页面添加下图所示的蓝色区域代码样式。

```
1  <!doctype html>
2  <html>
3  <head>
4  <meta charset="utf-8">
5  <title>音乐</title>
6  <style>
7  body{font-family : 宋体;font-size : 8pt;}
8  </style>
9  </head>
```

步骤18 按F12功能键播放音乐，查看页面效果，如下图所示。

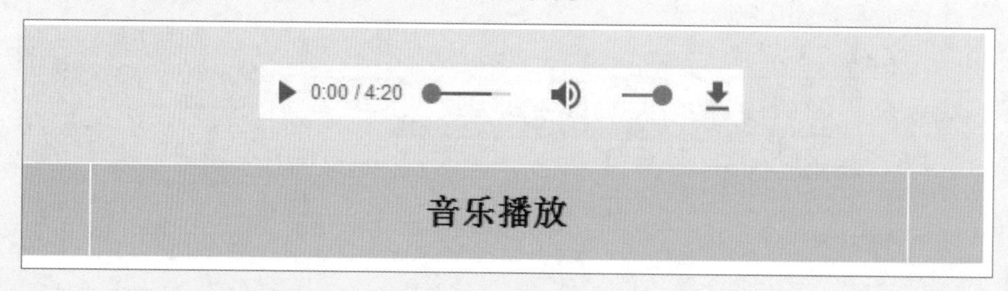

课后练习

1. 选择题

（1）Dreamweaver编辑窗口限制在同一个位置只能使用__________次空格键。

A.0　　B. 1　　C.2　　D. 5

（2）插入__________是一个很好的习惯，可以方便源代码编写者对代码进行事后的管理和维护，特别是在代码过长的情况下。

A.日期　　B. 占位符　　C.说明　　D.图片

（3）__________图像在网络上流行的另一个原因是它支持透明背景，所以它在网页中经常用做项目符号和按钮等希望不遮挡背景元素。

A.GIF　　B. JPEG　　C. PNG　　D. TIIF

（4）表单在网页中主要负责数据采集的功能，也是浏览者通过浏览器与网站联系的重要手段，一个表单有三个基本组成部分：表单标签、__________和表单按钮。

A. 单选按钮　　B. 标签　　C. 文本　　D. 表单域

（5）__________是实现网页上数据传输的基础，可以用于在线调查、在线报名等功能，利用它可以实现访问者与网站之间的交互，可以根据访问者输入的信息自动生成页面反馈给访问者。

A.站点　　B.表单　　C.标题　　D.段落

2. 填空题

（1）改变图像宽度和高度的尺寸后，可以通过__________图样，使图像文件本身的尺寸变小。

（2）人们习惯上在文章标题下加一条__________，以区分标题和文章内容。

（3）属性面板包含了__________属性检查器和__________属性检查器两种。

（4）按照链接路径的不同，超链接的类型可分为内部链接、外部链接、脚本链接、__________、E-mail链接和空链接6种。

3. 上机题

打开给定的素材，在页面添加表单元素，原始素材如下左图所示。结合本节所学知识，最终的设计效果如下右图所示。

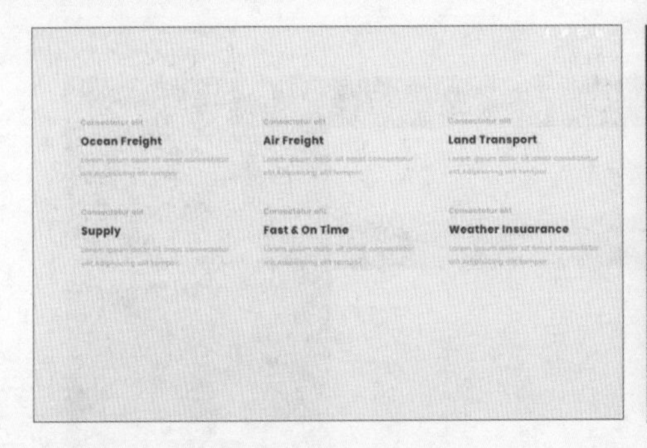

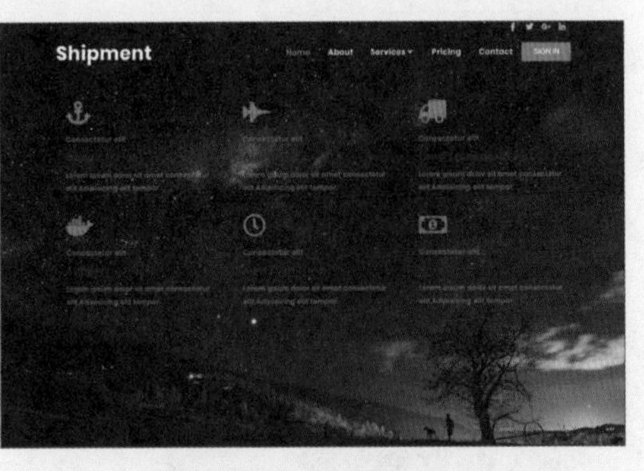

操作提示

1. 结合“表单”相关知识进行操作。
2. 插入图像元素。

Chapter 04 使用表格布局网页

本章概述

表格是网页中非常重要的组成部分，在网页设计中，表格的功能已经不仅仅局限于进行数据处理，更主要的是借助表格来实现网页的精确排版，本章将对Dreamweaver表格布局的相关操作进行介绍。

核心知识点

❶ 了解表格的概念及用途
❷ 掌握插入表格的方法
❸ 熟悉表格的基本属性
❹ 掌握表格编辑的方法

4.1 认识表格

在Dreamweaver CC 2019中，表格的功能有了进一步的增强，主要用于在HTML页上显示表格式数据，以及对文本和图形进行布局的强有力工具。虽然HTML代码中通常不明确指定列，但Dreamweaver允许用户操作列、行和单元格。

4.1.1 表格的概念

表格是页面排版的强大工具，由行、列、单元格三部分构成，可以排列页面中的文本、图像以及各种对象。一般情况下，整个网页的排版布局都要借助表格。只有使用表格，才能方便实现一些网页布局，将页面元素放置到网页中的合适位置。

4.1.2 表格的用途

在网页中规划布局的时候，一般都会用到表格。由于浏览器的形状与表格的形状均为矩形，所以分割画面时表格是最为合适的，下面介绍网页操作中表格的重要性及用途。

1. 有序地整理内容

文档中的复杂内容一般都是利用表格有序地进行整理，网络也不例外，在网页文档中使用表格也可以把复杂的内容整理得更加有条理。网站主页中的公告栏就是利用表格制作出来的，如下图所示。

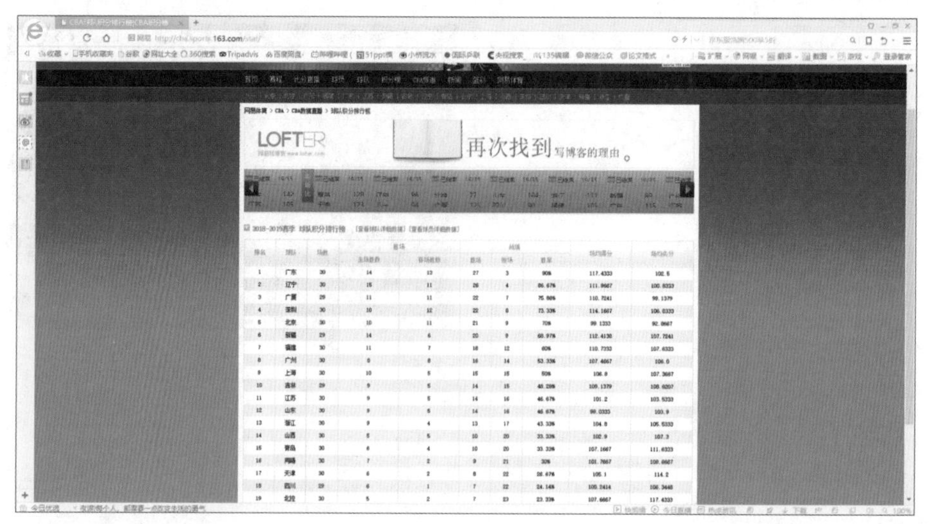

2. 合并多个图像

网页中主要使用文件较小的图像，但根据需要有时候也会遇到使用大图像的情况，这时最好不要将整个图像一次性地插入，而是把图像适当分成两个以上的部分后再进行插入，如下图所示。这是因为分别下载4个25KB大小的图像的速度比一次性下载100KB大小的图像的速度更快一些。

3. 制作网页文档的布局

制作网页文件布局的时候，可以选择表格的显示与否。大部分主页的布局都是用表格来形成的，但有时由于没有显示表格边框，因此访问者察觉不到主页的布局是由表格来形成的这一点。利用表格时根据需要来拆分或合并文档的空间，因此可以非常随意地布置各种元素，如下图所示。

提示：利用表格布局网页

网页的布局应遵循的原则有对称平衡、异常平衡、对比、凝视和空白等。在Dreamweaver CC 2019中我们可以用表格、框架、层来布局网页，但表格是使用最广泛的一种。

4.2 在网页中插入表格

表格也是网页制作的一个重要元素，由于Dreamweaver本身没有提供太多的排版方式，所以经常需要利用表格实现网页的精细排版，下面介绍在网页中插入表格的具体操作。

4.2.1 插入表格

Dreamweaver CC 2019为用户提供了非常方便的插入表格的方法，具体步骤如下。

步骤 01 打开Dreamweaver CC 2019，新建一个HTML网页，定位光标到要插入表格处，在“插入”面板中选择Table选项，如下左图所示。

步骤 02 在弹出的Table对话框中设置表格的大小为3行3列❶、“表格宽度”为200像素❷、“边框粗细”为3像素❸，然后单击“确定”按钮❹，如下右图所示。

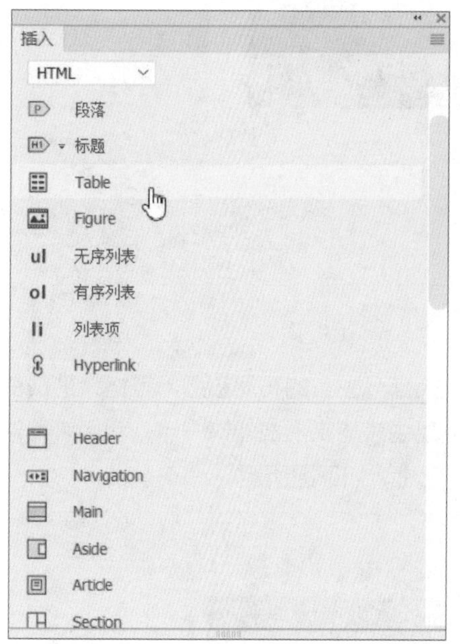

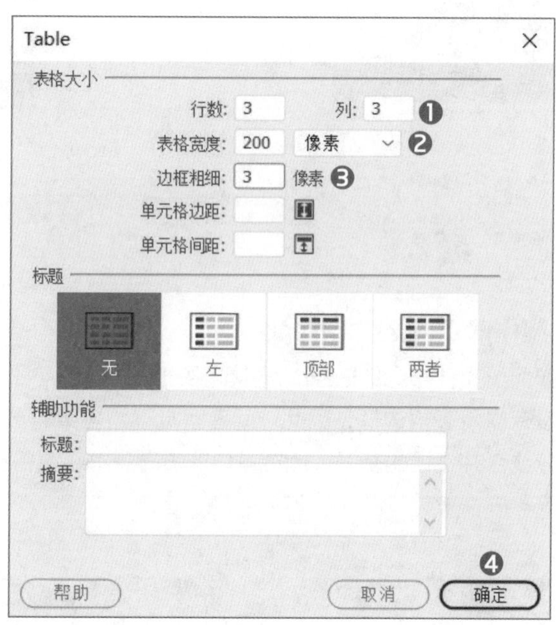

步骤 03 即可在指定位置插入表格，如下图所示。

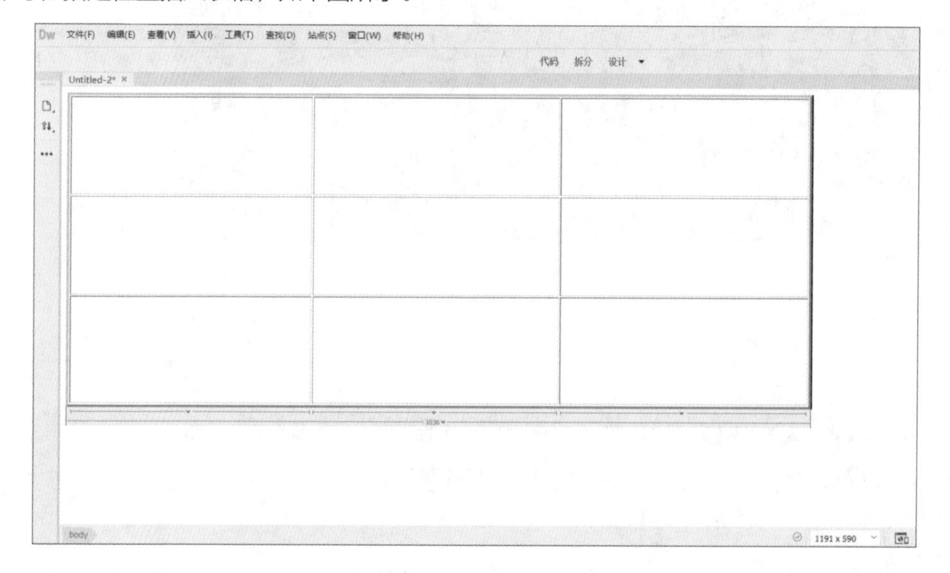

下面对Table对话框中各主要参数的含义进行介绍，具体如下。

- **行数**：用于确定表格行的数目。
- **列**：用于确定表格列的数目。
- **表格宽度**：以像素为单位或按占浏览器窗口宽度的百分比指定表格的宽度。
- **边框粗细**：用于指定表格边框的宽度（以像素为单位）。
- **单元格边距**：用于设置单元格内容和单元格边框之间的像素数。
- **单元格间距**：用于设置相邻的表格单元格之间的像素数。
- **无**：对表格不启用列或行标题。
- **左**：左对齐可以将表格的第一列作为标题列，以便为表格中的每一行输入一个标题。
- **顶部**：顶对齐可以将表格的第一行作为标题行，以便为表格中的每一列输入一个标题。
- **两者**：表示能够在表格中输入列标题和行标题。
- **标题**：提供一个显示在表格外的表格标题。
- **摘要**：给出了对表格的说明。屏幕阅读器可以读取摘要文本，但是该文本不会显示在用户的浏览器中。

4.2.2 设置表格属性

创建并选中整个表格后，可以在表格的“属性”面板中对表格的基本属性进行设置，如下图所示。

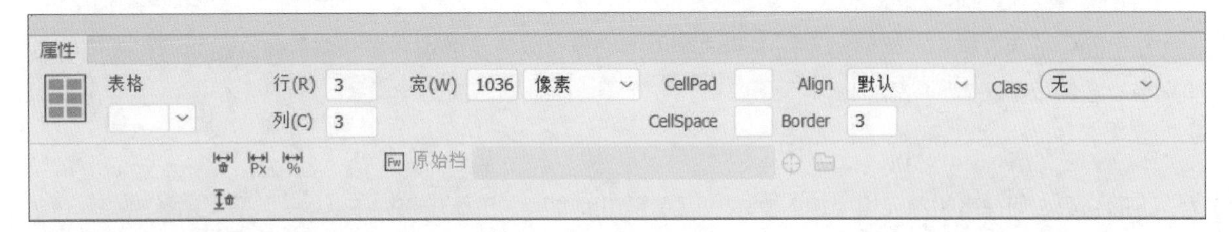

- **表格**：设置该表格的ID，一般可不填。
- **行**：设置表格的行数。
- **列**：设置表格的列数。
- **宽**：设置表格的宽度，可输入数值后在右侧的下拉列表框中选择宽度单位，有“百分比”和“像素”两个选项。
- **CellPad**：设置单元格内部空白的大小，单位是像素。
- **CellSpace**：设置单元格之间的间距，单位是像素。
- **Align**：设置表格的对齐方式。
- **Border**：设置表格边框的宽度，单位是像素。

提示：显示虚拟边框

为了方便操作，默认状态下在文档窗口中显示表格的虚拟边框。用户也可自行设置是否显示表格虚拟边框，执行“查看>设计视图选项>可视化助理>表格边框”命令，则显示虚拟边框；取消该命令，则隐藏虚拟边框。

4.2.3 设置单元格属性

在Dreamweaver CC 2019中，用户不仅可以对插入的表格进行设置，还可以对单元格进行设置。单击选中单元格，即可显示当前单元格的“属性”面板，如下图所示。

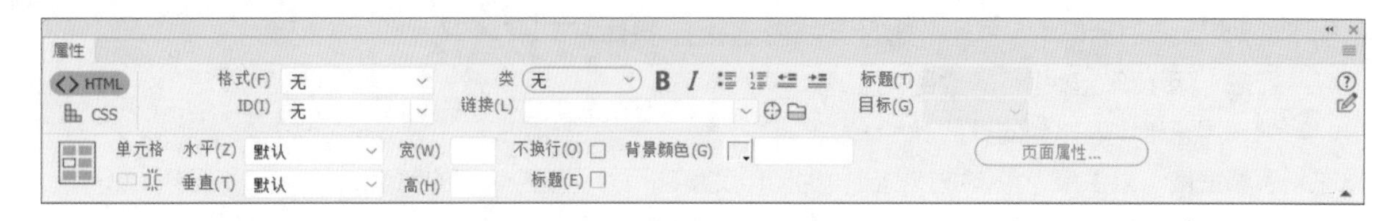

- **合并单元格**：将所选的单元格、行或列合并为一个单元格。只有当单元格形成矩形或直线的块时才可以合并这些单元格。
- **拆分单元格**：表示将一个单元格分成两个或更多个单元格。一次只能拆分一个单元格；如果选择的单元格多于一个，则此按钮将禁用。
- **水平**：设定单元格内元素的水平排版方式，默认、左对齐、右对齐还是居中。
- **垂直**：设定单元格内元素的垂直排版方式，默认、居中、底部还是基线。
- **宽**：设定单元格的宽度。
- **高**：设定单元格的高度。
- **不换行**：防止单元格中较长的文本自动换行。
- **标题**：为表格设置标题。
- **背景颜色**：设置表格的背景颜色。

4.2.4 添加内容

在页面中插入表格后，需要对表格中的内容进行编辑，以符合要求，本节将具体介绍如何在表格中添加文本、图像和多媒体等内容。

1. 输入文本

下面介绍如何在表格单元格中输入文本，以满足页面需要，具体步骤如下。

步骤 01 将光标定位在要输入文本的位置，输入相应的文字，即可完成在单元格中输入文本的操作，如下左图所示。

步骤 02 用同样的方法输入其他单元格的文字，如下右图所示。

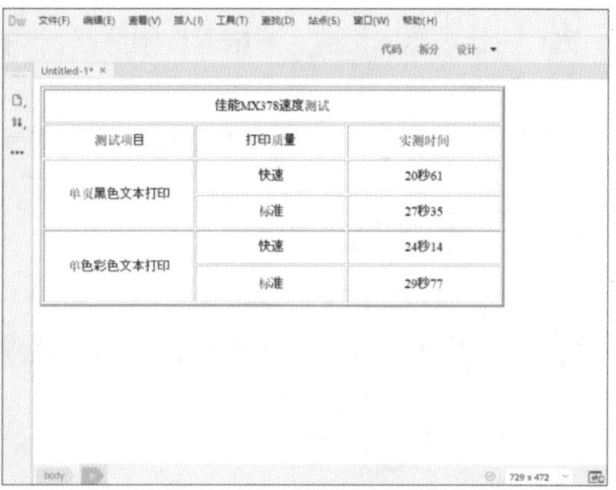

佳能MX378速度测试		
测试项目	打印质量	实测时间
单页黑色文本打印	快速	20秒61
	标准	27秒35
单色彩色文本打印	快速	24秒14
	标准	29秒77

实战练习 创建学生成绩表

本案例将介绍建立一个学生成绩表的操作方法，首先创建文件，然后插入表格，再对表格背景进行美化，并丰富页面效果，具体步骤如下。

步骤 01 打开Dreamweaver CC软件，执行“站点>新建站点”命令，在打开的对话框中设置站点名称为xiao-1❶，再选择合适的“本地站点文件夹”文件夹❷，然后单击“保存”按钮❸，如下左图所示。

步骤 02 在页面右侧的“文件”面板中选择创建的站点并右击，在弹出的快捷菜单中选择“新建文件”命令，新建文件并命名为xscj.html文件，如下右图所示。

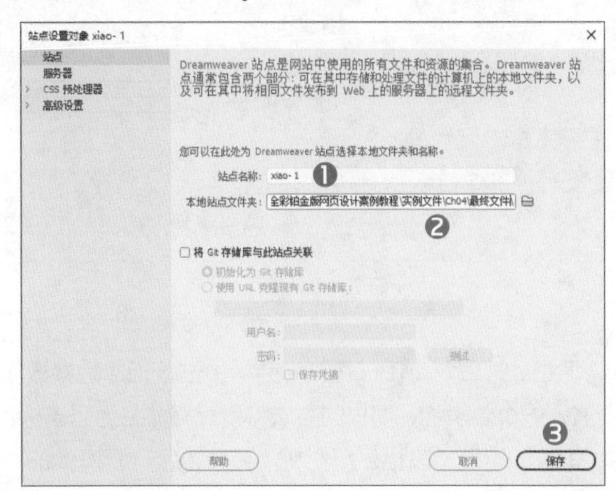

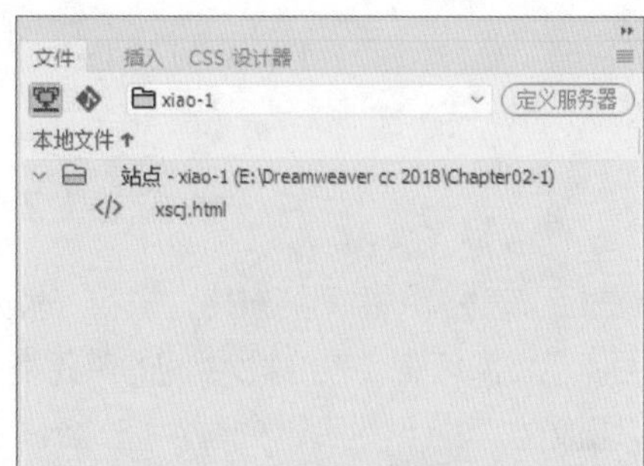

步骤 03 在“文件”面板中双击xscj.html文件，打开xscj.html文件，切换至“代码”视图，如下左图所示。

步骤 04 在“代码”视图的<title>…</title>之间输入“学生成绩表”文本，该标题只对搜索引擎有用，不会在页面显示，如下右图所示。

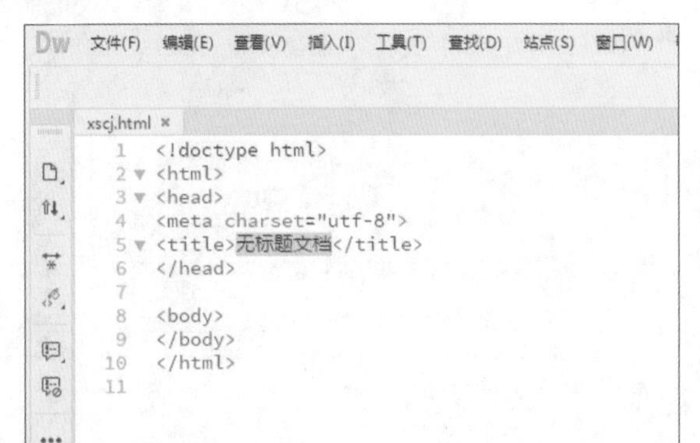

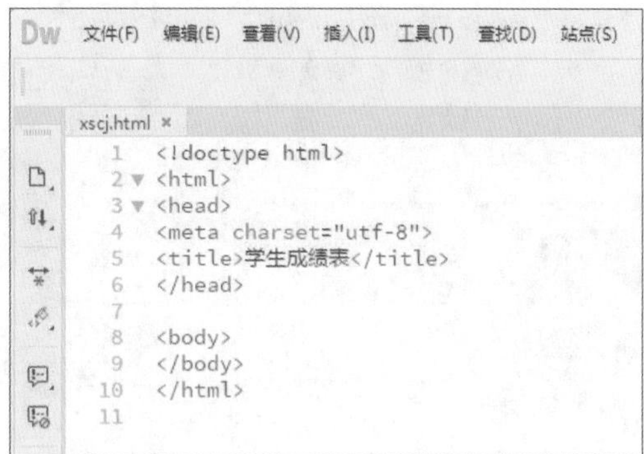

步骤 05 执行“插入>Table”命令，在打开的Table对话框中进行相关参数设置❶，单击“确定”按钮❷，如右图所示。

步骤 06 即可在页面中创建一个表格框架，执行“窗口>属性”命令，在“属性”面板中输入表格名称为“表格1”，单击“拆分”按钮，然后查看代码和设计效果，如右图所示。

步骤 07 选择“表格1”中间的方格，执行“插入>Table”命令，在打开的对话框中进行相应的参数设置，如下左图所示。即可在“表格1”中间的单元格中嵌入一个新表格，同样的方法将新表格命名为“表格2”。

步骤 08 切换至“设计”视图，调整“表格1”边框线，使得“表格2”居中显示，然后查看设计的页面效果，如下右图所示。

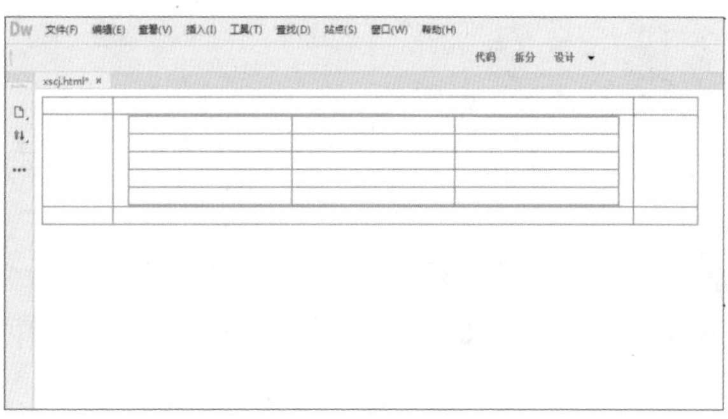

步骤 09 选择“表格1”，执行“窗口>属性”命令，在打开的表格“属性”面板中设置Border值为0，如下图所示。

步骤 10 切换至“设计”视图，此时表格1边线变成虚线显示了，不过在网页上这些虚线是不显示出来的，如下图所示。

步骤 11 执行“插入>标题>标题1”命令，在“代码”视图中表格1上方的单元格中插入标题代码并输入“学生成绩表”文本。然后在“属性”面板中设置水平对齐方式为“居中对齐”，效果如下左图所示。

步骤 12 按照相同的方法在表格2的第一行单元格中分别输入表头文本，如下右图所示。

步骤 13 同样的操作方法，分别输入学生姓名和成绩分数文本，效果如下左图所示。

步骤 14 在“文件”面板中选择站点并单击鼠标右键，在弹出的快捷菜单中选择“新建文件夹”命令，创建image图片文件夹，如下右图所示。

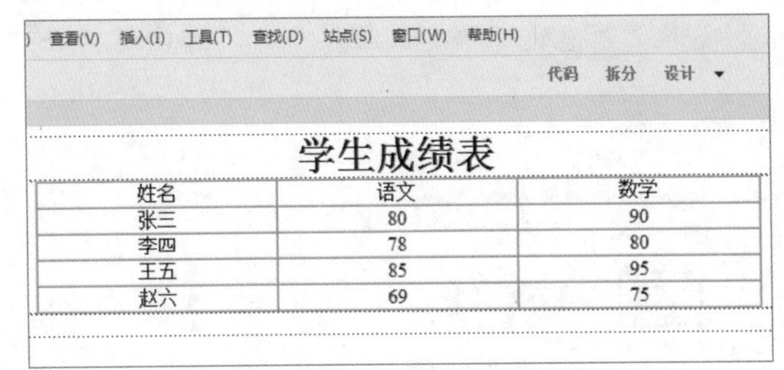

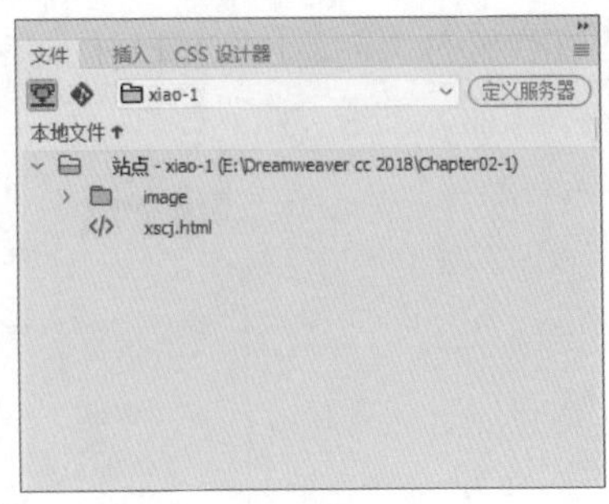

步骤 15 切换至“代码”视图，对表格1的具体参数进行设置，输入的代码如下左图所示。

步骤 16 接着在“设计”视图中查看设置效果，如下右图所示。

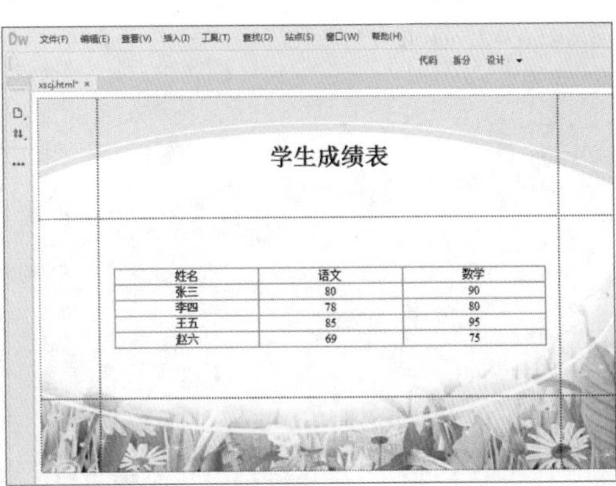

步骤 17 回到“代码”视图，对设计页面的表格2属性进行相应的调整，设置“表格2”高度为200px，如右图所示。

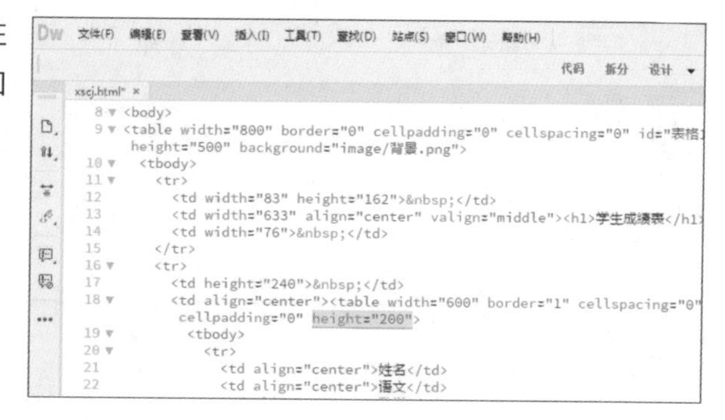

步骤 18 选择“学生成绩表”文本所在的单元格，在“属性”面板中设置垂直对齐方式为“垂直底部”，然后查看最终效果，如右图所示。

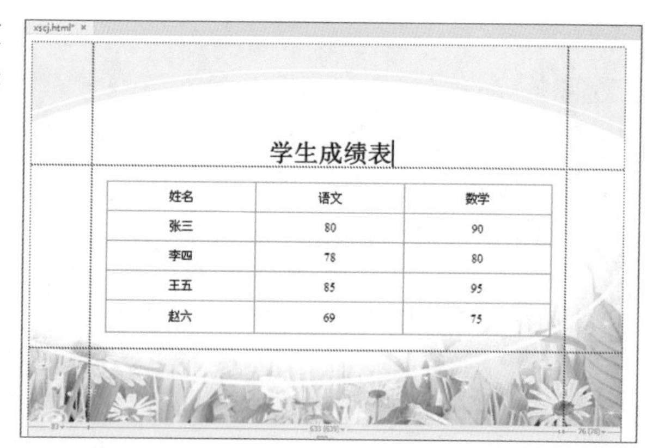

姓名	语文	数学
张三	80	90
李四	78	80
王五	85	95
赵六	69	75

2. 插入图像

在表格中也可以插入图像，其方法与在网页中插入图像的方法类似，具体步骤如下。

步骤 01 将光标定位在需要插入图像的单元格中，在菜单栏中执行“插入>Image”命令，如下左图所示。

步骤 02 在弹出的“选择图像源文件”对话框中选择需要插入的图像❶，单击“确定”按钮❷，即可在指定单元格中成功插入图像，如下右图所示。

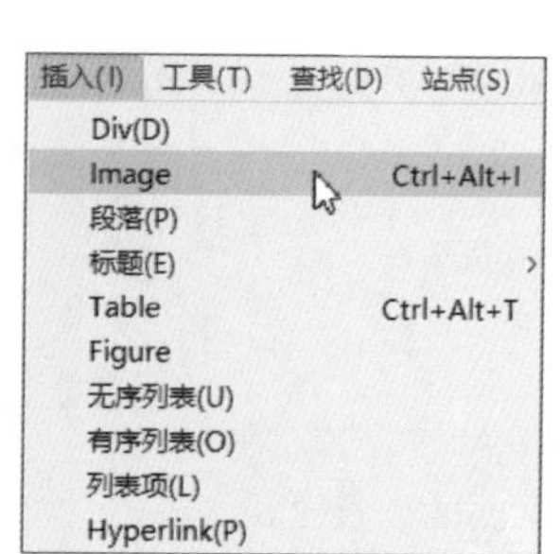

3. 插入多媒体

在表格中插入多媒体的方法和之前学过的在网页中插入多媒体的方法相似，具体步骤如下。

步骤 01 将光标定位在需要插入多媒体的单元格中，然后在“插入”面板中选择Flash SWF选项，如下左图所示。

步骤 02 在弹出的“选择SWF”对话框中选择需要插入的多媒体文件❶，然后单击“确定”按钮❷，即可在指定单元格中成功插入多媒体，如下右图所示。

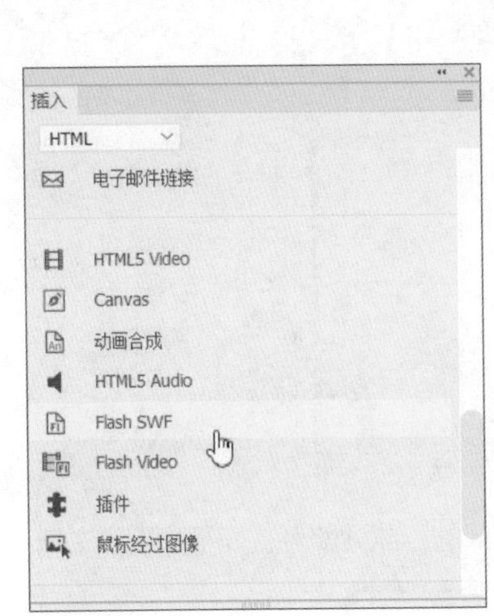

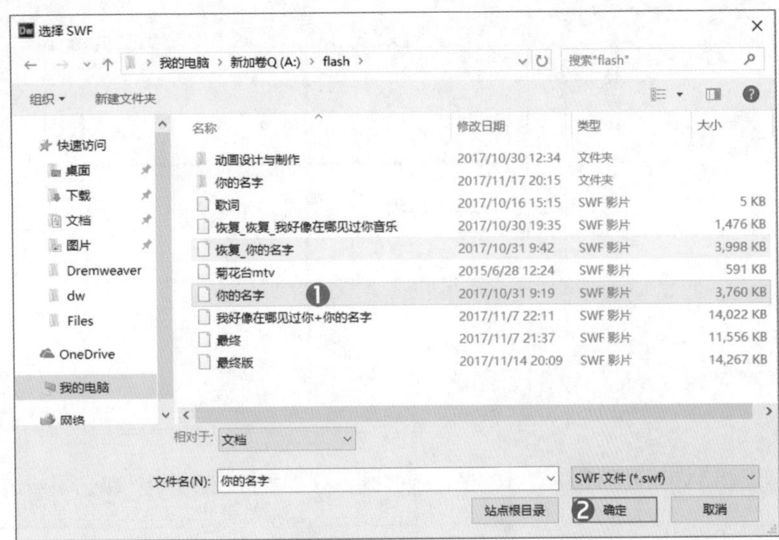

4.3 表格的基本操作

表格的基本操作主要包括表格元素的选取、剪切、复制和粘贴单元格、插入/删除行与列以及拆分、合并单元格等，本节通过一系列的实例对表格的基本操作进行详细讲解。

4.3.1 表格元素的选取

表格元素包括行、列、单元格三种，选取的方法各不相同，下面就分别对这三种元素的选取方式进行详细介绍。

1. 选取行或列

步骤 01 要选取某一行或某一列，只需将光标移至要选择的行左侧或列上方，待光标变成向右黑箭头或向下黑箭头并且被选行或列的单元格呈亮线显示时，单击即可，如下图所示。

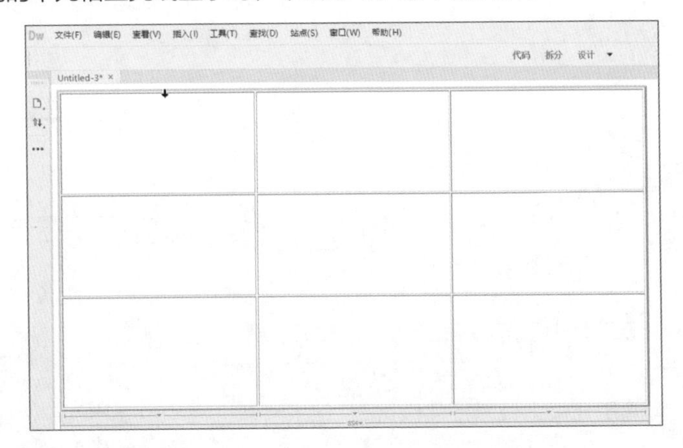

步骤 02 要选取连续的多行或多列时，只需在要选择的第一行或列处按下鼠标后继续拖动即可实现，或者在单击第一行或列的第一个单元格时，按Shift键再单击要选择的最后一行或列的最后一个单元格即可，如下图所示。

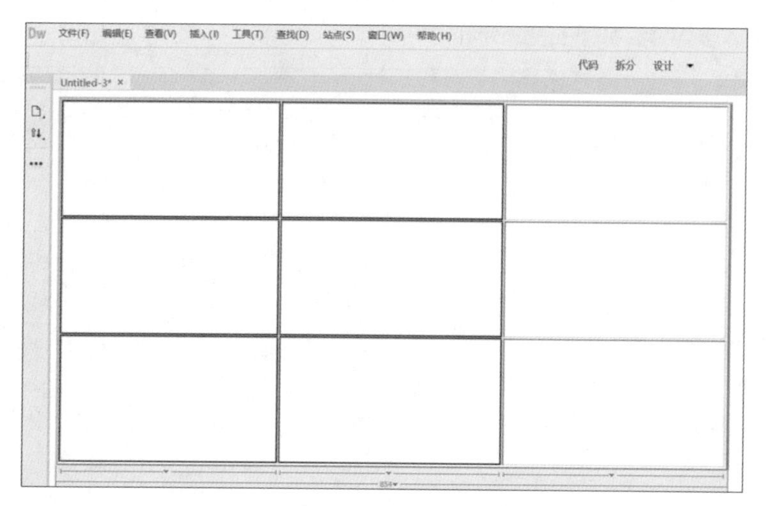

步骤 03 如果要选取不连续的多行或多列，只需要按住Ctrl键，单击需要选择的行或列即可，如下图所示。

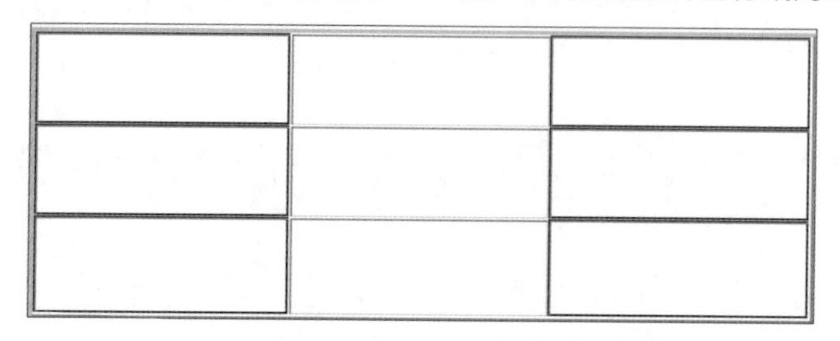

2. 选取单元格

步骤 01 按住Ctrl键单击某个单元格可以选中该单元格，在“标签选择器”中选择<td>标签也可以选中该单元格，如下左图所示。

步骤 02 要选择相邻的单元格，只需在选择的第一个单元格处按下鼠标左键后继续拖动即可实现，或者在单击第一个单元格时，按住Shift键，再单击要选择的最后一个单元格。如果按Ctrl键，单击某个已选中的单元格，可以取消该单元格的选中状态，如下右图所示。

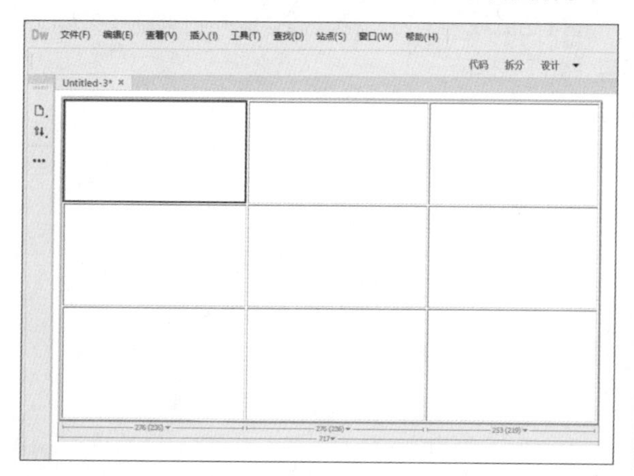

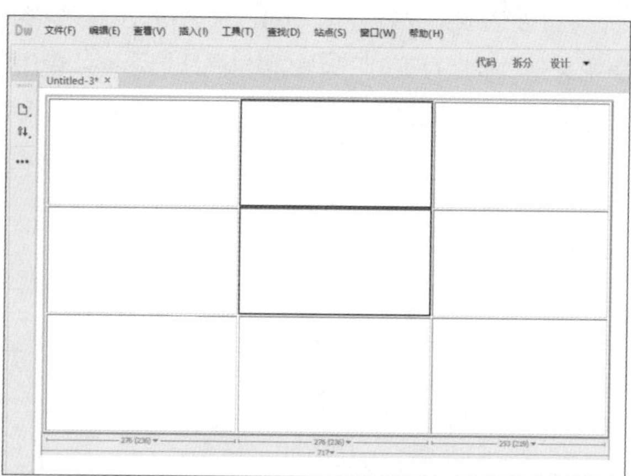

步骤 03 如果要选取不连续的单元格，只需按住Ctrl键，单击需要选择的单元格即可，如下图所示。

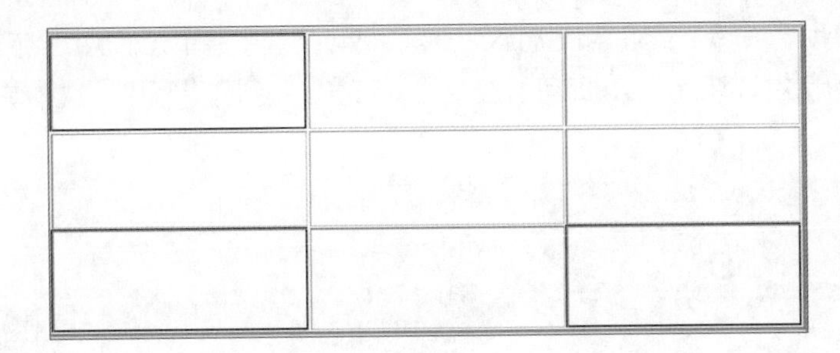

3. 选取整个表格

步骤 01 将光标移至表格的左上角、顶端或底端的任意位置，当光标变成下左图的网格图标时单击，即可选取整个表格。

步骤 02 将光标移至表格行或列的边框上，待光标变成下右图所示的平行线图标时，按住鼠标左键并拖动，可以调整单元格大小，如下右图所示。

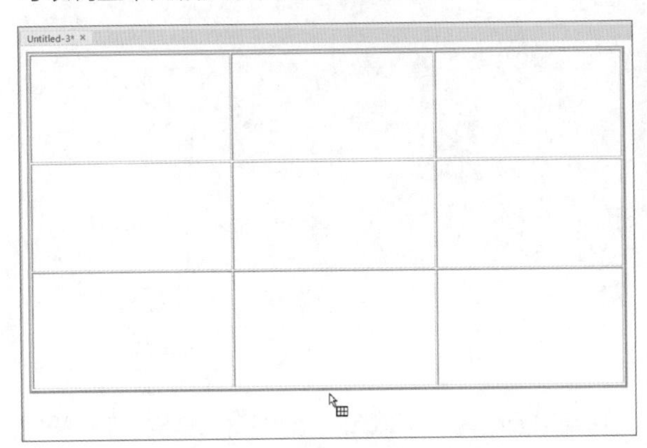

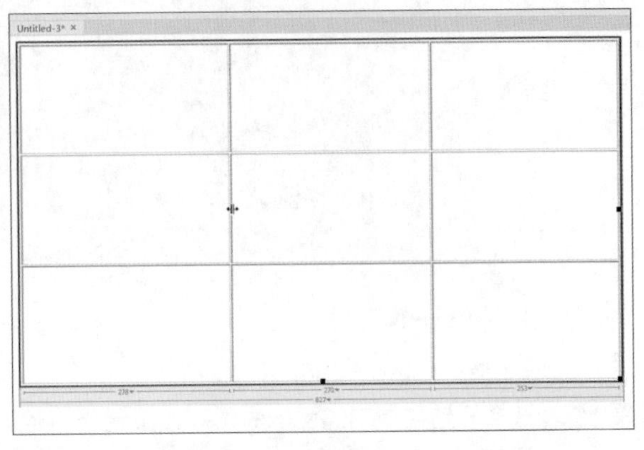

4.3.2 剪切、复制和粘贴单元格

除了可以对单元格进行选取外，用户还可以对单元格进行剪切、复制和粘贴操作，而且在剪切、复制和粘贴时可以选择保留原格式，或是仅操作单元格中的内容。

1. 剪切和复制单元格

步骤 01 选择要复制或剪切的单元格，可以选择一个单元格，也可以选择多个单元格，但要保证选中的单元格区域呈现矩形，如右图所示。

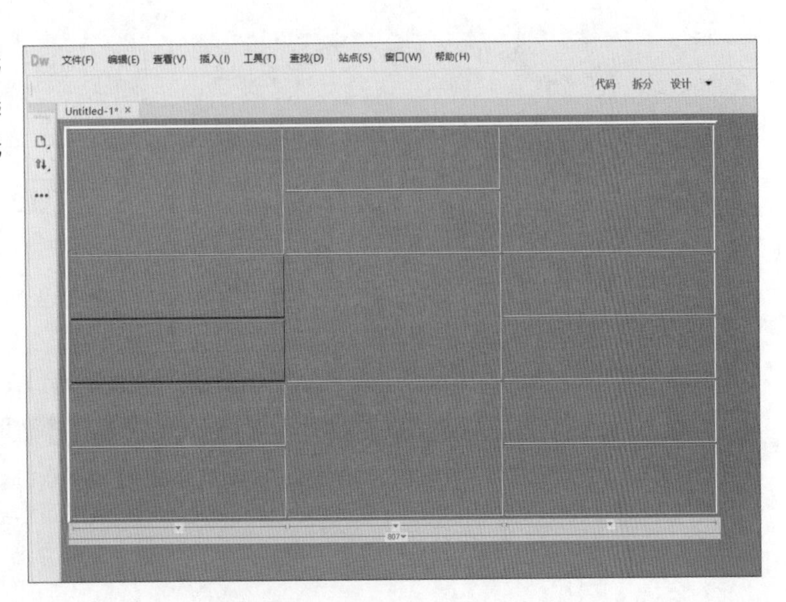

步骤02 执行“编辑>剪切”命令，或使用快捷键Ctrl+X，即可将选中的单元格剪切到剪贴板中；而执行“编辑>拷贝”命令，或使用快捷键Ctrl+C，即可将选中的单元格复制到剪贴板中。选中单元格进行剪切的效果如下图所示。

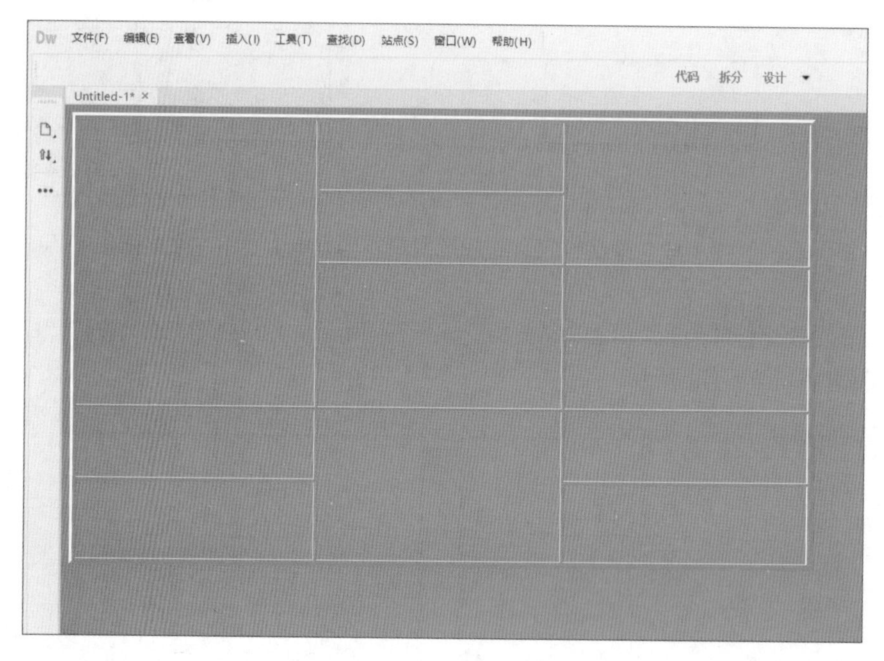

2. 粘贴单元格

对单元格进行粘贴操作的步骤如下。

步骤01 选择要粘贴复制的目标对象。如果希望将数据粘贴到单元格内，可以单击该单元格，将光标放置到单元格内。如果希望剪贴板中的数据粘贴一个新的表格，可以在文档中将插入点放置到该位置上，如下左图所示。

步骤02 执行“编辑>粘贴”命令，或使用快捷键Ctrl+V，即可进行粘贴。将刚才剪切的单元格粘贴到选中的单元格内，效果如下右图所示。

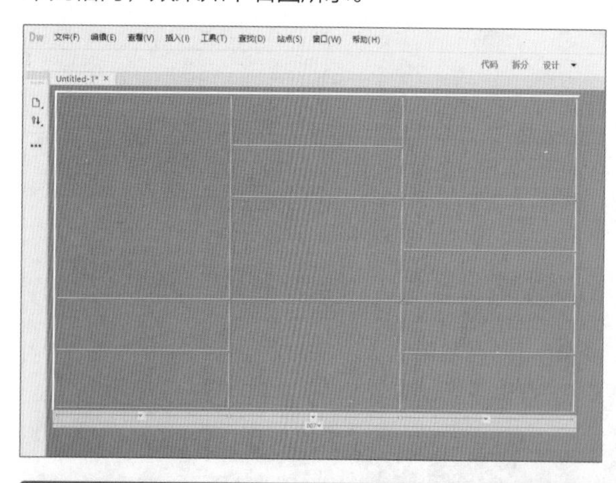

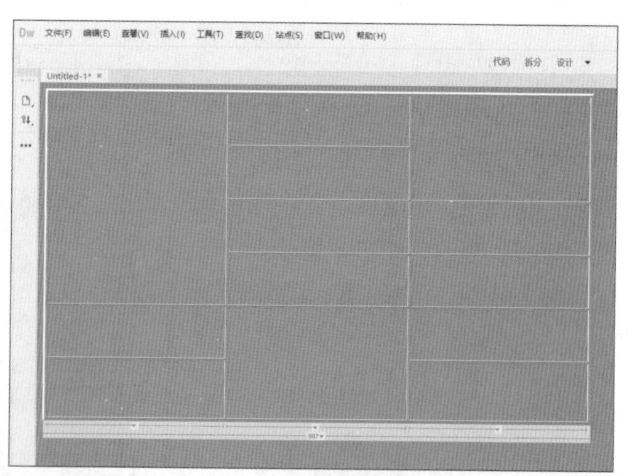

提示：粘贴单元格内容

在粘贴剪贴板中的单元格时，如果将完整的行和列数据粘贴到现有的表格中，则行和列的数据会放置在该表格中的相应位置上；如果将数据粘贴到一个单独的单元格中，则相应单元格区域中的内容会被替换，而不管剪贴板中的内容是否同表格格式相兼容。

4.3.3 行与列的插入与删除

插入和删除表格的行与列是在Dreamweaver CC 2019中常见的命令操作之一。设计者在新建表格时，难免会算错表格的行或列，而使用插入和删除行或列命令来弥补是最快捷的方法。在Dreamweaver CC 2019中提供了多种插入或删除行与列的方法，具体操作如下。

1. 单行或单列的插入

步骤01 在表格内单击鼠标右键，在弹出的快捷菜单中选择“表格>插入行”或“表格>插入列”命令，如下左图所示。

步骤02 执行命令后即可在当前行上方新增加一行或在当前列左侧新增加一列。以插入行为例，效果如下右图所示。

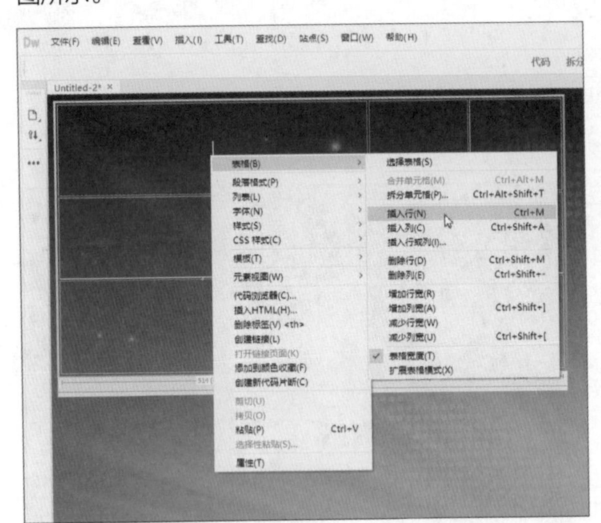

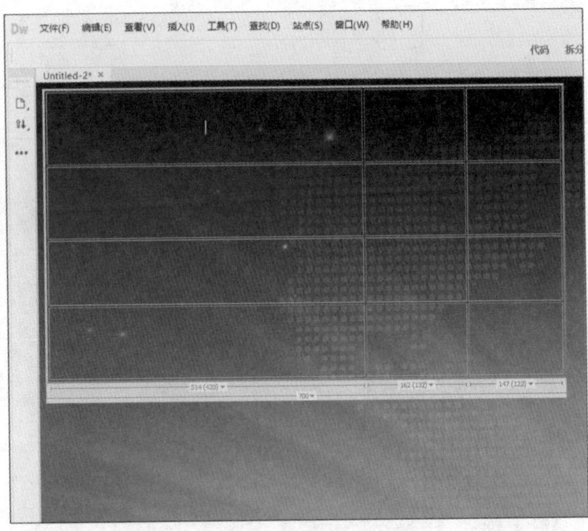

2. 多行或多列的插入

步骤01 将鼠标光标移至要增加行或列的位置，右击，从弹出的快捷菜单中选择“表格>插入行或列”命令，如下左图所示。

步骤02 在弹出的“插入行或列”对话框中设置要插入的多行或多列。以插入3行为例❶，设置完成后单击“确定”按钮❷，如下右图所示。

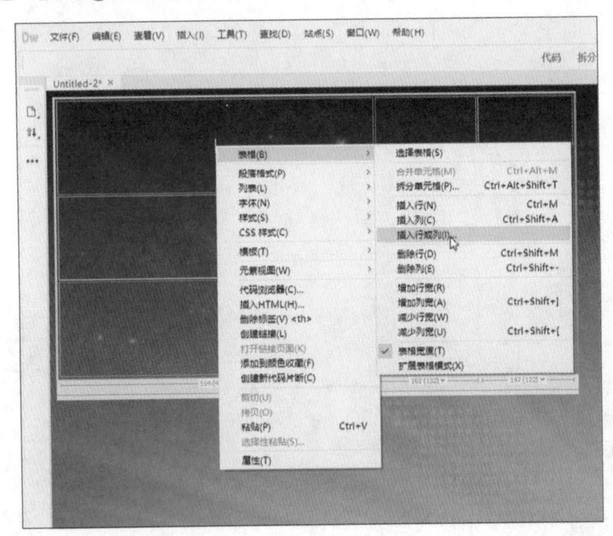

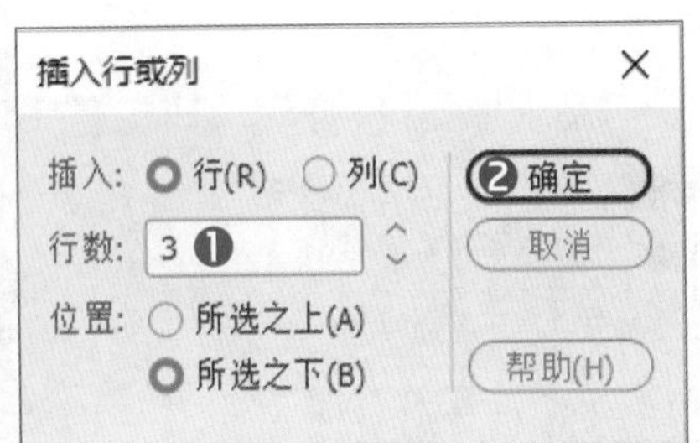

步骤 03 即可在当前位置上方插入3行，如右图所示。

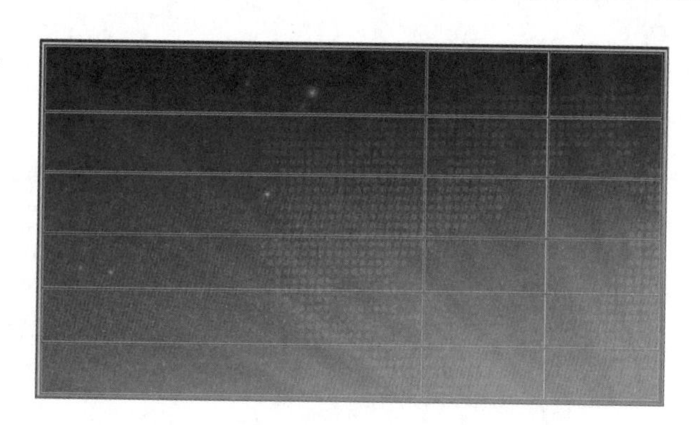

3. 行或列的删除

步骤 01 选中要删除的行或列，按Delete键即可。也可以右击，从弹出的快捷菜单中选择“删除行”或“删除列”命令，如下左图所示。

步骤 02 执行命令后删除单元格某一行的效果如下右图所示。

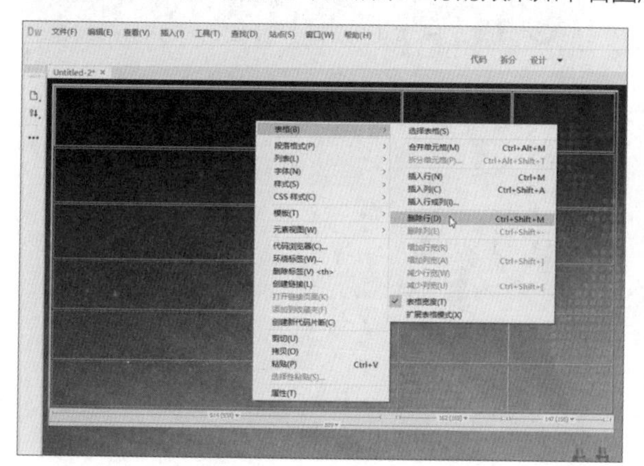

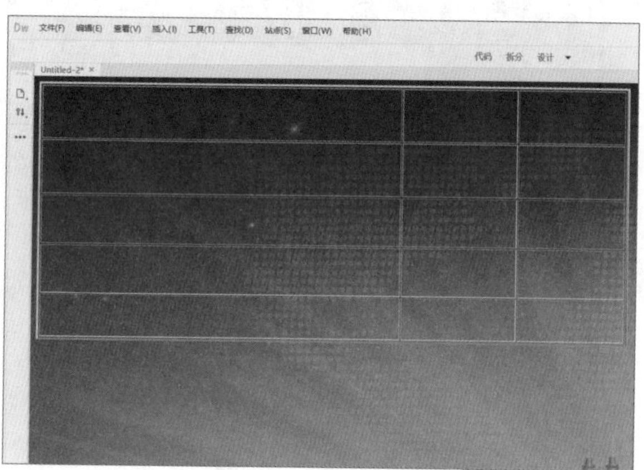

4.3.4 拆分和合并单元格

利用Dreamweaver CC 2019直接创建的表格往往不能满足设计者的要求，因此，在实际操作中可以对连续的两行（列）或者多行（列）单元格，且所选部分是矩形的单元格进行合并操作，同时也可以将某个单元格拆分为两个或多个。

1. 拆分单元格

拆分单元格是指拆分单个单元格为多个单元格，下面介绍具体操作方法。

步骤 01 将光标定位在要拆分的单元格中，单击单元格“属性”面板中的“拆分单元格为行或列”按钮，如下左图所示。

步骤 02 弹出“拆分单元格”对话框，设置要拆分的行数或列数❶，单击“确定”按钮❷，如下右图所示。

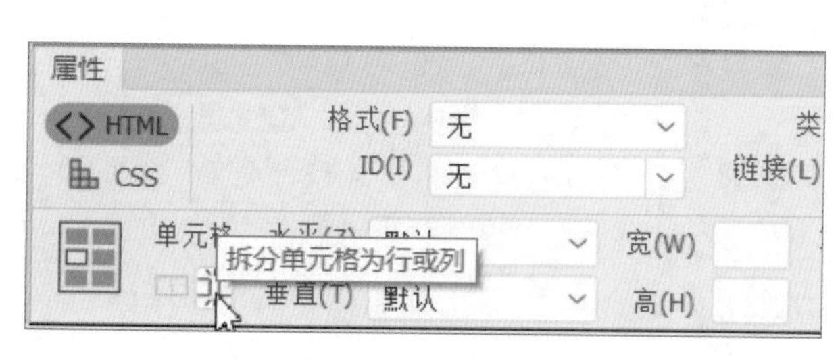

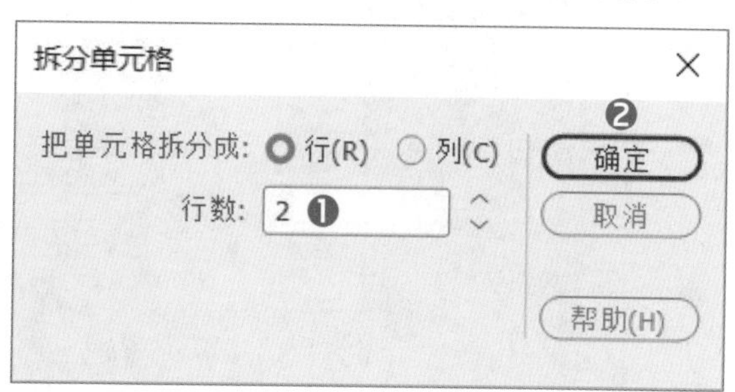

步骤 03 还可以选中要拆分的单元格并右击，执行“表格>拆分单元格”命令，也可以打开“拆分单元格”对话框，如下左图所示。

步骤 04 在“拆分单元格”对话框中完成各项参数的设置后，单击“确定”按钮，即可将单个单元格拆分为两行，如下右图所示。

2. 合并单元格

合并单元格是指合并表格中连续区域的单元格。在表格中选择需要合并的单元格，然后单击“属性”面板中的“合并单元格”按钮，如下左图所示。合并后的单元格效果如下右图所示。

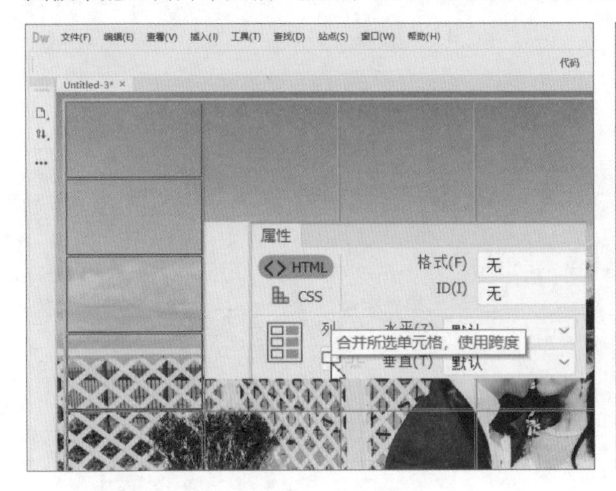

实战练习 制作网页联络函

联络函是工作中常用的联系文件，用户也可以把联络函制作成网页格式，方便员工直接上网打印使用。下面介绍网页联络函的具体制作方法，步骤如下。

步骤 01 打开Dreamweaver CC软件，创建lianluhan站点，执行“文件>另存为”命令，在lianluhan站点下创建llh.html文档，如下图所示。

步骤 02 执行“插入>Table”命令，在打开的Table对话框中创建7行1列、“表格宽度”为800像素、“边框粗细”为1像素的表格❶，单击“确定”按钮❷，如右图所示。

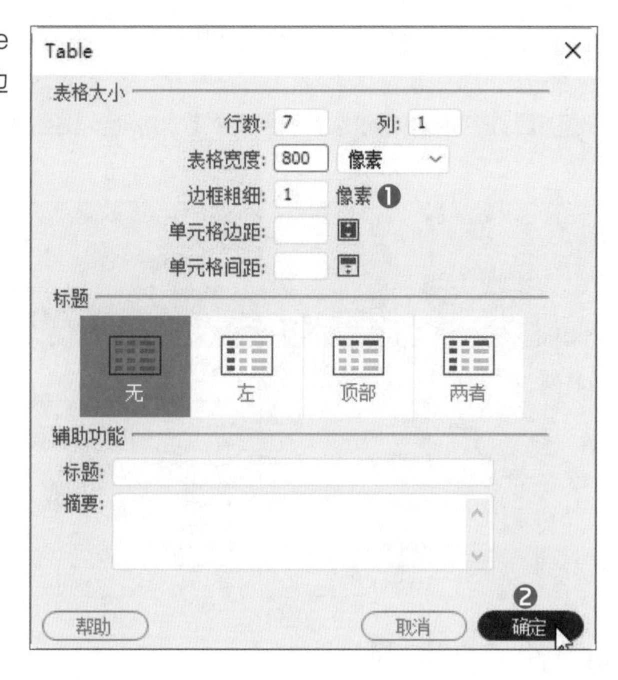

步骤 03 在设计页面查看创建的表格效果，如下左图所示。

步骤 04 选中表格，切换至“属性”面板❶，然后在“表格”文本框中输入表格名称为“表格1”❷，如下右图所示。

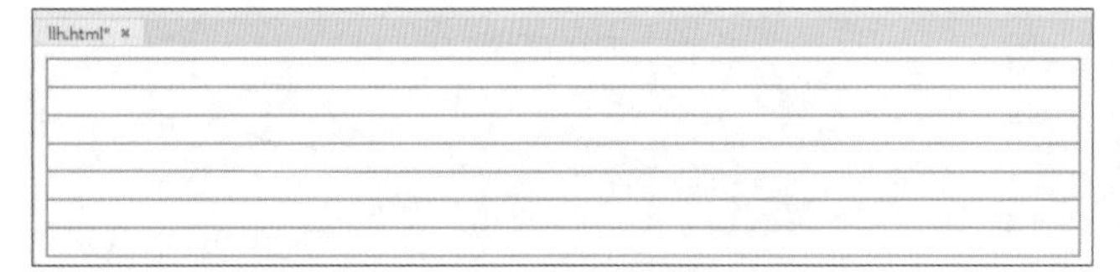

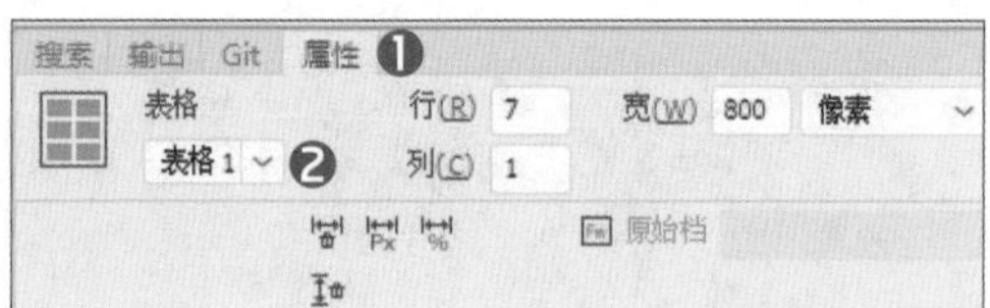

步骤 05 选中“表格1”的第二行，单击“属性”面板中的“拆分单元格为行或列”按钮，在打开的“拆分单元格”对话框中设置“列数”为4❶，单击“确定”按钮❷，对单元格进行列拆分，如下左图所示。

步骤 06 查看拆分后的表格效果，如下右图所示。

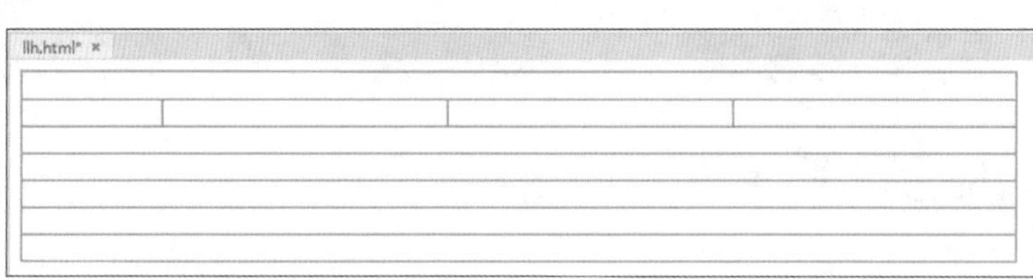

步骤 07 按照相同的操作方法，拆分“表格1”第三、第四行的单元格。然后选择“表格1”第四行后面三个单元格，单击“属性”面板中的“合并所选单元格”按钮，效果如下图所示。

步骤 08 在“表格1”的第五行执行“插入>Table”命令，在打开的对话框中设置相关参数❶，然后单击“确定”按钮❷，如下左图所示。

步骤 09 即可插入“表格2”，查看页面效果，如下右图所示。

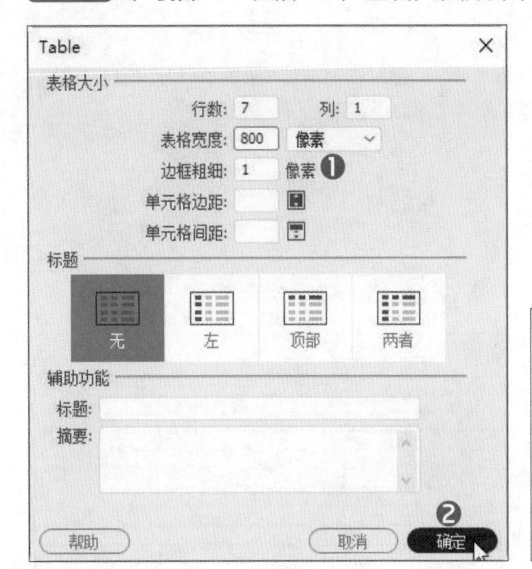

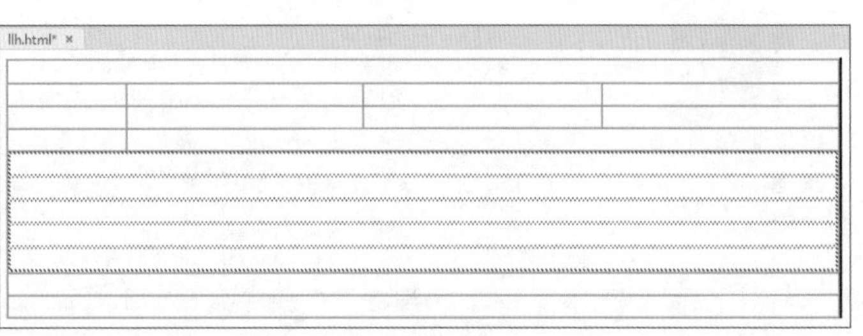

步骤 10 选择表格1的第一行单元格，执行“插入>标题>标题3”命令，然后输入标题文字，如下左图所示。

步骤 11 按照相同的方法，选中“表格1”的相应单元格，分别输入所需的文字内容，如下右图所示。

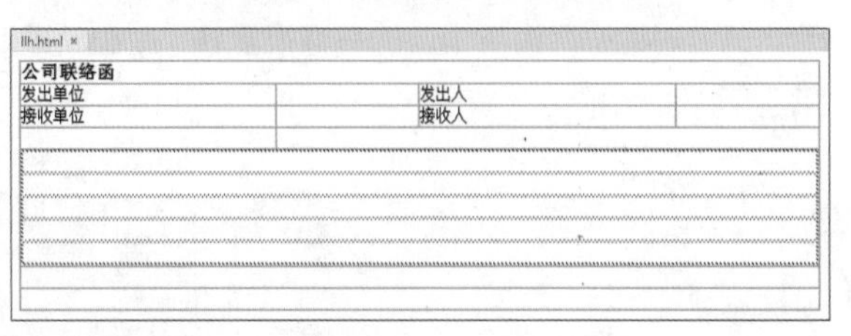

步骤 12 选择“表格1”倒数第二行单元格，单击“属性”面板中的“拆分单元格为行或列”按钮，打开“拆分单元格”对话框，进行相应的参数设置❶，然后单击“确定”按钮❷，如右图所示。

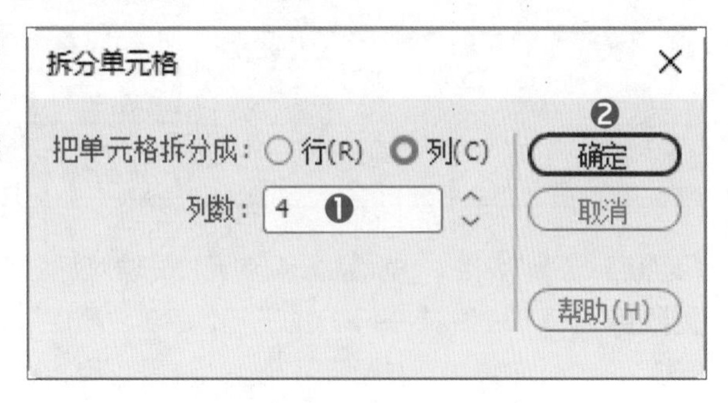

步骤 13 在“表格1” 倒数第二行拆分后的单元格内输入相应的文字，如下图所示。

公司联络函			
发出单位		发出人	
接收单位		接收人	
联络日期		审核日期	

步骤14 选择“表格1”最后一行单元格，执行“插入>Table”命令，在打开的对话框中设置具体参数❶，单击“确定”按钮❷，如下左图所示。

步骤15 查看插入“表格3”的效果，如下右图所示。

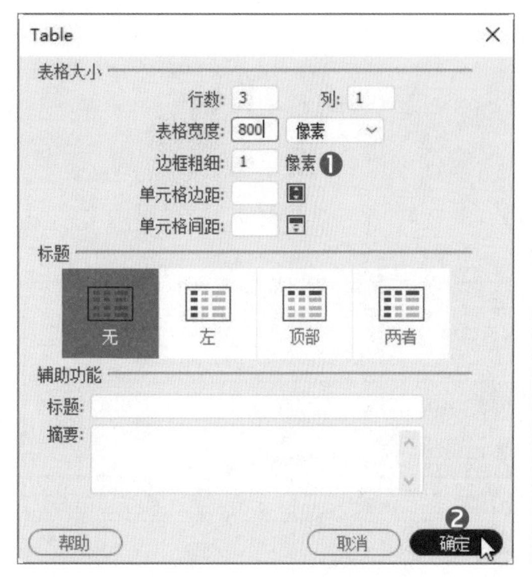

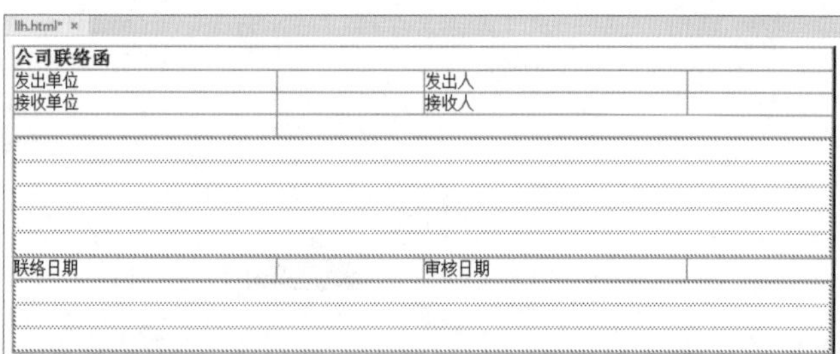

步骤16 选择“表格3”的最后一行，单击“属性”面板中的“拆分单元格为行或列”按钮，打开“拆分单元格”对话框，进行相应的参数设置❶，单击“确定”按钮❷，如下左图所示。

步骤17 然后查看拆分单元格后的效果，如下右图所示。

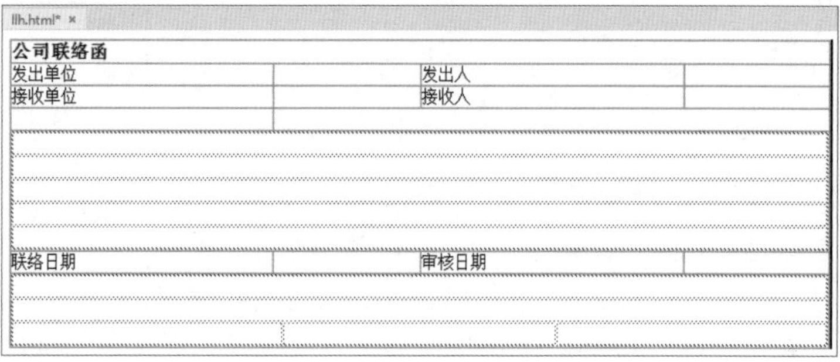

步骤18 选择“表格3”的最后一行单元格，输入所需的文字，如下左图所示。

步骤19 选择“表格2”最下方的三行，单击“属性”面板中的“拆分单元格为行或列”按钮，对表格执行拆分操作，效果如下右图所示。

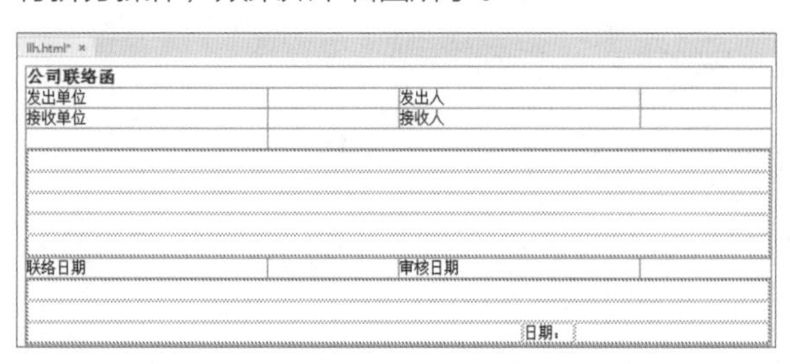

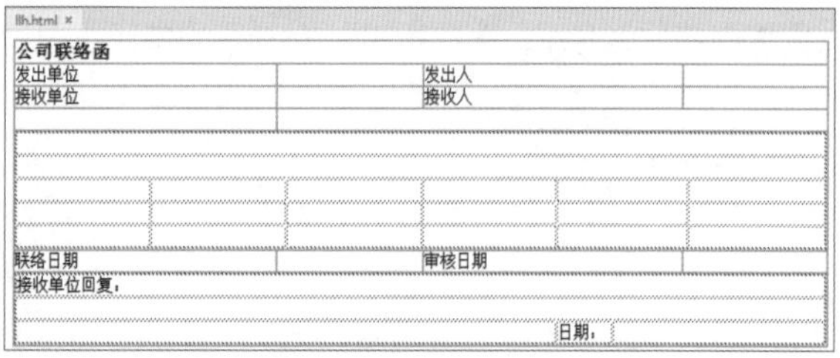

步骤20 选择“表格2”第三行相应的单元格，单击“属性”面板中的“合并所有单元格”按钮，效果如下左图所示。

步骤21 在“表格2”中的相应单元格中输入所需的文字内容，如下右图所示。

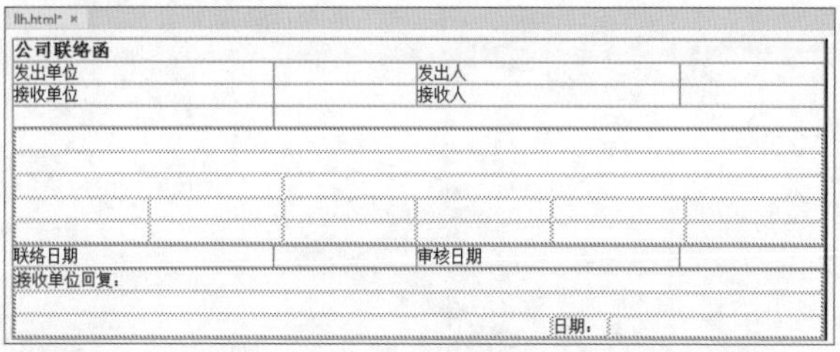

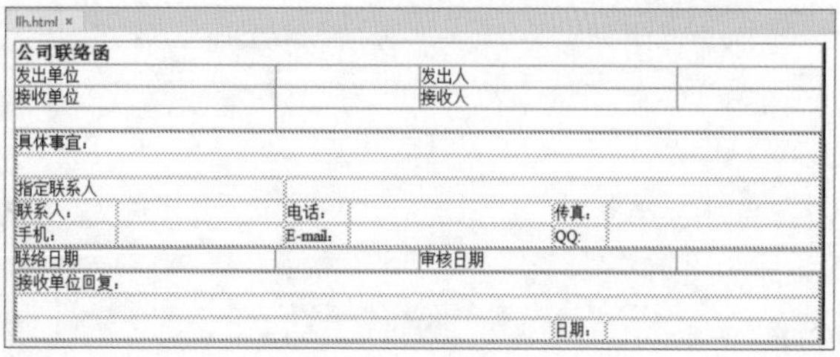

步骤22 在“属性”面板中设置单元格的高度为35，并对相应的单元格设置具体的水平样式，如右图所示。

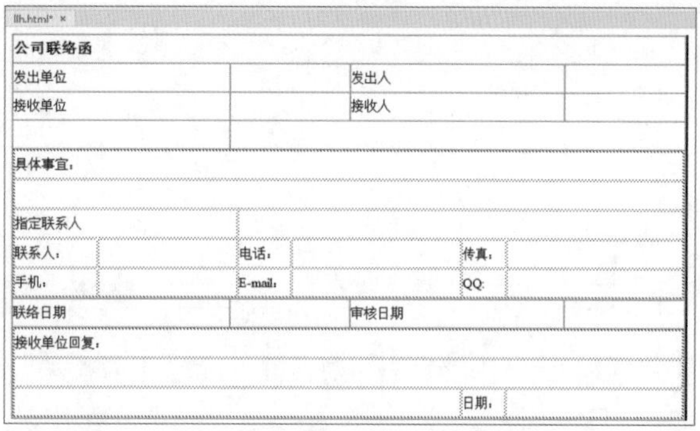

步骤23 为表格1添加合适的背景颜色后，在“表格1”相应的单元格中输入主题文字，查看最终效果，如右图所示。

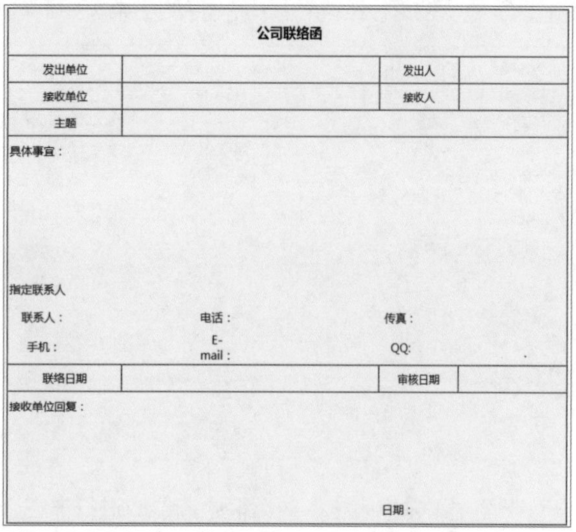

4.4 表格中数据的处理

表格作为处理数据的常见形式，一般都会处理大量的数据，而在Dreamweaver CC 2019中可以对数据进行排序、导入和导出，本节将详细介绍处理数据的具体操作。

4.4.1 表格数据的排序

排序是在制作数据表格时经常用到的一种功能，使用Dreamweaver CC 2019可以方便地将表格内的数据进行排序。注意不能包含colspan或rowspan属性的表格（即包含合并单元格的表格）进行排序。

步骤01 在Dreamweaver中打开一个带有表格数据的文件，如下左图所示。

步骤02 选中整个表格，执行“编辑>表格>排序表格”命令，如下右图所示。

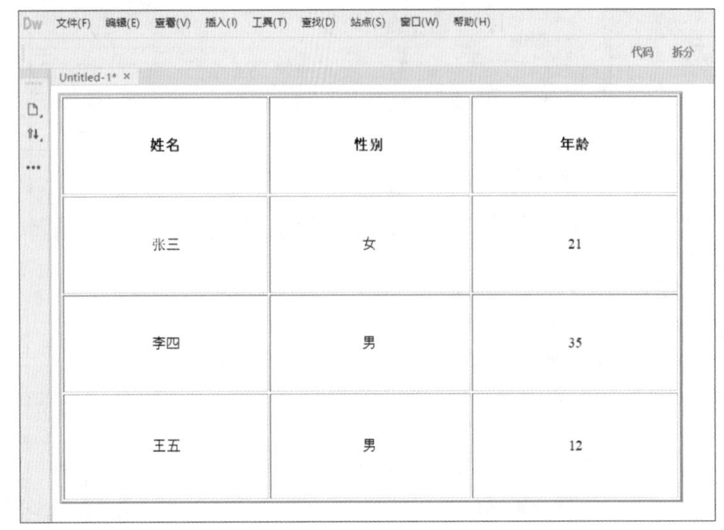

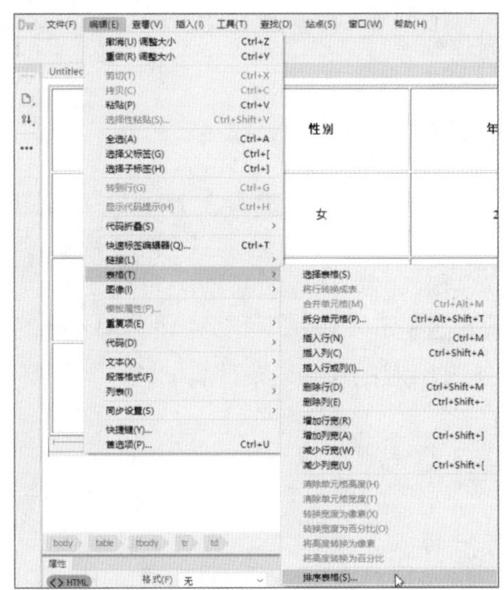

步骤 03 弹出“排序表格”对话框，设置排序依据的列❶以及排序方式❷，单击“确定”按钮❸，如下左图所示。

步骤 04 显示按第1列的字母升序排序的结果，如下右图所示。

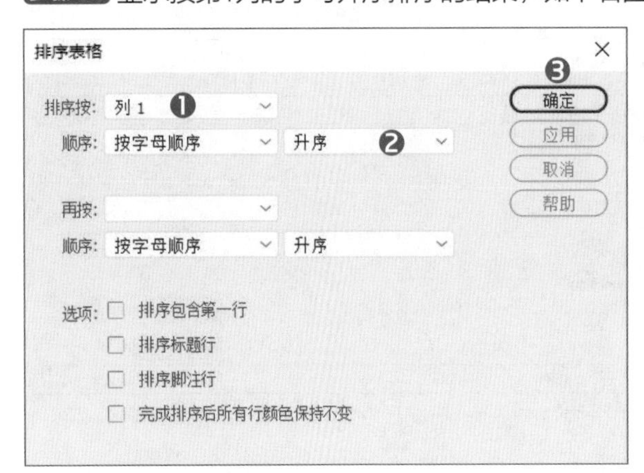

下面对“排序表格”对话框中的参数进行详细介绍，具体如下。

- **排序按：** 设置哪一列的值将用于对表格的行进行排序。
- **顺序：** 第一个下拉列表框设置的是按字母顺序还是数字顺序排序，当列的内容是数字时，选择“按数字顺序”，反之按字母顺序。
- **再按：** 如果有两行或多行在按照以上顺序排序后，数值一样，此时可以按照另外一列的值进行更进一步的排序。在这里设置哪一列的值将用于对表格的行进行进一步排序。
- **排序包含第一行：** 设置表格的第一行是否应该包含在排序中。
- **排序标题行：** 设置是否对表格thead部分（如果存在）中的所有行进行排序，即使在排序后thead行仍将保留在thead部分中并显示在表格的顶部。
- **排序脚注行：** 设置是否对表格tfoot部分（如果存在）中的所有行进行排序，即使在排序后tfoot行仍将保留在tfoot部分中并仍显示在表格的底部。
- **完成排序后的所有行颜色保持不变：** 设置排序后表格行的属性（例如颜色）是否应该保持与相同内容的关联。如果表格行使用两种交替颜色，则取消选择此选项以确保排序后的表格仍具有颜色交替的行。

4.4.2 导入数据

在进行网页设计时，用户经常需要在网页中插入数据表格而录入含有大量数据的表格是一项极其烦琐的工作。对于网页制作者而言，这项工作的工作量是非常大的，为了防止重复性的工作，Dreamweaver CC 2019提供了表格导入功能，可以直接导入其他程序（如Excel等）已创建好的表格文件。

导入表格式数据的步骤如下。

步骤 01 在设计视图中，将光标放在需要插入表格的地方。在菜单栏中执行“文件>导入>表格式数据”命令，如下左图所示。

步骤 02 这时会弹出如下右图所示的对话框，通过此对话框可以对数据源以及参数进行选择。设置完成后，单击“确定”按钮，完成表格的导入。

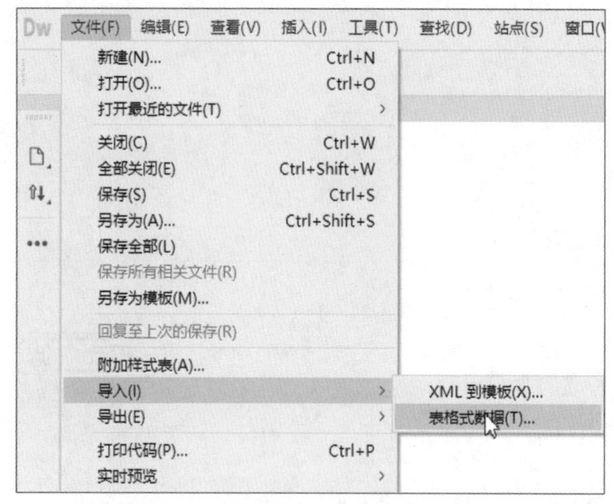

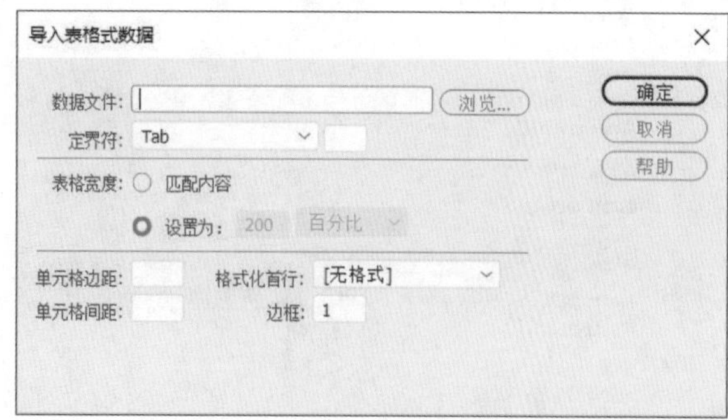

下面对“导入表格数据”对话框中的参数进行详细介绍，具体如下。

- **数据文件：** 输入这个数据文件的路径，或者单击“浏览”按钮，弹出“打开”对话框后选择需要导入的数据文件。
- **定界符：** 用来向Dreamweaver说明这个数据文件各数据间的分隔方式，供Dreamweaver正确地区分各数据。下拉列表框中有5个选项，即“Tab”“逗号”“分号”“引号”和“其他”。如果选择“Tab”，则表示各数据间是用空格分隔的；如果选择“逗号”，则表示各数据间是用逗号分隔的；如果选择“分号”，则表示各数据间是用分号分隔的；如果选择“引号”，则表示各数据间是用引号分隔的；如果选择“其他”，此时下拉列表框后多出一个文本框，可以在文本框中输入用来分隔数据的符号。
- **表格宽度：** 设置导入数据后所生成的表格宽度，如果选择“匹配内容”，则表格宽度尽量适应原数据文件中数据的排列方式；如果选择“指定宽度”，则需要自行设置表格的宽度，在后面的文本框中输入数值，并在紧跟其后的下拉列表框中选择一个单位。单位下拉列表框中有两个选项，即“百分比”和“像素”，宽度单位一般选择“像素”，如果选择了“百分比”，则当浏览器窗口大小调整时，表格会随之调整，有时会影响网页整体布局。
- **单元格边距：** 设置生成的表格单元格内部空白的大小，可输入数值，单位是像素。
- **单元格间距：** 用来设置生成的表格单元格之间的距离，可输入数值，单位是像素。
- **格式化首行：** 设置生成的表格顶行内容的文本格式，有4个选项，即“无格式”“粗体”“斜体”和“粗斜体”。如果选择“无格式”，则表格顶行内容不添加任何特殊格式；如果选择“粗体”，则表格顶行内容将被设置成粗体；如果选择“斜体”，则表格顶行内容将被设置成斜体；如果选择“粗斜体”，则表格顶行内容将被设置成粗体和斜体。

- **边框**：设置表格边框的宽度，可输入数值，单位是像素。

4.4.3 导出数据

下面介绍使用Dreamweaver导出HTML文档中的表格供其他程序使用的方法，具体步骤如下。

步骤 01 打开需要导出表格的HTML文档，并将光标定位到表格的单元格中。在菜单栏中执行“文件>导出>表格”命令，如下左图所示。

步骤 02 此时会弹出如下右图所示的对话框，单击“导出”按钮，将弹出“表格导出为”对话框，输入文件名称并选择保存路径后单击“保存”按钮，即可导出数据。

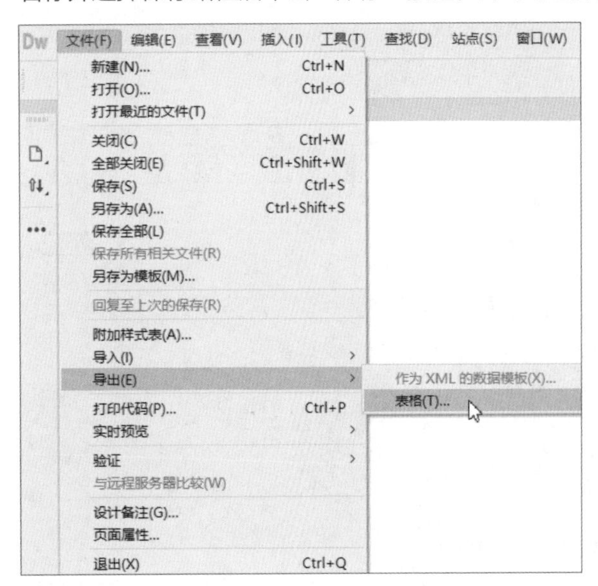

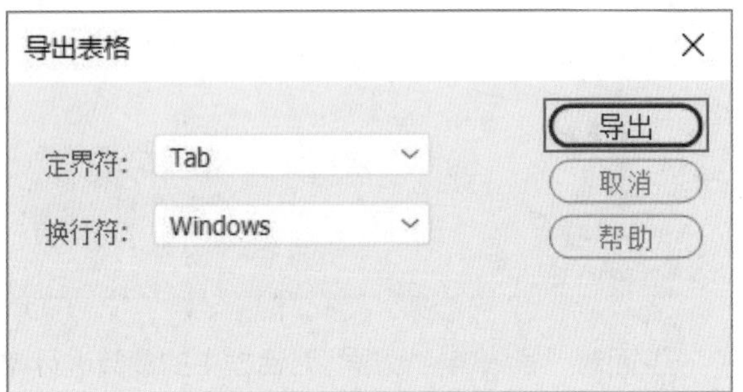

知识延伸：表格相关的HTML代码

在网页制作过程中，了解一些表格的相关HTML代码是非常有必要的，因为有时候要制作一些特殊的表格，都需要用到相关的代码标记。在HTML语法中，表格最主要的标记有3个，即表格标记、行标记、单元格标记，如下表所示。

标　记	描　述
<table>…</table>	表格标记
<tr>…</tr>	行标记
<td>…</td>	单元格标记

1. 表格及相关属性代码

表格在HTML中的代码如下：

<TABLE></TABLE>表格开始与结束标记。

所有的表格内容都写在这对标记中间。TABLE标记有很多属性用来定义表格的显示格式，如边框宽

度、背景颜色、对齐方式等。

（1）< TABLE BORDER = " 边框宽度 " >

其中“边框宽度”的单位是像素，如果值为0，表示不显示边框。

（2）< TABLE CELLPADDING = " 单元格缩进 " >

CELLPADDING是指单元格中的内容和单元格边框之间的距离，以像素为单位，默认值为1。

（3）< TABLE CELLSPACING = " 单元格间距">

CELLSPACING是指单元格和单元格之间的距离，以像素为单位，默认值为2。

（4）< TABLE WIDTH = " 宽度 " HEIGHT = " 高度 " >

表格的宽度可以是像素，也可以是百分比。如不指定，表格就会根据内容自动调整表格宽度。表格的高度一般不必指定，除非需要使用表格来确定某个内容的确切位置。

（5）< TABLE ALIGN = " 对齐 " >

ALIGN是表格在页面中的对齐方式，选项有LEFT（靠左）、RIGHT（靠右）、 CENTER（居中）。

（6）< TABLEBORDERCOLOR= " 边框颜色 "，BORDERCOLORLIGHT= " 边框浅色 "， BORDER-COLORDARK = " 边框深色 " >

如果不指定BORDERCOLORLIGHT和BORDERCOLORDARK，所有的边框都使用同样的BORERCOLOR。

（7）< TABLE BGCOLOR = " 背景色 " >

在IE浏览器中，单元格之间的部分，也就是使用CELLSPACING指定距离的部分，也填充这个背景色。

（8）<TABLE BACKGROUND = " 背景图像 " >

BACKGROUND属性为一个图像文件，这个图像作为表格的背景图显示。<TABLE BACKG-ROUND= " /images/pic1. gif " >

2. 行标记及相关属性代码

行标记代码如下:

<TR></TR>行的开始与结束标记。

TR的属性与表格的属性基本是通用的，如对齐方式、背景色等。主要属性可从下面的格式中体现。

<TR ALIGN = " 水平对齐方式 "， VALIGN= " 垂直对齐方式 "，BGCOLOR = " 背景色 "，BAC-KGROUND = " 背景图像 " >

其中ALIGN的选项有LFET（靠左）、RIGHT（靠右）、CENTER（居中）。VALIGN的选项有TOP（靠上）、 BOTTOM（靠下）和MIDDLE（居中）。

3. 单元格标记

单元格代码如下:

<TD></TD>单元格开始与结束标记。

<TD>是表格中很重要的一个标记，很多属性与<TABLE>和<TR>的属性相同。如高度（HEIGHT）、宽度（WIDTH）、水平对齐（ALIGN）、垂直对齐方式（VALIGN）、背景色（BGCOLOR）等。除此之外还有一些特别的属性。

（1）<TD NOWRAP>

设置本单元格的内容不换行，即使已经超过了浏览器的右边界，但是如景设置了TD的WIDTH，单元格的内容还是会根据WIDTH的数据产生换行。

（2）<TD COLSPAN = "合并列数">

利用 COLSPAN可以合并同一行中的几个单元格，默认值为1，即一个单元格占一列的位置。

（3）<TD ROWSPAN = "合并行数"

利用 ROWSPAN可以合并同一列中的几个单元格，默认值为1，即一个单元格占一行的位置。

4. 表格属性

用户可以为表格添加丰富的属性，默认情况下，表格的边框为“0”，可以为表格设置边框线。通过Border属性定义边框线的宽度，单位为像素。默认情况下，表格的宽度和高度根据内容自动调整，也可以手动设置表格的宽度和高度。通过Width属性定义表格的宽度，Height属性定义表格的高度，单位为像素或百分比。如果是百分比，则可分为两种情况：如果不是嵌套表格，那么百分比是相对于浏览器窗口而言的；如果是嵌套表格，则百分比相对的是嵌套表格所在的单元格宽度。为了美化表格，可以通过Bordercolor属性为表格设定不同的边框颜色。通过Bgcolor属性，可以设定表格的背景颜色。除了背景颜色之外，还可以通过Background属性为表格设置背景图像，可以使用任何的GIF或者JPEG图片文件。表格的单元格和单元格之间可以设定一定的间距，这样可以使表格显得不会过于紧凑。

上机实训：制作售后服务登记表

有些网站会提供一些注册或登记表之类的表格给客户填写，方便了解客户的需求或动向。学习了表格的相关知识后，下面以售后服务登记表单的制作为例，对所学知识进行巩固。

步骤 01 打开Dreamweaver CC软件，创建djb站点，执行“文件>另存为”命令，在djb站点下创建bd文档，如下左图所示。

步骤 02 执行“插入>Table”命令，在打开的Table对话框中创建一个3行3列、650像素的表格❶，然后单击“确定”按钮❷，如下右图所示。

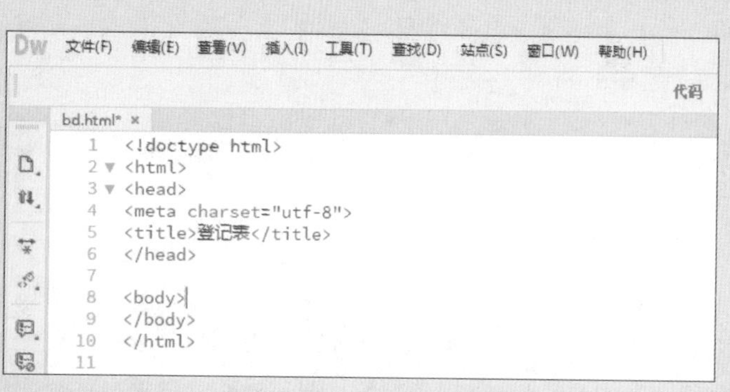

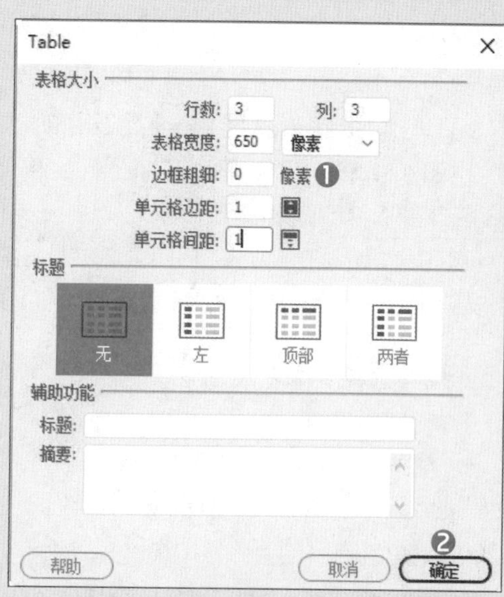

步骤 03 切换至“设计”视图，查看创建的表格效果。然后在“代码”视图中设置表格高度的具体参数代码，如下左图所示。

步骤 04 在“代码”视图中继续添加表格背景代码，然后查看效果，如下右图所示。

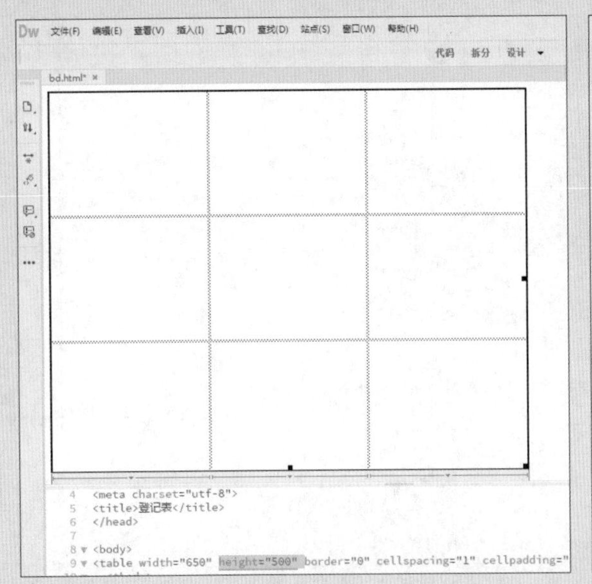

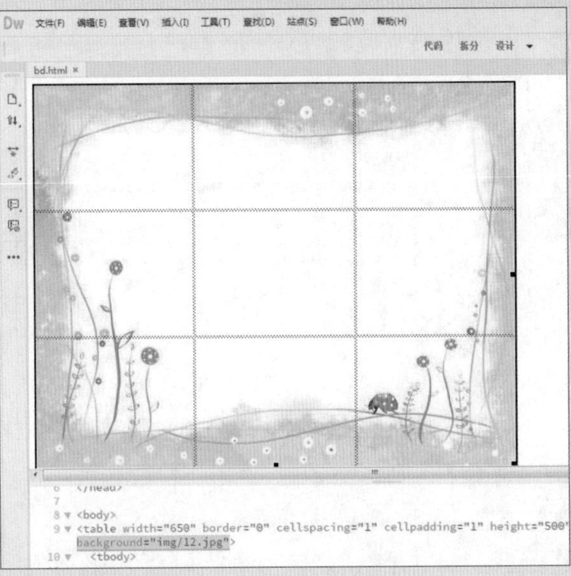

步骤 05 在“属性”面板的表格文本框内输入表格名称，如下图所示。

步骤 06 执行“插入>Table”命令，在打开的Table对话框中创建一个7行1列、400像素的表格❶，然后单击“确定”按钮❷，如下左图所示。

步骤 07 在设计页面中选中表格边线并移动，使得“表格2”居中显示，如下右图所示。

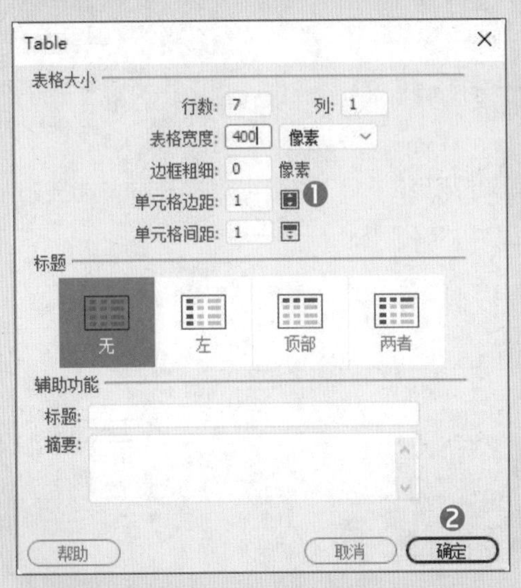

步骤 08 执行“插入>表单”命令，在打开的子列表中选择“文本”选项，修改插入的文字为“店铺名称”，如下左图所示。

步骤 09 按照同样的操作方法，输入“订单号”文本，如下右图所示。

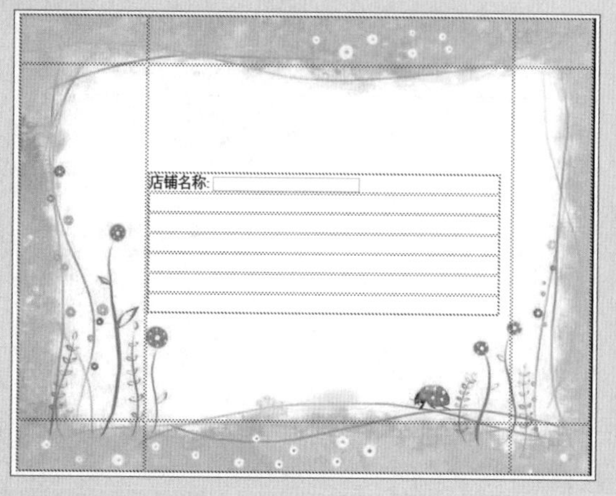

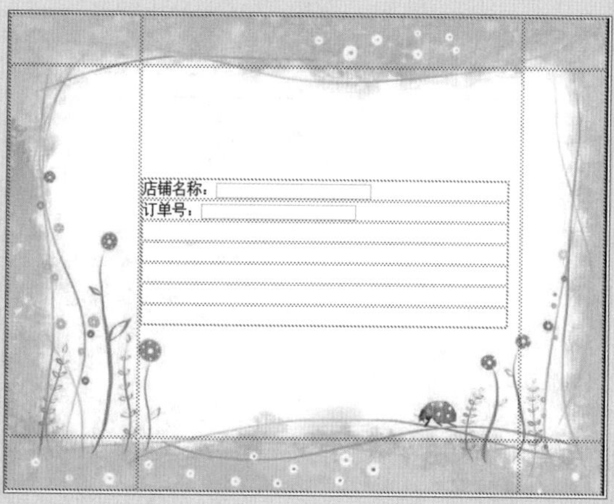

步骤 10 执行“插入>表单”命令，在打开的子列表中选择“日期时间（D）”选项，修改插入的文字为“交易日期”，如下左图所示。

步骤 11 执行“插入>表单”命令，然后在打开的子列表中选择“Tel”选项，修改插入的文字为“电话”，如下右图所示。

步骤 12 执行“插入>表单”命令，在打开的子列表中选择“文本区域（A）”选项，修改插入的文字为“问题说明”，如下左图所示。

步骤 13 执行“插入>表单”命令，在打开的子列表中选择“单选按钮组（G）”选项，打开“单选按钮组”对话框，修改文字如下右图所示。

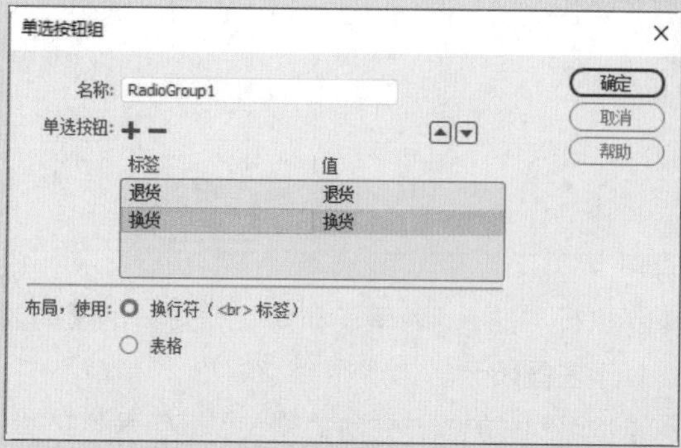

步骤14 单击“确定”按钮，即可在指定的单元格中插入设置的单选按钮，效果如下左图所示。

步骤15 执行“插入>表单”命令，在打开的子列表中分别选择“提交按钮（U）”和“重置按钮（T）”选项，如下右图所示。

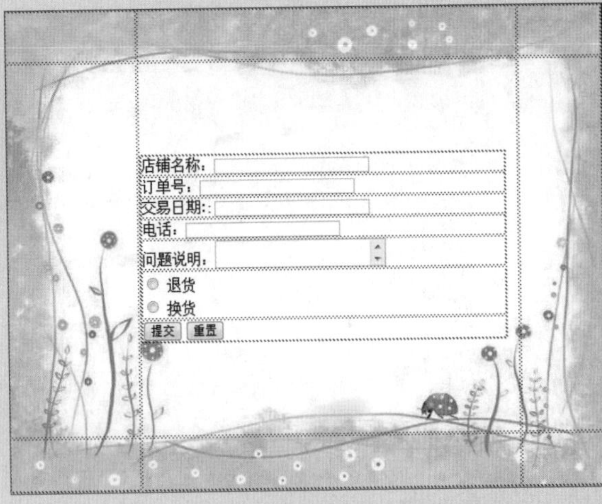

步骤16 选择“表格2”，打开“属性”面板，在“列”数值框中输入2，如下左图所示。

步骤17 查看设计页面效果，如下右图所示。

步骤18 在“设计”视图中，选择文本框，然后拖动至右边单元格上，如下左图所示。

步骤19 按照同样的操作方法，把文本框都移至后面单元格中，如下右图所示。

步骤 20 选择“表格2”最下方一行，在“属性”面板中单击□按钮，对“表格2”下方的两个单元格进行合并，如下左图所示。

步骤 21 在“属性”面板中对各个单元格设置合适的高度，然后设置各单元格文字内容居中对齐，效果如下右图所示。

步骤 22 选择“表格2”最上方一行，在“属性”面板中单击⌸按钮，对“表格2”最上方的两个单元格进行拆分，如下左图所示。

步骤 23 再选中“表格2”拆分后最上面的一行，单击“属性”面板中的□按钮，合并上方两个单元格。然后在设计页面执行“插入>标题>标题2”命令，输入标题文本，并为“表格2”添加背景，按下F12功能键查看效果，如下右图示。

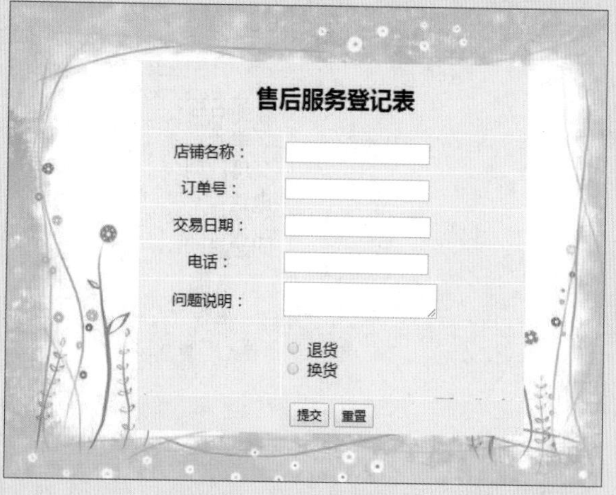

课后练习

1. 选择题

（1）按住Ctrl键单击某个单元格可以选中该单元格，或者选择“标签选择器”中的__________标签也可以选取单元格。

A. <td>　　B. <body>　　C. <tr>　　D. <table>

（2）在实际操作中，用户可以对连续的两行（列）或者多行（列）单元格且所选部分是__________的单元格进行合并操作，同时也可以将某个单元格拆分为两个或多个。

A. 梯形　　B. 矩形　　C. 多边行　　D. 连续的形状

（3）拆分单元格是指拆分单个单元格为__________单元格的一种操作过程。

A. 多个　　B. 一组　　C. 一行　　D. 一列

（4）录入含有大量数据的表格是一项极其烦琐的工作，对于网页制作者而言， Dreamweaver CC 2019提供了表格的__________功能，方便插入数据表格。

A. 导出　　B. 排序　　C. 导入　　D. 合并

（5）默认情况下，表格的边框为__________，可以为表格设置边框线。

A. 1　　B. 2　　C. 3　　D. 0

2. 填空题

（1）选择相邻的单元格，只需在选择的第一个单元格处按下鼠标后继续拖动即可实现，或者在单击第一个单元格时，按住__________键，再单击要选择的最后一个单元格。

（2）排序是在制作数据表格中经常用到的一种功能，可以方便地将表格内的数据进行排序。注意，不能包含__________或__________属性的表格进行排序。

（3）表格是页面排版的强大工具，由行、列、__________三部分构成。

（4）在页面中插入表格后，如果勾选“属性”面板的__________复选框，可以防止单元格中较长的文本自动换行。

（5）插入行的快捷键是__________，插入列的快捷键是__________。

3. 上机题

打开给定的素材，如下左图所示。结合本节所学知识，在表格中进行插入图像和导入数据等操作，最终的设计效果如下右图所示。

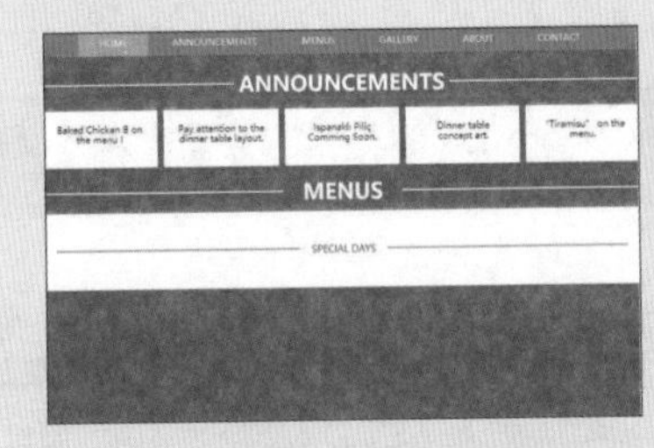

操作提示

1. 结合“4.3 表格的基本操作”章节中的相关知识进行操作；
2. 使用表格布局网页。

Chapter 05 CSS+Div布局网页

本章概述

传统的网页设计是将网页内容和内容的显示方法混在一起，用段落、链接和表格等HTML标识来描述。当网站规模增大后，修改和维护网站会非常麻烦，本章将通过学习CSS的内容解决这个问题。

核心知识点

1. 了解CSS的概念
2. 掌握创建CSS样式的方法
3. 理解Div标签的概念
4. 精通CSS布局方式

5.1 CSS概述

文档结构与显示的混合一直是HTML语言的缺陷，导致这种缺陷的原因是不同浏览器之间的不兼容性。为了将显示描述独立于文档之外，让网页在各种浏览器中正常显示，W3C标准化组织开始为HTML制定样式表机制，即CSS。Dreamweaver是最早支持CSS界面的网页制作工具之一，由于CSS样式表恰到好处地用到网页中，使得网页设计者制作出许多不同的CSS样式，进一步美化了网页。

5.1.1 什么是CSS样式

CSS（Cascading Style Sheets）即层叠样式表，是设置页面元素对象格式的一系列规则，利用这些规则可以描述页面元素的显示方式和位置，也可以有效地控制Web页面的外观，帮助设计者完成页面布局。使用样式表不但可以定义文字，还可以定义表格、层以及其他元素。通过直观的界面，设计者可以定义超过70种不同的CSS设置，这些设置可以影响到网页中的任何元素，从文本的间距到类似于多媒体的转换。用户可以随时创建自己的样式表并随时调用，CSS在网页设计中的功能归纳如下：

- 弥补了HTML语言对网页格式定义的不足，如设置段间距、行间距等。
- 几乎可以在所有浏览器上使用。
- 使得以前需要通过图片转换实现的功能，用CSS就可以轻松实现，从而更快地下载页面。
- 使页面的字体变得更亮、更容易编排，让页面真正赏心悦目。
- 可以更轻松地控制页面的布局，准确进行排版定位。
- 可以将许多网页的风格格式同时更新，用户可以将站点上所有的网页风格都使用一个CSS文件进行控制，如果需要更改网页风格，只要修改这个CSS文件中相应的行即可。

右图是一个用CSS样式表做成的网页，页面看上去既整洁又漂亮。

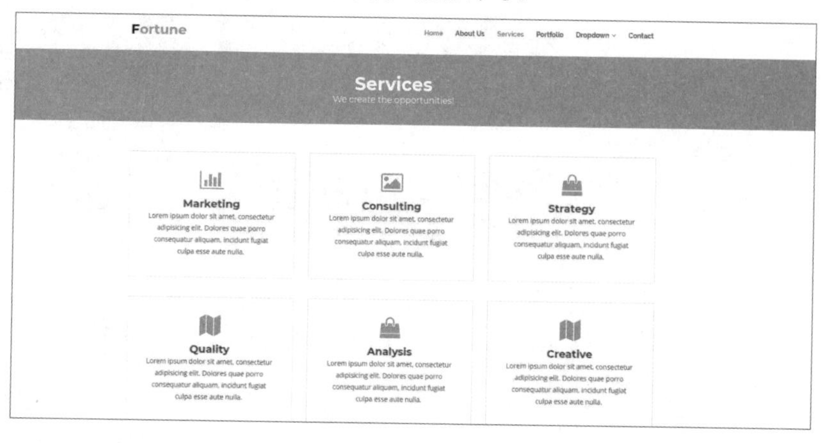

5.1.2 CSS使用规则

样式表能彻底减轻网页设计者的工作负担。样式表能够在恰当的地方集中一批命令，以实现某种可视化效果，就是将某些规则应用于文档中同一类型的元素中，这样可以大大减少网页设计者的工作。

1. CSS基本规则

每条规则有两个部分：选择符和声明。每条声明实际上是属性和值的组合。每个样式表就是由一系列规则组成的，但规则并不是总出现在样式表里。最基本的规则代码如下：

```
P{text-align:center;}
```

其中，规则的左边p是选择符，所谓选择符就是规则中用于选择文档中要应用样式的那些元素。规则的后面text-align:center;部分是声明，它是由CSS属性text-align及其值center组成的。

声明的格式是固定的，某个属性后跟冒号，然后是其取值，如果使用多个关键字作为一个属性的值，通常用空白符将它们分开。

有时我们需要让同一条规则应用于多个元素，也就是多个选择符。代码如下：

```
p,h2{ text-align:center;}
```

通过将多个元素同时放在规则的左边并用逗号分隔它们，右边为规则定义的样式，规则将被同时应用于两个选择符。逗号告诉浏览器在这一条规则中包含两个不同的选择符。

2. CSS样式类

到现在，我们已经以多种方式组合了选择符和声明，这些相对比较简单，它们只涉及了文档元素，但这也是通常所需的，还有更特殊的场合需要更专门的属性支持。

除基本的文档元素外，还有两个其他的选择符：类（class）选择符和ID选择符。它们允许以独立于文档元素的方式来分配样式规则的应用。这些选择符既可以独立运用，也可以和元素选择符合用。

（1）常规类

使用类选择符之前要对实际文档作标记，这样才能使这个选择符发挥作用。为了将类选择符的样式关联到一个元素，这个元素必须要设置合适的类属性。代码如下：

```
.name{ text-align:center;}
```

类选择符通过直接引用元素中类属性的值而产生效果，在这个引用前面总有一个句点（.），用它来标识一个类选择符，这个句点是必要的，因为它可以帮助类选择符与其他元素相分离。

在文档后面的部分通过包含与样式相关的class属性，且将其中一个预定义的样式指定为name值，就可以明确地选择要对该标签的特定情况应用何种样式。代码如下：

```
<p class=name>
```

（2）一般类

类元素也可能和标记组合在一起，像元素选择符一样，代码如下：

```
p.name (text-align:center;)
```

表明任何类属性的值为name的段落都将采用同一的样式。

（3）ID类

ID选择符类似于类选择符，但前面用“#”而不是“.”来标识。代码如下：

```
#id{text-align:center}
```

ID选择符指的是ID属性中的值，而不是引用class属性的值。代码如下：

```
<p id=id>
```

类和ID的不同点在于，类可以分配给任何数量的元素，ID却只能在某个HTML文档中使用一次。另外，类和ID的另一个区别是，ID对给定元素应用何种样式比类具有更高的优先权。

（4）伪类

伪类允许将样式应用于文档中不存在的结构上，换句话说，可以不依赖于文档结构，而且在通过研究文档的标记来推断的情况下，将样式应用于文档的某个部分。

伪类以一个冒号开始，代码如下：

```
a:hover{text-decoration:underline;}
```

比较常用的伪类包括:link、:hover、:visited和:active，这几个伪类经常用于链接a标记上，其中a:link设定正常状态下链接文字的样式，a:active设定鼠标单击时链接的外观，a:visited设定访问过的链接外观，a:hover设定光标放置在链接文字上时文字的外观。

（5）综合类

只要把伪类追加到选择符的类名后面，就可以混合使用伪类与常规类，这称为综合类。如下代码：

```
a.name:hover{text-decoration:underline}
```

在这个示例中，name为常规类样式，a.name:hover为伪类与常规类的混合。

5.1.3 CSS与HTML

样式可以定义在HTML文档的标记里，也可以在外部附加文档作为外加文档。此时，一个样式表可以用于多个页面，甚至整个站点，因此具有更好的易用性和扩展性。

1. 内联样式定义

内联样式是连接样式和标签最简单的方式，只需在标签中包含一个STYLE属性，后面再跟列属性及属性值即可。浏览器会根据样式属性及其值来表现标签中的内容。在某些情况下，可能只需要简单地将一些样式应用于某个独立的元素，而不需要嵌入或使用外部样式。可以使用HTML的STYLE属性来设置内联样式。STYLE属性对HTML来说是新的，但它可以同其他任何HTML标签一起使用。 STYLE属性的语法也很简单，事实上它看起来很像STYLE容器内的声明。

2. 文档样式定义

STYLE元素相对来说属于HTML中较新的元素，它也是定义一个样式表最常用的方式，所不同的是，样式本身也出现在文档中。STYLE总是使用TYPE属性，在一个CSS文档里，正确的值为 text/css。

STYLE属性总是以<STYLE TYPE= " text/css " >开始，紧跟后面的是一个或多个样式，最后以一个结尾标签</STYLE>为结尾。在开始和结尾STYLE标签中的样式将作为文档样式表。

3. 外部链接定义

LINK标签非常有用，它最基本的用途是允许HTML制作者在一个文档中链接其他的文档。CSS用它来为HTML文档链接外部样式表。

为了成功地载入一个外部样式表，LINK标签必须放在HEAD元素里，而不能放在任何其他元素里。这样浏览器就能定位和载入样式表，而且用它所包含的所有样式规则作用于HTML文档。

那么外部样式表的格式是怎样的呢？它只是一个简单的规则列表，在这种情形下，所有规则都存放在它们自己的文件里。HTML或任何其他标记语言都不能包含在样式表里——样式表里只能有样式规则，没有STYLE标签也没有任何HTML标签，只有简单的样式声明。这些规则存放在一个简易的文本文件里，而且通常给其一个扩展名.css。

5.2 CSS样式的创建与编辑

层叠样式表（CSS）是一组格式设置规则，用于控制网页内容的外观。通过使用CSS样式设置页面的格式，可将页面的内容与表示形式分离开。页面内容（HTML代码）存放在HTML文件中，而用于定义代码表示形式的CSS规则存放在另一个文件或HTML文档的另一部分中。Dreamweaver CC 2019提供了三种基本的工具来实现层叠样式表：“CSS设计器” 面板、“编辑规则”对话框和“样式定义”对话框。其中通过“CSS设计器”面板定义页面元素可以实现元素简单的CSS样式定义，但是这个功能并不能从根本上减少设计人员的工作量，要定义完整的CSS样式表，仍然需要使用CSS样式编辑器进行定义。“编辑规则”对话框适用于管理样式组或者样式表，而“样式定义”对话框适合自身定义CSS规则。

5.2.1 创建CSS样式

CSS一般位于HTML文件的头部，即<head>与</head>标签内，并且以<style>结束。这种内部样式表在Dreamweaver中通过CSS设计器来创建。

步骤 01 执行“窗口>CSS设计器”命令，打开“CSS设计器”面板，单击“源”旁边的“+”图标❶，然后选择“创建新的CSS文件”选项❷，如下左图所示。

步骤 02 弹出“创建新的CSS文件”对话框，如下右图所示。单击“浏览”按钮❶，浏览到外部CSS样式表；或在“文件/URL”文中框中键入该样式表的路径❷。单击“确定”按钮❸，CSS样式将应用到当前页面所需的样式中。

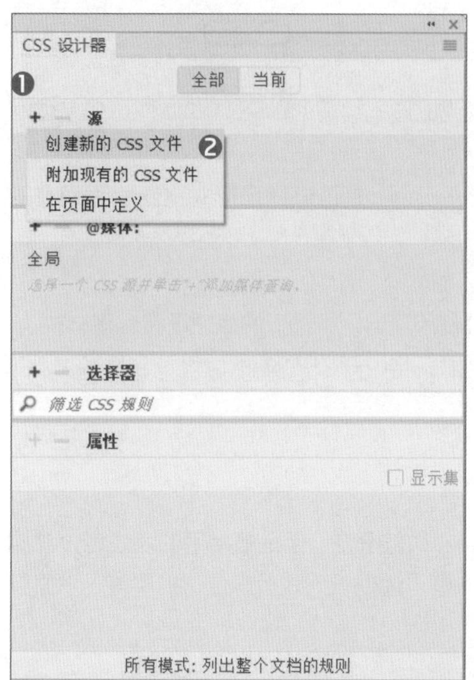

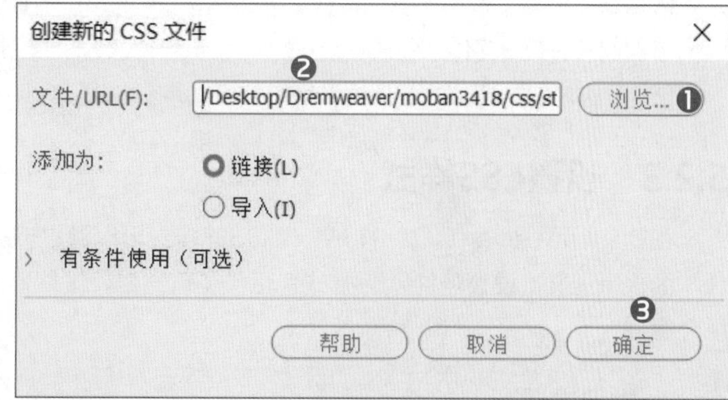

5.2.2 设置CSS样式首选参数

CSS样式首选参数控制Dreamweaver编写用于定义CSS样式的代码的方式。CSS样式可以以速记形式来编写，这样使用会更加容易。下面具体介绍设置CSS样式首选项参数的方法。

执行“编辑>首选项”命令，弹出“首选项”对话框，在“分类”列表中选择“CSS样式”类别，如下图所示。在右侧“CSS样式”选项区中完成各项参数的设置后，单击“应用”按钮，即可成功更改CSS样式首选参数。

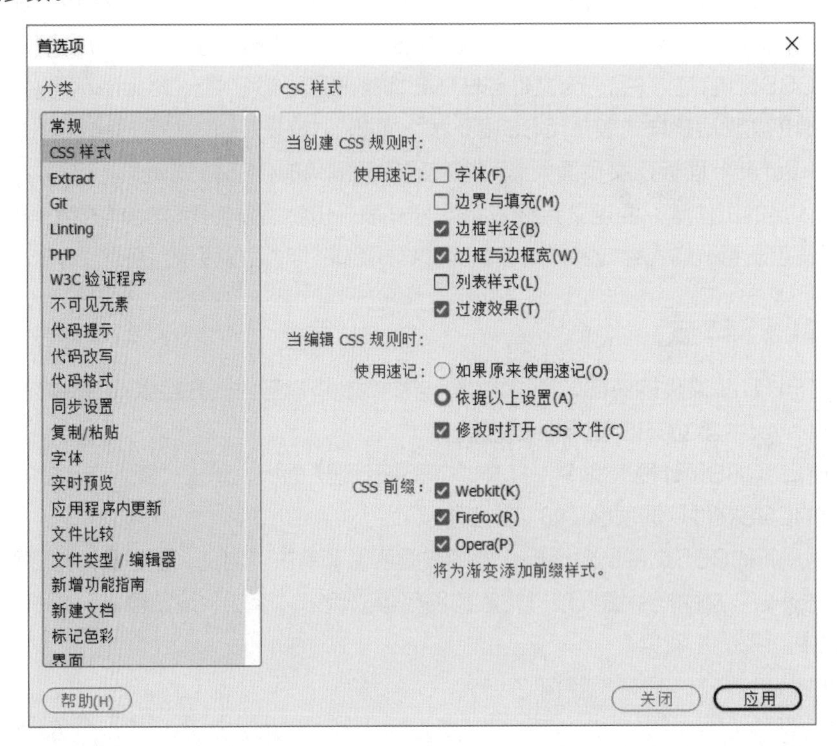

当创建CSS规则时：该选项区域用于选择Dreamweaver以速记形式编写的CSS样式属性，如字体、边界与填充、边框与边框宽和列表样式等。

当编辑CSS规则时：在该选项区域中使用速记控制Dreamweaver是否以速记形式重新编写现有的样式。

如果原来使用速记：选中该单选按钮，可以将所有样式保留原样。

依据以上设置：选中该单选按钮，表示将以速记形式为在“使用速记”中选择的属性重新编写样式。

修改时打开CSS文件：勾选该复选框，表示当修改CSS规则时，将打开CSS文件。

CSS前缀：勾选相应的复选框，为渐变添加前缀样式。

5.2.3 设置CSS样式

在Dreamweaver CC 2019中，CSS的样式可以通过多种方式来设置，但是最常用的还是通过“属性”面板来定义。设置多种CSS样式包括类型、背景、区块、方框、边框、列表、定位、扩展等，下面具体介绍。

1. 类型设置

HTML的<FONT>属性解决了部分文字问题，因为每次文本字体改变时都需要一个不同的<FONT>标签。CSS标准提供了5种字体属性，用它们便可以修改受影响标签内所包含的文本的外观。此外还有一个通用的font属性，用它便可以声明所有的字体值。

文本的CSS定义经常使用，选择要编辑的样式，然后单击CSS面板中的编辑按钮，打开CSS规则定义对话框，默认显示“类型”设置面板，如下图所示。

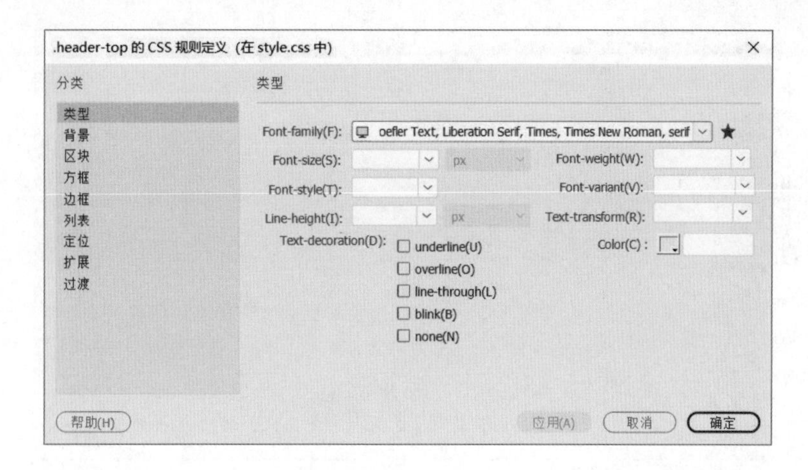

- **字体（Font-family）**：用于定义样式的字体，默认情况下，浏览器选用用户系统上安装列表中的第一种字体显示文本。可在下拉列表框中选择相应的字体。
- **大小（Font-size）**：实际就是字号，可以直接填写数字，然后选择单位。有很多单位供选择，但是设定的字号会随着显示器分辨率的变化而调整大小，可以防止不同分辨率显示器中字体大小为该字号的文字和软件界画上的文字字号大小一样。10.5pt、12pt也是常用的正文文字字号值。还有其他的单位，如像素、英寸、厘米、毫米等，但都没有“点数”常用。
- **粗细（Font-weight）**：设置文本是否应用加粗，其中有“正常”和“粗体”两种选项。可以选择相对粗细，也可以选择具体的数值，这在实际制作中并不常用。
- **样式（Font-style）**：设置文字的外观，包括“正常”“斜体”“偏斜体”，有的字体本身设定了斜体的外观，有些字体则没有设定斜体外观。对于前者，应采用斜体，对于后者应采用偏斜体。
- **变体（Font-variant）**：在英文中，大写字母的字号一般比较大，采用“变体”中的“小型大写字母”设置，可以缩小大写字母。
- **行高（Line-height）**：这项设置在实际制作中非常常用。设置行高，可以选择“正常”选项，为计算机自动调整行高，也可以使用数值和单位结合的形式，需要注意的是，单位应该和文字的单位一致。行高的数值是包括字号数值在内的，例如，文字为10pt高，如果要创建一倍行距，则行高应该为20pt。
- **大小写（Text-transform）**：可以将每句话的第一个字母设置为大写（“首字母大写”选项）；也可以将全部字母变化为大写或小写（“大写”或“小写”选项）。IE浏览器不支持这一效果。
- **修饰（Text-decoration）**：可用于向文本中添加“下划线”（underline）“上划线”（overline）“删除线”（line-through）或“闪烁”（blink）效果。常用文本的默认设置是“无”（none），链接的默认设置是“下划线”。若要将链接设置设为“无”，可以通过定义一个特殊的“类”删除链接中的下划线。

2. 背景设置

由于CSS的强大功能，在不使用任何<FONT>标签的情况下，也可以为单网页增加更多的颜色选择，这就赋予了制作者更大的网页创作空间。在CSS中，可以设置任何元素的背景色和背景图，从BODY元素到下划线和斜体标记，几乎所有的一切（包括列表项、整个列表、标题、超链接、表格单元、表单元素等），而且CSS还包含更多的平铺方式。

从规则定义对话框的左边目录列表中选择“背景”选项，可以在右边区域设置CSS样式的背景样式，如下图所示。

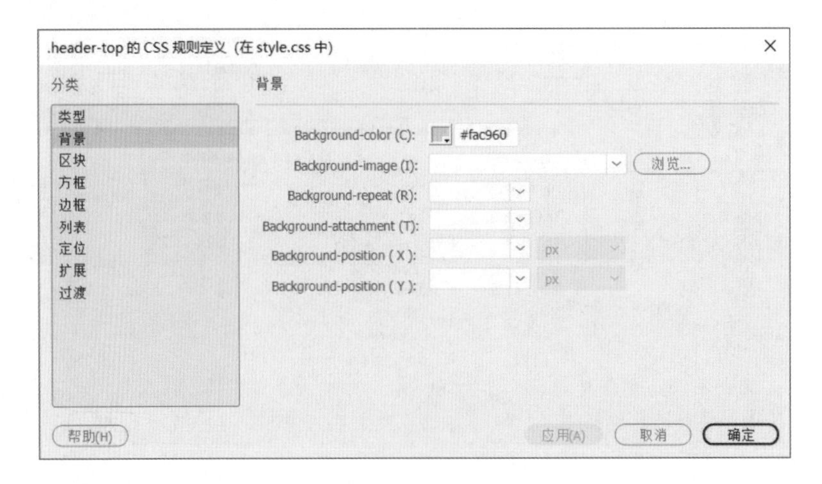

- **背景颜色（Background-color）：** 选择固定色作为背景。
- **背景图像（Background-image）：** 直接填写背景图像的路径，或者单击“浏览”按钮找到背景图像的位置。
- **重复（Background-repeat）：** 用于控制背景图像的平铺方式，包括4种选项，若选择“不重复”选项，则只在文档中显示一次图像；若选择“重复”选项，则在元素的后面水平和垂直方向平铺图像；选择“横向重复”或“纵向重复”选项，将分别在水平方向和垂直方向进行图像的重复显示。
- **附件（Background-attachment）：** 选择图像作为背景时，可以设定图像是否跟随网页一同滚动，可以选择“滚动”或者是“固定”。Netscape浏览器不支持固定的背景图片。
- **水平位置（Background-position）：** 设置水平方向上的位置，可以是“左对齐”“右对齐”“居中”，还可以设置数值与单位结合标示位置的方式。使用数值和单位标示位置时，比较常用的单位是像素。
- **垂直位置（Background-position）：** 可以选择“顶部”“底部”“居中”，还可以设置数值与单位结合标示位置的方式。

3. 区块设置

文本属性控制文本对齐和呈现给用户的方式。和字体属性相比，文本是内容，字体用于显示，它是一种改变文本外观的方法。

从规则定义对话框的左边目录列表中选择“区块”选项，可在右边对应区域设置CSS样式的区块格式，如下图所示。

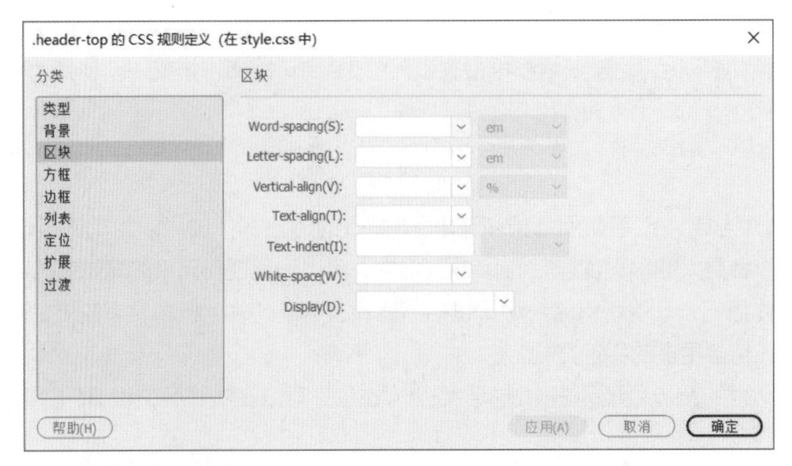

- **单词距离（Word-spacing）**：设置英文单词之间的距离，可以使用默认的设置“正常”，也可以设置为数值和单位结合的形式。使用正值为增加单词间距，使用负值为减少单词的间距。其计量单位有“英寸”“厘米”“毫米”“点数”“12pt字”“字体高”“字母x的高”和“像素”。
- **字母间距（Letter-spacing）**：设置英文字母间距，其作用与字符间距相似。使用正值为增加字母间距，使用负值为减少字母的间距。
- **垂直对齐（Vertical-align）**：设置对象的垂直相对对齐方式，包括“基线”“下标”“上标”“顶部”“文本顶对齐”“中线对齐”“底部”“文本底对齐”自定义的数值和单位结合形式。
- **对齐形式（Text-align）**：文本的水平对齐方式，包括“左对齐”“右对齐”“居中”“两端对齐”。
- **文字缩进（Text-indent）**：这是文字整体属性面板上最重要的项目，中文文字的首行缩进就是由它来实现的。首先输入具体的数值，然后选择单位。文字缩进和字号设定要保持统一，如字号为9pt，想创建两个中文的缩进效果，文字缩进就应该为18pt。
- **空格（White-space）**：对源代码文字空格的控制。选择“正常”，忽略源代码文字之间的所有空格。选择“保留”，将保留源代码中所有的空格形式，包括由空格键、Tab键、Enter键创建的空格。如果写一首诗，用普通的方法很难保留诗的结构，这时可以使用“保留”样式，保留所有的空格。使用“不换行”，设置文字不自动换行。
- **显示（Display）**：指定是否以及如何显示元素。其中“无”表示关闭它被指定给的元素的显示，在实际制作中使用很少。

4. 方框样式

CSS中所有文档元素都生成一个矩形框，称之为元素框。这个框描述元素及其属性在文档布局中所占的空间大小，因此每个框都可以影响其他元素的位置及大小。通常情况下，一个元素的width定义为左侧内部边线到右侧内部边线的距离，height定义为上内边线的距离，它们都是可应用于元素的特性。

从规则定义对话框的左边目录列表中选择“方框”选项，可以在右边区域设置CSS样式的方框格式，如下图所示。

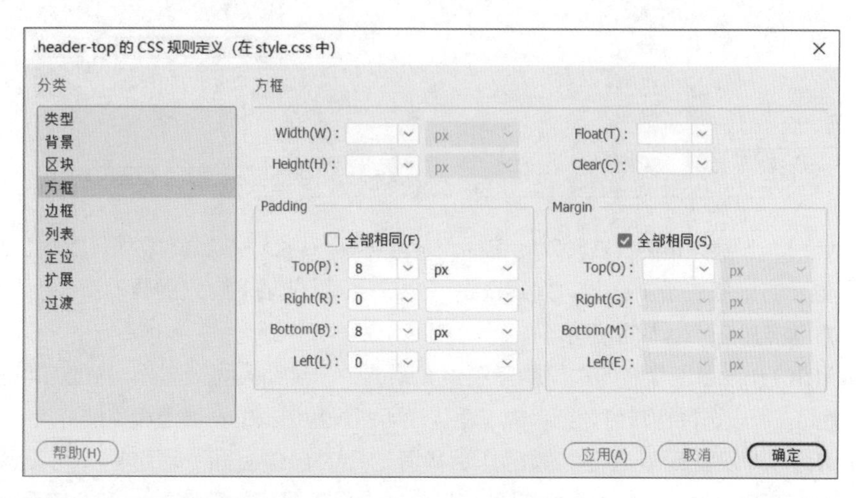

- **宽（Width）**：确定方框本身的宽度，可以使方框的宽度不依靠它所包含的内容。
- **高（Height）**：确定方框本身的高度。
- **浮动（Float）**：实际就是文字等对象的环绕效果。选择“右对齐”，则对象居右，文字等内容从另一侧环绕对象。选择“左对齐”，则对象居左，文字等内容从另一侧环绕。选择“无”，则取消环绕效果。IE和Netscape浏览器都支持“浮动”设置。

- **清除（Clear）**：规定对象的一侧不许有层（层的内容在后面的章节介绍）。可以选择“左对齐”或“右对齐”，选择不允许出现层的一侧，如果在清除层的一侧有层，对象将自动移到层的下面。“两者”是指左右都不允许出现层，“无”是不限制层的出现。IE和Netscape浏览器都支持“清除”设置。
- **填充（Padding）**：指定元素内容与元素边框之间的间距（如果没有边框，则为边距）。若选中“全部相同”复选框，则为应用此属性的元素的“上”（Top）“右”（Right）“下”（Bottom）和“左”（Left）侧设置相同的边距属性；如果取消选中“全部相同”复选框，可为应用此属性的元素的四周分别设置不同的填充属性。
- **边界（Margin）**：指定一个元素的边框与另一个元素之间的间距（如果没有边框，则为填充）。仅当应用于块级元素（段落、标题、列表等）时，Dreamweaver才在文档窗口中显示该属性。取消选择“全部相同”复选框，可设置元素各个边的边距。

5. 边框样式

元素的边框就是一条围绕着元素内容及补白的线。元素的背景会结束于边框的外边沿，因为背景不延伸到边界，而边框恰恰位于边界的内部。每个边框都有三个特征：宽度或粗度、式样或外观以及颜色。

为了给出一个元素四种边框不同的值，网页制作必须用一个或更多的属性，如上边框、右边框、下边框、左边框、边框颜色、边框宽度、边框样式、上边框宽度等。

“边框”面板可以给对象添加边框，设定边框颜色、粗细、样式。从规则定义对话框的左边目录列表中选择“边框”选项，可以在右边区域设置CSS样式的边框格式，如下图所示。

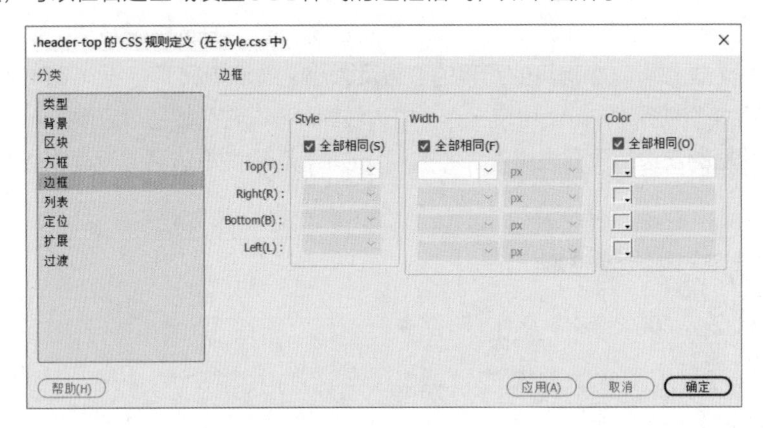

- **样式（Style）**：设置边框的样式外观，包括无、虚线、点划线、实线、双线、槽状、脊状、凹陷、突出，其显示方式取决于浏览器。如果选中“全部相同”选项，则只需要设置“上”（Top）的样式，其他方向样式与“上”的相同。
- **宽度（Width）**：设置四个方向边框的宽度。如果选中“全部相同”选项，其他方向设置与“上”（Top）相同。可以选择相对值为细、中、粗，也可以设置边框的宽度值和单位。
- **颜色（Color）**：设置元素边框的颜色。若取消选择“全部相同”复选框，可设置元素各个边的边框颜色，但显示方式取决于浏览器；若选中“全部相同”复选框，可为应用此属性元素的“上”（Top）“右”（Right）“下”（Bottom）和“左”（Left）侧设置相同的边框颜色。

6. 列表设置

“项目符号”是指列表项旁边的小装饰，在无序列表中，它们是小项目符号或者是图像，而在有序列表中，项目符号可能是字母或数字。

CSS中有关列表的设定丰富了列表的外观。从规则定义对话框的左边目录列表中选择“列表”选项，可在右边区域设置CSS样式的列表格式，如下图所示。

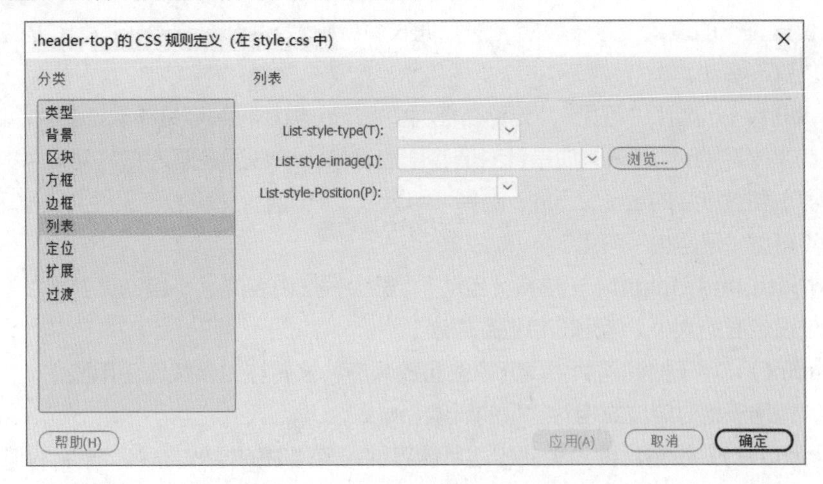

- **类（List-style-type）：** 设置项目符号或编号的外观，有“圆点”“圆圈”“方形”“数字”“小写罗马数字”“大写罗马数字”“小写字母”和“大写字母”等选项。
- **项目符号图像（List-style-image）：** 用户可以将列表前面的项目符号换为图形。单击“浏览”按钮，可在打开的“选择图像源文件”对话框中选择所需要的图像；或在其文本框中输入图像的路径。
- **位置（List-style-Position）：** 决定列表项目缩进的程度。选择“外”选项，列表贴近左侧边框；选择“内”选项，列表缩进。这项设定效果不明显。

7. 定位设置

文档中的每个元素都可以装在一个矩形区域内，通过CSS可以控制包含文档中的元素的区域大小、外观和位置。

如果元素内容大于元素的范围，就会涉及到内容溢出和裁切的问题。另外，CSS还允许任何元素浮动，从图像到段落到列表等，CSS也支持清除浮动。

在使用元素定位时，从可视角度来讲，不可避免地会发生两个元素试图同时出现于同一位置的情况，显示其中一个就会覆盖另外一个，这时如果将网页的二维空间延伸到三维空间，就能解决这个问题，这就需要谈到有关层的样式。同时， Dreamweaver还提供可视化的层制作功能。

“定位”面板实际上是对层的设定，有的时候可以使用这个面板将网页上已有的对象转化为层内的内容，如下图所示。

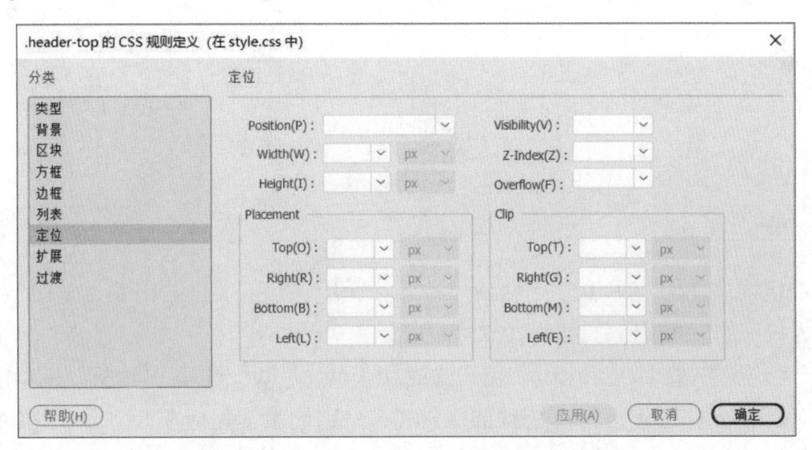

- **类型（Position）**：用来设定层的定位方式，“绝对”是绝对定位，此时编辑窗口左上角的顶点为层定位时的原点。“相对”是相对定位，在“定位”选区的参数项中输入的数值，都是相对层原来在网页中的位置进行的设定，这一设定无法在编辑窗口中看到效果。“静止”和“固定”均为固定位置，层的位置不移动。
- **显示（Visibility）**：选择“可见”，无论在任何情况下，层都将是可见的。选择“隐藏”，无论任何情况，层都是隐藏的。“继承”项是针对嵌套层的设置，嵌套层是插入在其他层中的层，分为嵌套的层（子层）和被嵌套的层（父层），选择“继承”，子层继承父层的可见性，父层可见，子层也可见，父层不可见，子层也不可见。
- **宽和高（Width and Height）**：选择“自动”，层会根据内容的大小自动调整大小。或者使用固定的值和单位设定层的大小，常用的单位是像素。
- **Z轴（Z-Index）**：用于控制网页中层元素的叠放顺序，该属性的参数值使用整数，值可以为正，也可以为负，适用于绝对定位或相对定位的元素。
- **溢位（Overflow）**：设置层内对象超出层所能容纳的范围时的处理方式。选择“可见”，则无论层的大小，内容都会显示出来。选择“隐藏”，会隐藏超出层大小的内容。选择“滚动”，不管内容是否超出层的范围，选中此项都会为层添加滚动条。选择“自动”，只在内容超出层的范围时才显示滚动条。
- **置入（Placement）**：层是矩形的，只要两个点就可以准确地描绘层的位置和形状。第一个点是左上角的顶点，用“左”和“上”两项进行位置设置；第二个点是右下角的顶点，用“下”和“右”两项进行设置，这四项都以网页左上角点为原点。
- **剪辑（Clip）**：限定只显示裁切出来的区域。

8. 扩展设置

通过cursor样式改变光标形状，光标放在被此项设置修饰的区域上时，形状会发生改变。CSS中有关扩展的设定丰富了光标的外观。从规则定义对话框的左边目录列表中选择“扩展”选项，可在右边区域设置CSS样式的光标格式，如下图所示。

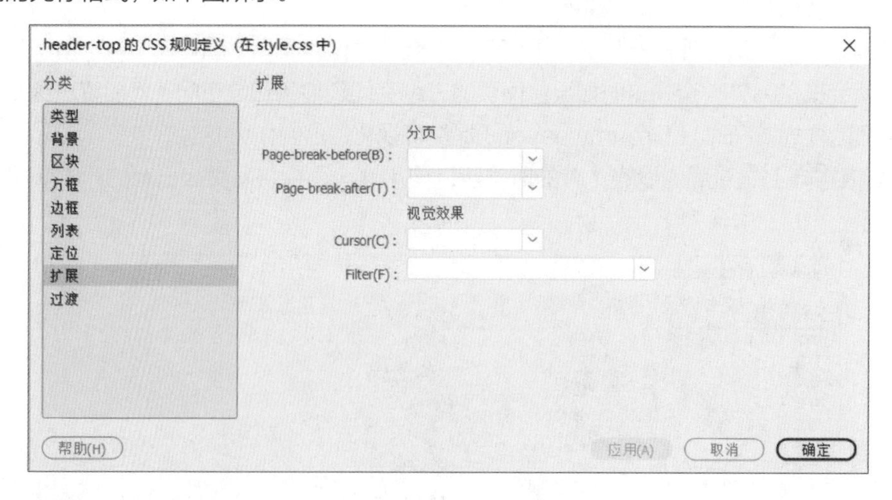

- **分页**：其中包含“之前”（Page-break-before）和“之后”（Page-break-after）两个选项，其作用是为打印的页面设置分页符，如对齐方式。
- **视觉效果**：包含“光标”（Cursor）和“滤镜”（Filter）两个选项，“光标”选项用于指定在某个元素上要使用的光标形状，共有15种选择方式，分别代表了光标在Windows操作系统中的各种

形状；“滤镜”选项用于网页中的元素应用各种滤镜效果，共有16种滤镜，如“模糊”“发光”“反转”“灰度”和“明亮”等。

9. 过渡设置

过渡效果，通过为元素的过渡效果属性指定值来创建过渡效果类。如果在创建过渡效果类之前选择元素，则过渡效果类会自动应用于选定的元素。

“过渡”面板可以给对象添加过渡。从规则定义对话框的左边目录列表中选择“过渡”选项，可在右边区域设置CSS样式的过渡格式，如下图所示。

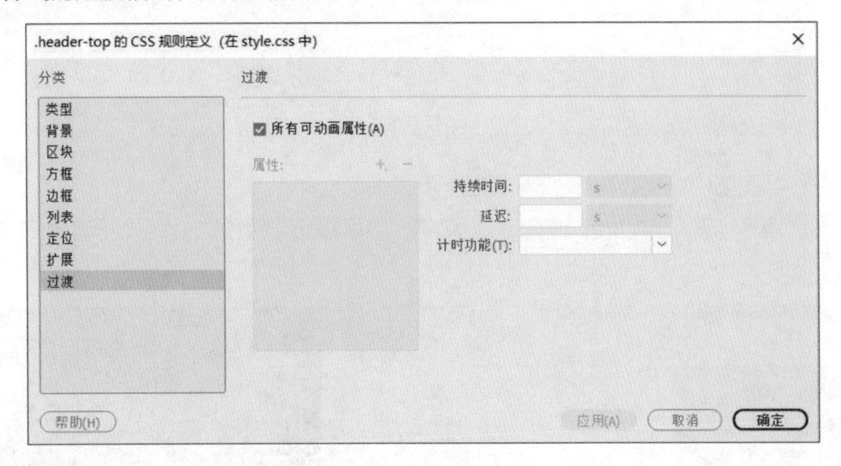

- **所有可动画属性**：如果希望为要过渡的所有CSS属性指定相同的“持续时间”“延迟”和“计时功能”，勾选此复选框。
- **持续时间**：以秒 (s) 或毫秒 (ms) 为单位输入过渡效果的持续时间。
- **延迟**：以秒或毫秒为单位，在过渡效果开始之前的时间。
- **计时功能**：从可用选项中选择过渡效果样式。

5.3 CSS布局方式

CSS布局的基本构造块是Div标签，它是一个HTML标签，在大多数情况下用作文本、图像或者其他页面元素的容器。当创建CSS布局时，会将Div标签放在页面上，向这些标签中添加内容，然后将它们放在不同的位置上。与表格单元格不同，Div标签可以出现在网页上的任何位置。本小节将介绍CSS布局的两种设计方式：浮动布局设计和居中布局设计。

5.3.1 浮动布局设计

基于浮动的布局利用了float（浮动）属性来并排定位元素，并在网页上创建列。可以利用这个属性来创建一个环绕在周围的效果，例如环绕在照片周围，但是当把它应用到一个<div>标签上时，浮动就变成了一个强大的网页布局工具。float属性把一个网页元素移动到网页（或者其他包含块）的一边。任何显示在浮动元素下方的HTML都在网页中上移，并环绕在浮动周围。

下面通过一个用CSS作出两栏布局的例子，来了解浮动布局设计的结构。

步骤 01 新建一个HTML空白文档，在代码窗口中给文档命名，<title>浮动布局</title>。在<body></body>中输入下图所示的源代码。

```
1    <!DOCTYPE html>
2 ▼ <html>
3 ▼ <head>
4        <meta charset="UTF-8" />
5        <title>浮动布局</title>
6        <!-- part3 -->
7        <style type="text/css"> .sup{ width:300px;  background-color:orange; } .sup1:nth-child(2){
8            /* margin-top:-100px; */  /* 文本层次高于背景层次 */  /* 2的背景只能遮挡1的背景，但不能遮挡1的文本 */ /* background-
             color:pink;margin-top:-80px; *//* 父级的高度最终决定于逻辑最后位置上的子级的盒子底端 */  } /* 显示区域重叠，文本区域正常(与显示
             区域共同讨论就不正常) */
9 ▶          .br{width:300px; height:100px...}
14           /* 恢复正常：父级刚好拥有存放所有子级的高度 (合适高度)  */
15 ▶         .sup{height:100px;}
18           .sup1{  float:left;}/* 总结 (坑) ：当target标签的内部有浮动的子级，target的兄弟标签布局会出现显示异常 */
19       </style>
20   </head>
21 ▼ <body>
22    <!-- part1 --> <!-- 浮动产生的问题:父级未设置固定高度，不再撑开父级高度 -->
23 ▼ <div class="p3"> <div class="sup"><div class="sup1"></div>  </div>
24           <div class="br">浮动布局</div>
25   </div>
26           <!-- part2 -->
27 ▼         <div class="p2">
28           <div class="sub"></div>
29           <div class="sub"></div>
30       </div>
31    <!-- part1 --><!-- 解决的问题:让block box 同行显示 -->
32 ▼ <div class="p1">
33           <div class="article"></div>
34       </div>
35   </body>
36   </html>
```

步骤 02 回到“设计”视图中，显示内容如下左图所示。

步骤 03 单击窗口，使光标置入浮动窗口中，输入文字，然后按F12键预览，完成浮动窗口的设计，效果如下右图所示。

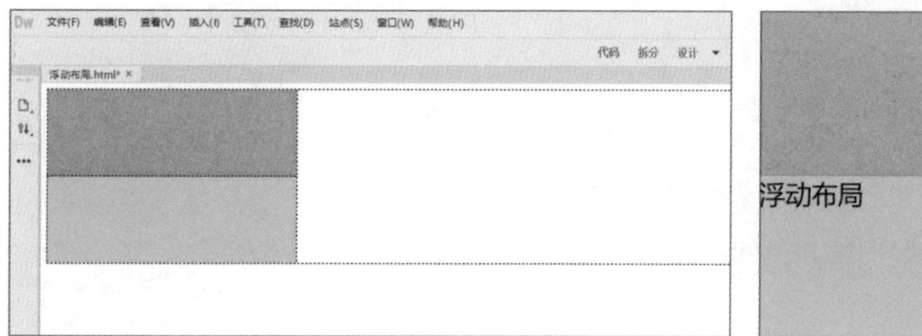

5.3.2 居中布局设计

居中布局设计包括两种布局方式，分别是“自动空白边居中”和“定位和负值的空白边设计居中”，下面分别进行介绍。

1. 自动空白边居中

在页面设计中，“text－align:center”在IE浏览器中是让所有页面元素居中，而不是文本居中。因此，居中的布局方法是：让body标记中的所有内容居中，包括Div容器，然后作为页面容器的内容重新使用左对齐。

2. 定位和负值的空白边设计居中

使用“定位和负值的空白边设计居中”的方法与“自动空白边居中”的方法类似，这种方法同样要定义容器的宽度，然后将容器的position属性设置为relative，left设置为50%，就会把容器的左边缘定位在页面的中间。CSS代码如下：

```
#Page{
        width: 600PX;
        background color: #FFF;
        position: relative;
        left: 50%;
}
```

假如不希望让设置的容器的左边缘居中，而是让容器的中间对应页面居中。那么对容器的左边应用一个负值的空白边，宽度等于容器宽度的一半。这样会把容器向左移动它的宽度的一半，从而让容器在屏幕上居中。代码如下：

```
#Page{
        width: 600PX;
        background color: #FFF;
        position: relative;
        left: 50%;
        margin-left: -300px;
}
```

5.3.3 CSS布局的优势

CSS布局对于网页设计来说是必须掌操的一项主流技术，它提供了丰富的样式，实现了页面内容与表现的分离。CSS布局有以下几点不同于表格布局网页的优势：

- 页面载入得更快。在编写代码时将大部分页面代码写在CSS中，使页面的体积容量变得更小。相对于表格嵌套的方式，Div + CSS将页面独立成区域，在打开页面的时候，逐层加载，而不是像表格嵌套那样将整个页面圈在一个大表格里，使得加载速度非常慢。
- 浏览速度快。CSS的极大优势表现在简单的代码上，对于一个大型网站来说，页面的体积变小了，可以节省大量的带宽，浏览速度也会随之加快。
- 统一控制。CSS布局一个重要的优势之一是保持视觉的一致性。以往采用表格嵌套的方法制作，使得页面与页面或者区域与区域之间的显示效果会有偏差。而使用Div + CSS的方法，将所有页面或者所有区域统一用CSS文件控制，就避免了不同区域或不同页面体现出的效果偏差。
- 可以更好地被搜索引擎收录。由于将大部分的HTML代码和内容样式写入了CSS文件中，这就使得网页中正文部分更加突出明显，便于被搜索引擎采集收录。
- 设计网页样式多变。由于CSS含有丰富的样式，设计网页使用CSS可以使页面更加灵活，它可以根据不同的浏览器达到显示效果的统一和不变形。

5.4 Div概述

Div的作用是设定字、画、表格提供结构背景和摆放位置，Div的起始标签和结束标签之间所有的内容都是用来构成这个块的，其中有包含元素的特性，是由Div标签的属性来控制的，或者是通过使用样式表格式化这个块来进行控制，可以使用Div标签创建CSS布局块并在文档中对其进行定位。

5.4.1 什么是Div

Div全称为Division，意思是“区分”，称为“区隔标记”。Div简单地说就是一个区块的容器标记，<div>和</div>就像一个容器的两端，中间可以放入内容，比如文本、图像、表格等HTML元素。可以把<div>和</div>当成一个独立的对象，和其他元素互不影响，并由CSS控制。当<div>改变时，其内部内容的标记元素也会因此而改变。

下面通过一个简单的实例来看一下<div>对内部各标记元素的控制。首先在代码窗口输入代码，如下左图所示。

然后通过CSS对<div>块的控制，制作了一个宽“50px”和高“43px”的黄色区块，并对文字进行相应的设置，效果如下右图所示。

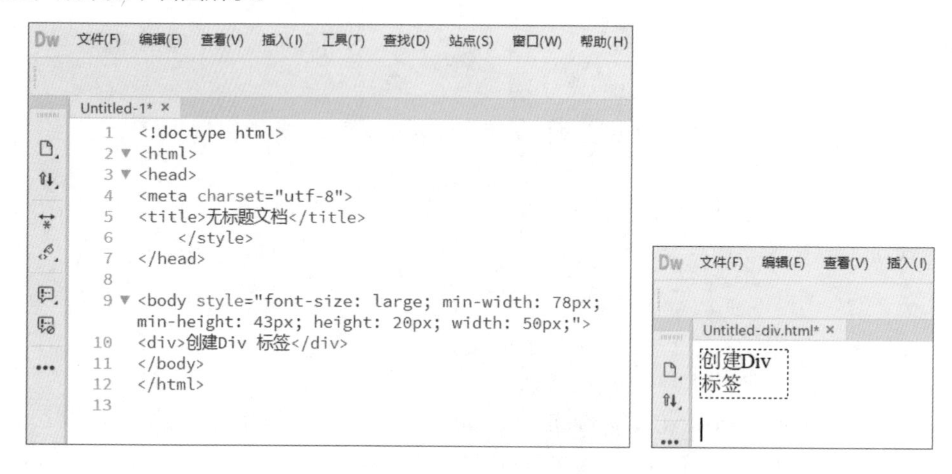

5.4.2 插入Div标签

Div标签以一个框的形式出现在文档中，所以当鼠标指针移动到该边框的边缘上时，Dreamweaver会以高亮显示该框，边缘出现红色边框，内容则在显示新Div标签内容的地方进行编辑。

步骤 01 打开Dreamweaver CC 2019程序，新建文档，在文档窗口中将光标置入窗口内，执行“插入>Div”命令，如下左图所示。

步骤 02 在弹出的“插入Div”对话框中设置参数，如下右图所示。

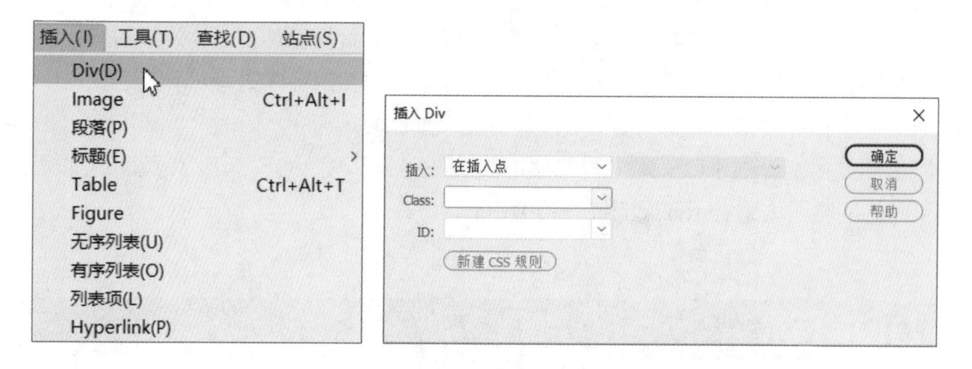

步骤 03 设置完成后，单击“确定”按钮，在设计视图中插入Div标签，如下图所示。

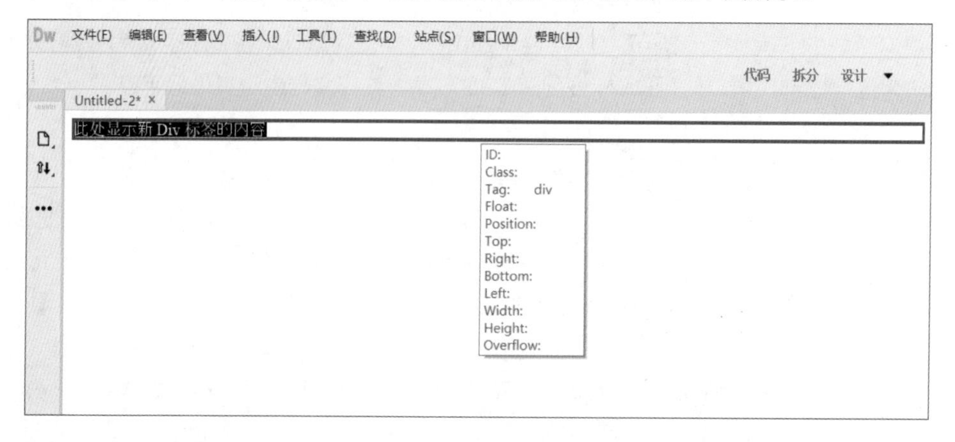

5.4.3 编辑Div标签

插入Div标签之后可以在标签内部插入图片、文字或其他内容，给插入的标签命名为“div1”，对其名称、文字链接等编辑。

编辑Div标签内容，单击“div1”标签，在窗口下方会出现此标签的属性，如下图所示。

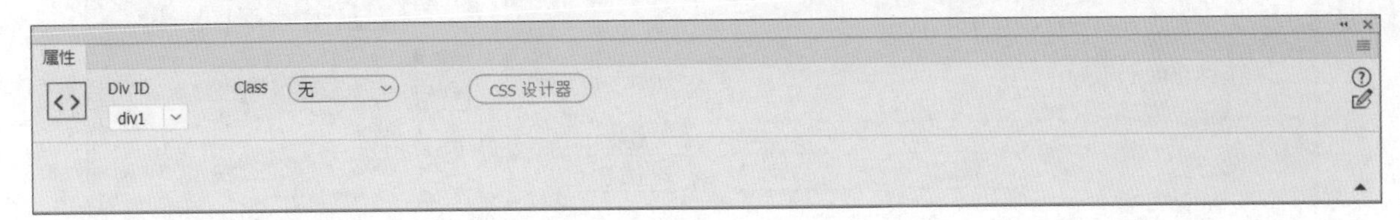

纯粹使用Div标签而不加任何CSS内容，其效果与<p>和</p>是一样的，但当把CSS放进Div标签中以后，可以指定内容元素显示在屏幕上的具体位置，在某一个位置上画出方形或线，或者指定文字在某一个块中如何显示。首先要做的是给这个Div元素（即层）加上一个唯一的ID标识（ID的作用类似于为这个层起个名字）。

<div id="abc">

加一个ID号

</div>

Div

ID:ID即为编号的意思，一个ID编号为一个Div标签（层），层的ID可以随意设定，可以由字母、数字和下划线组成，但必须以字母开头，每一个ID名必须是唯一的。

实战练习 使用CSS+Div布局制作网页导航条效果

为了使网页导航条更加动感、美观，我们可以应用Div+CSS样式，将一些代码样式写在CSS样式文件中，网页只需要调用这个文件就可以了，使得网页非常简洁，浏览更加顺畅。

步骤 01 打开Dreamweaver CC软件，创建daohangtiao站点和dht.html文档，单击页面右侧的“CSS设计器”面板，如下左图所示。

步骤 02 单击“CSS设计器”面板中的+按钮❶，在打开的列表中选择“创建新的CSS文件”选项❷，如下右图所示。

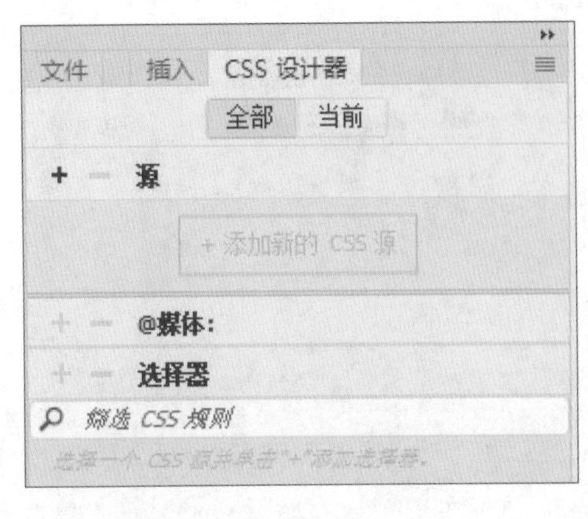

步骤 03 打开“创建新的CSS文件”对话框，在“文件/URL(F)”文本框内输入dht的CSS文件名❶，在“添加为”选项区域选择“链接”单选按钮❷，单击“确定”按钮❸，如下左图所示。

步骤 04 此时即可在“CSS设计器”面板中创建一个dht.css文档，如下右图所示。

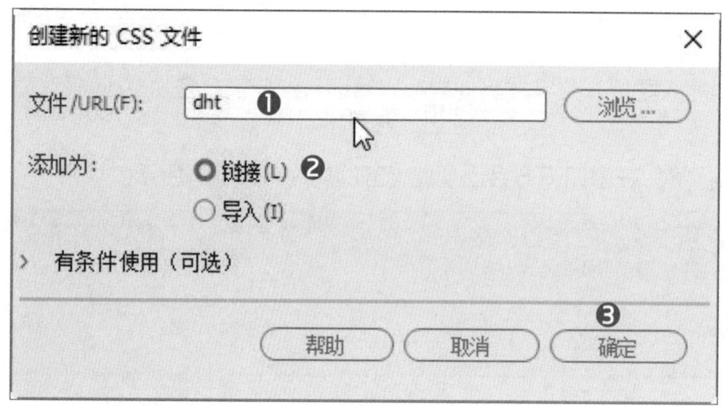

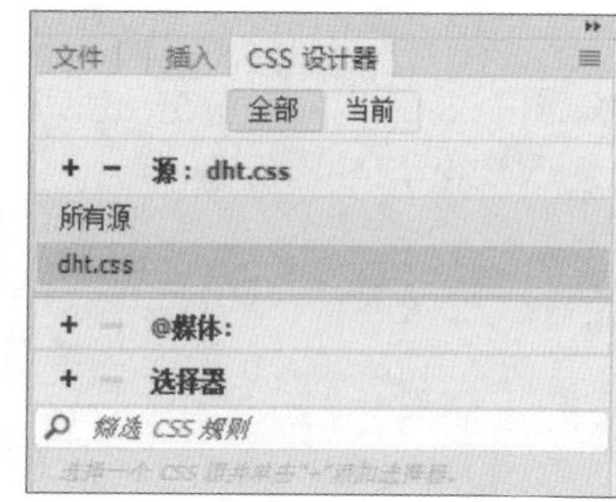

步骤05 查看设计页面效果，dht.html文件名下并列了源代码和dht.css文件，表示该网页文档已经调用到dht.css文档，效果如下左图所示。

步骤06 然后在“代码”视图内输入下右图所示的蓝色区域部分代码。

dht.html ×
源代码 dht.css*

```
1  <!doctype html>
2  <html>
3  <head>
4  <meta charset="utf-8">
5  <title>导航条</title>
6  <link href="dht.css" rel="stylesheet" type="text/css">
7  </head>
8
9  <body>
10 <ul >
11 <li>首页</li>
12 <li>公司简介</li>
13 <li>商品展示</li>
14 <li>新闻中心</li>
15 <li>联系我们</li>
16 <li>留言</li>
17 </ul>
18 </body>
19 </html>
20
```

步骤07 切换至“设计”视图，查看效果，如下左图所示。

步骤08 选择dht.css文件，在“代码”视图输入相关代码，如下右图所示。

代码 拆分 设计
首页
公司简介
商品展示
新闻中心
联系我们
留言

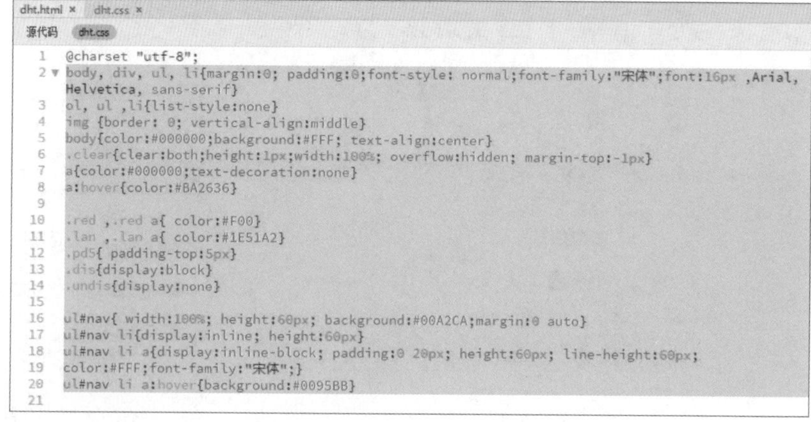

```
1  @charset "utf-8";
2  body, div, ul, li{margin:0; padding:0;font-style: normal;font-family:"宋体";font:16px ,Arial,
   Helvetica, sans-serif}
3  ol, ul ,li{list-style:none}
4  img {border: 0; vertical-align:middle}
5  body{color:#000000;background:#FFF; text-align:center}
6  .clear{clear:both;height:1px;width:100%; overflow:hidden; margin-top:-1px}
7  a{color:#000000;text-decoration:none}
8  a:hover{color:#BA2636}
9
10 .red ,.red a{ color:#F00}
11 .lan ,.lan a{ color:#1E51A2}
12 .pd5{ padding-top:5px}
13 .dis{display:block}
14 .undis{display:none}
15
16 ul#nav{ width:100%; height:60px; background:#00A2CA;margin:0 auto}
17 ul#nav li{display:inline; height:60px}
18 ul#nav li a{display:inline-block; padding:0 20px; height:60px; line-height:60px;
19 color:#FFF;font-family:"宋体";}
20 ul#nav li a:hover{background:#0095BB}
21
```

步骤09 回到dht.html页面，查看页面的设计效果，如下左图所示。

步骤10 在“代码”视图插入分隔线代码，如下右图所示。

代码 拆分 设计

首页 公司简介 商品展示 新闻中心 联系我们 留言

```
1  <!doctype html>
2  <html>
3  <head>
4  <meta charset="utf-8">
5  <title>导航条</title>
6  <link href="dht.css" rel="stylesheet" type="text/css">
7  </head>
8
9  <body>
10 <ul id="nav">
11 <li><a href="index.html">首页</a></li>
12     <li>|</li>
13 <li><a href="about.html">公司简介</a></li>
14     <li>|</li>
15 <li><a href="product.html">商品展示</a></li>
16     <li>|</li>
17 <li><a href="news.html">新闻中心</a></li>
18     <li>|</li>
19 <li><a href="contact.html">联系我们</a></li>
20     <li>|</li>
21 <li><a href="liuyan.html">留言</a></li>
22 </ul>
23 </body>
24 </html>
```

步骤 11 选择dht.css文件，将插入的分隔线设置为白色，如下图蓝色部分所示。

```
dht.html ×   dht.css ×
1  @charset "utf-8";
2  body, div, ul, li{margin:0; padding:0;font-style: normal;font-family:"宋体";font:16px ,Arial,
   Helvetica, sans-serif}
3  ol, ul ,li{list-style:none;color:#FFF; }
4  img {border: 0; vertical-align:middle}
5  body{color:#000000;background:#FFF; text-align:center}
6  .clear{clear:both;height:1px;width:100%; overflow:hidden; margin-top:-1px}
7  a{color:#000000;text-decoration:none}
8  a:hover{color:#BA2636}
9
10 .red ,.red a{ color:#F00}
11 .lan ,.lan a{ color:#1E51A2}
12 .pd5{ padding-top:5px}
13 .dis{display:block}
14 .undis{display:none}
15
16 ul#nav{ width:100%; height:60px; background:#00A2CA;margin:0 auto}
17 ul#nav li{display:inline; height:60px ; }
18 ul#nav li a{display:inline-block; padding:0 20px; height:60px; line-height:60px;
19 color:#FFF;font-family:"宋体";}
20 ul#nav li a:hover{background:#0095BB}
21
```

步骤 12 保存文件，按下F12功能键打开网页查看效果，如下图所示。

5.4.4 Div的嵌套和固定格式

Div嵌套简单地说就是在一个Div中再加个Div或者几个Div，如此反复进行嵌套。例如：

<body>

<div class="CollapsiblePanel"

id="A"

onfocus="MM_changeProp('al',",'backgroundColor','#FF0000’,'DIV')">

此处显示"A"标签的内容

<div class="ont" id="b1">

此处显示"B"标签的内容

</div>

</div>

</body>

所以现实的标签为“B”嵌套在标签“A”之中，如下图所示。

知识延伸：在HTML代码中编辑CSS

CSS是一组格式设置规则，用于控制Web页面的外观，重新定义HTML语言中的标签，弥补HTML语言中规格的不足，存储文件。下面介绍如何在HTML代码中对CSS进行编辑。

1. 字体属性

字体属性主要包括字体族科、字体风格、字体加粗和字体大小，如下表所示。

字体属性	描　述
font-family	用一个指定的字体或字体名或一个种类的字体族科
font-size	字体显示的大小
font-style	设定字体风格
font-weight	以bold为值可以使字体加粗

2. 文本属性

CSS文本属性主要包括字母间距、文字修饰、文本排列、文本缩进、行高等，如下表所示。

文本属性	描　述
letter-spacing	定义一个附加在字符之间的间隔数量
text-decoration	文本修饰允许通过5个属性中的一个来修饰文本
text-align	设置文本的水平对齐方式，包括左对齐、右对齐、居中、两端对齐
text-indent	文字的首行缩进
line-height	行高属性接受一个控制文本基线之间的间隔的值

3. 鼠标光标属性

CSS可以通过Cursor属性改变光标形状，如下表所示。

鼠标光标属性值	描　述
hand	手
crosshair	交叉十字
text	文本选择符号
wait	Windows的沙漏形状
default	默认的光标形状
help	带问号的光标
e-resize	向东的箭头
ne-resize	指向东北方的箭头

4. 定位属性

CSS提供两种定位方法，即相对定位与绝对定位，如下表所示。

定位属性	描　述
position	absolute（绝对定位）、relative（相对定位）
top	层距离顶点纵坐标的距离
left	层距离顶点横坐标的距离
width	层的宽度
height	层的高度
z-index	决定层的先后顺序和覆盖关系
clip	限定只显示裁切出来的区域

5. 滤镜属性

CSS几种常用的滤镜如下表所示。

滤　镜	描　述
alpha	透明的层次效果
blur	快速移动的模糊效果
chroma	特定颜色的透明效果
dropshadow	阴影效果
fliph	水平翻转效果
flipv	垂直翻转效果
glow	边缘光晕效果
invert	将颜色的饱和度及亮度值完全反转
shadow	渐变阴影效果

6. 列表属性

CSS中有关列表的设定丰富了列表的外观，其属性如下表所示。

列表属性	描　述
list-style-type	设定引导列表项目的符号类型
bullet	选择图像作为项目的引导符号
position	决定列表项目缩进的程度

上机实训：使用CSS+Div布局制作网页首页效果

使用CSS+Div布局制作的网页，除了能大大减小页面的大小、去除表格代码的烦琐嵌套外，还能使网页代码更加简洁，维护修改也更加方便，可读性更强。

步骤 01 打开Dreamweaver CC软件，创建zhyy站点和index.html文档，如下左图所示。

步骤 02 选择zhyy站点并右击，在打开的快捷菜单中选择“新建文件夹(R)”命令，创建img文件夹，如下右图所示。

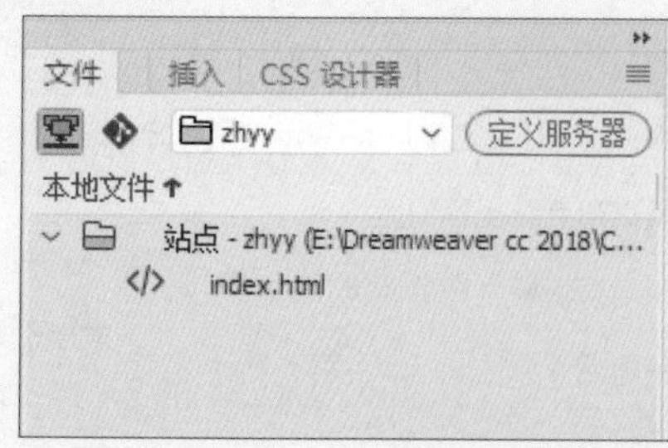

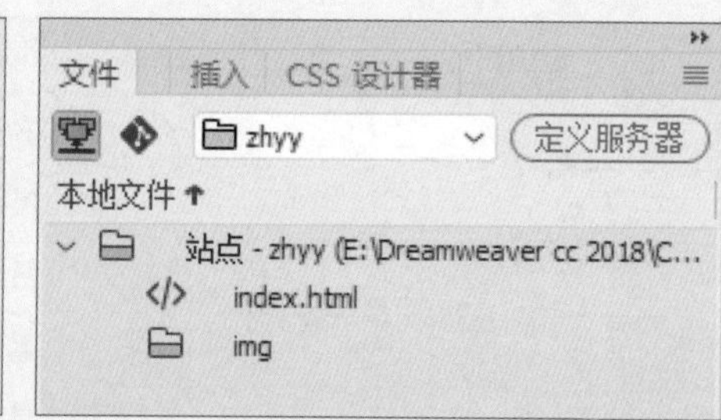

步骤 03 单击切换至“CSS设计器”面板❶，单击+按钮❷，在打开的列表中选择“创建新的CSS文件”选项❸，如下左图所示。

步骤 04 在打开的“创建新的CSS文件”对话框中输入CSS文件名为my❶，然后单击“确定”按钮❷，如下右图所示。

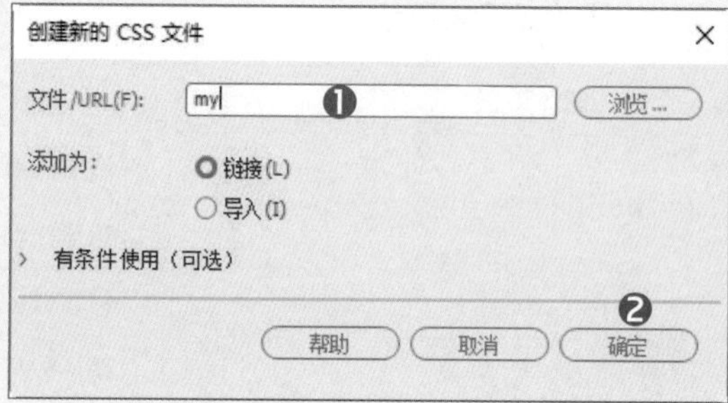

步骤 05 在“文件”面板中双击index.tml文件，打开代码页面，输入下左图所示的蓝色部分代码。

步骤 06 查看页面的设计效果，如下右图所示。

```
1  <!doctype html>
2  <html>
3  <head>
4  <meta charset="utf-8">
5  <title>无标题文档</title>
6  <link href="my.css" rel="stylesheet" type="text/css">
7  </head>
8
9  <body>
10
11 <div>
12 <ul id="nav">
13 <li><a href="index.html">首页</a></li>
14     <li>|</li>
15 <li><a href="about.html">公司简介</a></li>
16     <li>|</li>
17 <li><a href="product.html">商品展示</a></li>
18     <li>|</li>
19 <li><a href="news.html">新闻中心</a></li>
20     <li>|</li>
21 <li><a href="contact.html">联系我们</a></li>
22     <li>|</li>
23 <li><a href="liuyan.html">留言</a></li>
24 </ul>
25 </div>
26
27 </body>
28 </html>
```

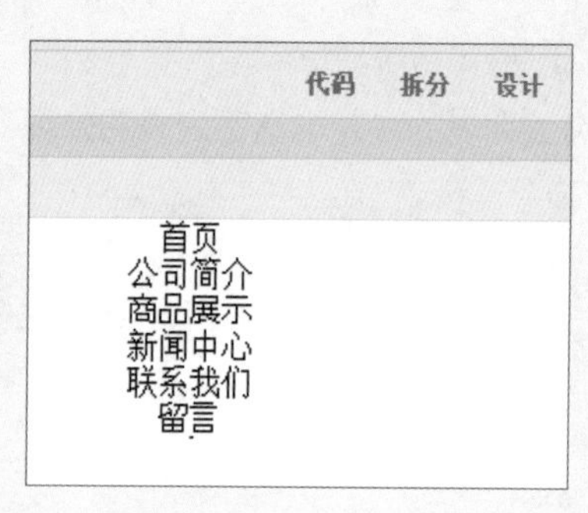

步骤 07 双击my.css文件，在打开的“代码”视图中输入相关代码，如右图所示。

```
1  @charset "utf-8";
2  body, div, ul, li{margin:0; padding:0;font-style: normal;font-family:"宋体";font:16px ,Arial,
   Helvetica, sans-serif}
3  ol, ul ,li{list-style:none;color:#FFF; }
4  img {border: 0; vertical-align:middle}
5  body{color:#000000;background:#FFF; text-align:center}
6  .clear{clear:both;height:1px;width:100%; overflow:hidden; margin-top:-1px}
7  a{color:#000000;text-decoration:none}
8  a:hover{color:#BA2636}
9
10 .red ,.red a{ color:#F00}
11 .lan ,.lan a{ color:#1E51A2}
12 .pd5{ padding-top:5px}
13 .dis{display:block}
14 .undis{display:none}
15
16 ul#nav{ width:100%; height:60px; background: #2B81A6;margin:0 auto}
17 ul#nav li{display:inline; height:60px ; }
18 ul#nav li a{display:inline-block; padding:0 20px; height:60px; line-height:60px;
19 color:#FFF;font-family:"宋体";}
20 ul#nav li a:hover{background:#0095BB}
21
```

步骤 08 然后查看页面的设计效果，如下图所示。

步骤 09 回到index.html页面，在“代码”视图中输入代码，如下图所示。

```
index.html ×
源代码  my.css*
1   <!doctype html>
2 ▼ <html>
3 ▼ <head>
4   <meta charset="utf-8">
5   <title>无标题文档</title>
6   <link href="my.css" rel="stylesheet" type="text/css">
7   </head>
8
9 ▼ <body>
10
11 ▼ <div style="width: 1000px;margin:0 auto">
12 ▼ <ul id="nav">
13  <li><a href="index.html">网站首页</a></li>
14      <li>|</li>
15  <li><a href="about.html">关于我们</a></li>
16      <li>|</li>
17  <li><a href="product.html">产品展示</a></li>
18      <li>|</li>
19  <li><a href="news.html">资讯信息</a></li>
20      <li>|</li>
21  <li><a href="contact.html">联系我们</a></li>
22      <li>|</li>
23  <li><a href="liuyan.html">留言反馈</a></li>
24  </ul>
25  </div>
```

步骤 10 在my.css代码页面输入样式代码，如下图所示。

```
index.html ×
源代码  my.css*
1   @charset "utf-8";
2   body, div, ul, li{margin:0; padding:0;font-style: normal;font-family:"宋体";font:16px ,Ari
    Helvetica, sans-serif}
3   ol, ul ,li{list-style:none;color:#FFF; }
4   img {border: 0; vertical-align:middle}
5   body{color:#000000;background:#FFF; text-align:center}
6   .clear{clear:both;height:1px;width:100%; overflow:hidden; margin-top:-1px}
7   a{color:#000000;text-decoration:none}
8   a:hover{color:#BA2636}
9
10  .red ,.red a{ color:#F00}
11  .lan ,.lan a{ color:#1E51A2}
12  .pd5{ padding-top:5px}
13  .dis{display:block}
14  .undis{display:none}
15
16  ul#nav{ width:100%; height:60px; background: #2B81A6;margin:0 auto}
17  ul#nav li{display:inline; height:60px ; }
18  ul#nav li a{display:inline-block; padding:0 20px; height:60px; line-height:60px;
19  color:#FFF;font-family:"宋体";}
20  ul#nav li a:hover{background:#0095BB}
21
22
23 ▼ .banner{ width:1000px; height:328px;background-image:url(img/21.jpg.jpg);margin:0 auto}
```

步骤 11 查看index.html页面的设计效果，如下图所示。

步骤 12 接着继续在“代码”视图中输入代码，如下图所示。

```
index.html ×  style.css ×
源代码  my.css
21  <li><a href="contact.html">联系我们</a></li>
22      <li>|</li>
23  <li><a href="liuyan.html">留言反馈</a></li>
24  </ul>
25  </div>
26
27      <div class="banner"></div>
28
29
30
31 ▼ <div class="about">
32 ▼     <div class="about-txt">
33               <h2>Why Join Edumate </h2>
34               <br>
35               <p>It is a long established fact that a reader will be distracted by the readable content of a
                 page when looking at its layout. The point of using Lorem Ipsum is that it has a more-or-less
                 normal distribution of letters, as opposed to using 'Content here, content here', making it look
                 like readable English.</p>
36               <br>
37 ▼             <ul class="agile-list">
38
39                   <li><span class="arrow">&RBarr;</span><a href="#about"> Expert Teaching Skills</a></li>
40                   <li><span class="arrow">&RBarr;</span><a href="#about"> Cultural Activities</a></li>
41                   <li><span class="arrow">&RBarr;</span><a href="#about"> Exclusive Tutorials</a></li>
42                   <li><span class="arrow">&RBarr;</span><a href="#about"> National Level Training</a></li>
43
44
45               </ul>
46           </div>
47 ▼             <div class="about-img">
48               <img src="img/banner3.jpg" class="img-responsive" alt="about image" />
49           </div>
50  </div>
51
```

步骤 13 然后在my.css代码页面输入样式代码，如下图所示。

```
index.html ×
源代码  my.css
23 ▼ h1, h2, h3, h4, h5, h6 {
24      margin: 0;
25      padding: 0;
26      font-family: 'Raleway', sans-serif;
27      font-weight:600;
28  }
29 ▼ p {
30      margin: 0;
31      line-height: 1.9em;
32  }
33 ▼ ul {
34      margin: 0;
35      padding: 0;
36  }
37 ▼ li {
38      list-style-type:none;
39  }
40 ▼ label {
41      margin: 0;
42  }
43
44  .banner{ width:1000px; height:328px;background-image:url(img/21.jpg.jpg);margin:0 auto}
45
46
47 ▼ .about {
48      width: 1000px;margin:10px auto
49  }
50 ▼ .about-txt {
51      float:left;width: 380px;text-align:center;border: #0A0A0A 1px;
52  }
53 ▼ .about-txt p {
54      padding: 10px;line-height: 25px;
55  }
56
57 ▼ .about-img {width: 600px;float:right;
58  background: url(img/banner3.jpg)
59  }
```

步骤 14 回到index.html页面，查看页面的设计效果，如下图所示。

Why Join Edumate

It is a long established fact that a reader will be distracted by the readable content of a page when looking at its layout. The point of using Lorem Ipsum is that it has a more-or-less normal distribution of letters, as opposed to using 'Content here, content here', making it look like readable English.

Expert Teaching Skills
Cultural Activities
Exclusive Tutorials
National Level Training

步骤 15 在my.css代码页面输入样式代码，如下图的蓝色区域所示。

```
index.html ×
源代码  my.css
38      list-style-type:none;
39  }
40 ▼ label {
41      margin: 0;
42  }
43
44  .banner{ width:1000px; height:328px;background-image:url(img/21.jpg.jpg);margin:0 auto}
45
46 ▼ .zonjian{
47      width: 1000px;margin:10px auto;
48  }
49 ▼ .about {
50     float: left;margin-top: 10px;text-align: center;
51  }
52 ▼ .about-txt {
53      float:left;width: 400px;text-align:center;border: #0A0A0A 1px;
54  }
55 ▼ .about-txt p {
56      padding: 10px;line-height: 25px;
57  }
58
59  .about-img {width: 600px;float:right;
60  }
61  .imggk{float: left;margin-left: 20px;margin-top: 20px;
62  }
63  .imglb{width: 1000px;margin:0px auto;
64  }
65  }
66  .lb-img{height: 180px;width:180px;
67  }
68  .lb-1{height: 180px;width: 180px;
69  }
70  .lb-p{height: 35px;width: 180px;margin-top:10px;text-align: center;line-height: 35px;
71  }
```

步骤 16 回到index.html页面，在“代码”视图中输入代码，如下图所示。

```
index.html* ×
源代码  my.css
44
45                  </ul>
46              </div>
47 ▼                <div class="about-img">
48                  <img src="img/banner3.jpg" class="img-responsive" alt="about image" />
49              </div>
50  </div>
51
52 ▼ <div class="imggk">
53 ▼        <div class="lb-img">
54      <div class="lb-1"></div>
55      <div class="lb-p">图片1</div>
56      </div>
57  </div>
```

步骤 17 执行“插入>Image”命令，在打开的“选择图像源文件”对话框中，选择所需的图片❶，然后单击“确定”按钮❷，如下左图所示。

步骤 18 接着查看插入的图片效果，如下右图所示。

步骤 19 在index.html代码页面输入蓝色区域部分的代码，如下图所示。

```
index.html ×
源代码  my.css
            </div>
</div>

<div class="imggk">
        <div class="lb-img">
    <div class="lb-1"><img src="img/3.jpg" width="180" height="180" alt=""/></div>
    <div class="lb-p">图片1</div>
    </div>
</div>

    <div class="imggk">
        <div class="lb-img">
    <div class="lb-1"><img src="img/b1.jpg" width="180" height="180" alt=""/></div>
    <div class="lb-p">图片2</div>
    </div>
</div>

    <div class="imggk">
        <div class="lb-img">
    <div class="lb-1"><img src="img/b2.jpg" width="180" height="180" alt=""/></div>
    <div class="lb-p">图片3</div>
    </div>
</div>

    <div class="imggk">
        <div class="lb-img">
    <div class="lb-1"><img src="img/b4.jpg" width="180" height="180" alt=""/></div>
    <div class="lb-p">图片4</div>
    </div>
</div>

    <div class="imggk">
        <div class="lb-img">
    <div class="lb-1"><img src="img/4.jpg" width="180" height="180" alt=""/></div>
    <div class="lb-p">图片5</div>
    </div>
</div>
```

步骤 20 查看页面的设计效果，如下图所示。

步骤 21 继续在index.html代码页面输入蓝色区域部分代码，如下图所示。

```
index.html*  ×
源代码  my.css
80      <div class="imggk">
81          <div class="lb-img">
82      <div class="lb-1"><img src="img/4.jpg" width="180" height="180" alt=""/></div>
83      <div class="lb-p">图片5</div>
84      </div>
85  </div>
86
87
88  <div class="bottom">
89  <div class="imggk" style="height:200px;width: 250px">
90              <ul >
91                  <li class="heading"> 联系我们</li>
92                  <li>邮编号码：000000</li>
93                  <li>电话852-957-1879</li>
94                  <li><a href="qq@1222.com">23344.com</a></li>
95              </ul>
96      </div>  </div>
```

步骤 22 在my.css代码页面输入蓝色部分代码，如下图所示。

```
index.html  ×
源代码  my.css
38      list-style-type:none;
39  }
40  label {
41      margin: 0;
42  }
43
44  .banner{ width:1000px; height:328px;background-image:url(img/21.jpg.jpg);margin:0 auto}
45
46  .zonjian{
47      width: 1000px;margin:10px auto;
48  }
49  .about {
50     float: left;margin-top: 10px;text-align: center;
51  }
52  .about-txt {
53      float:left;width: 400px;text-align:center;border: #0A0A0A 1px;
54  }
55  .about-txt p {
56      padding: 10px;line-height: 25px;
57  }
58
59  .about-img {width: 600px;float:right;
60  }
61  .imggk{float: left;margin-left: 20px;margin-top: 20px;
62  }
63  .imglb{width: 1000px;margin:0px auto;
64  }
65  }
66  .lb-img{height: 180px;width:180px;
67  }
68  .lb-1{height: 180px;width: 180px;
69  }
70  .lb-p{height: 35px;width: 180px;margin-top:10px;text-align: center;line-height: 35px;
71  }
72
73  .bottom{
74  width: 1000px;height:200px;margin:0px auto;background-image:url(img/contact.jpg);float: left;
75  }
```

步骤 23 回到index.html设计页面并查看效果，如下左图所示。

步骤 24 在代码页面执行“编辑>拷贝”命令，复制下右图所示的代码。

联系我们
邮编号码：000000
电话852-957-1879

```
<div class="imggk" style="height:200px;width: 250px">
            <ul >
                <li class="heading"> 联系我们</li>
                <li>邮编号码：000000</li>
                <li>电话852-957-1879</li>
                <li><a href="qq@1222.com">23344.com</a></li>
            </ul>
    </div>
```

步骤25 在复制的代码下方执行“编辑>粘贴”命令，复制三份代码，如下图所示。

```
index.html ×
源代码  my.css
 88 ▼ <div class="bottom">
 89 ▼ <div class="imggk" style="height:200px;width: 250px">
 90 ▼           <ul >
 91                 <li class="heading"> 联系我们</li>
 92                 <li>邮编号码：000000</li>
 93                 <li>电话852-957-1879</li>
 94                 <li><a href="qq@1222.com">23344.com</a></li>
 95             </ul>
 96     </div>
 97 ▼ <div class="imggk" style="height:200px;width: 200px">
 98 ▼           <ul >
 99                 <li class="heading"> 新闻资讯</li>
100                 <li>公司活动安排</li>
101                 <li>公司展会</li>
102                 <li>公司放假时间</li>
103             </ul>
104 </div>
105 ▼ <div class="imggk" style="height:200px;width: 200px">
106 ▼           <ul >
107                 <li class="heading">留言反馈 </font></li>
108                 <li>产品目录</li>
109                 <li>产品展示</li>
110                 <li>返回首页</li>
111             </ul>
112 </div>
113 ▼ <div class="imggk" style="height:200px;width: 200px">
114 ▼           <ul >
115                 <li class="heading">公司活动</li>
116                 <li>员工风彩</li>
117                 <li>车间情景</li>
118                 <li>公司环境</li>
119             </ul>
120 </div>
121 </div>
122
```

步骤26 对复制的代码文字内容进行修改，然后在设计页面查看效果，如下图所示。

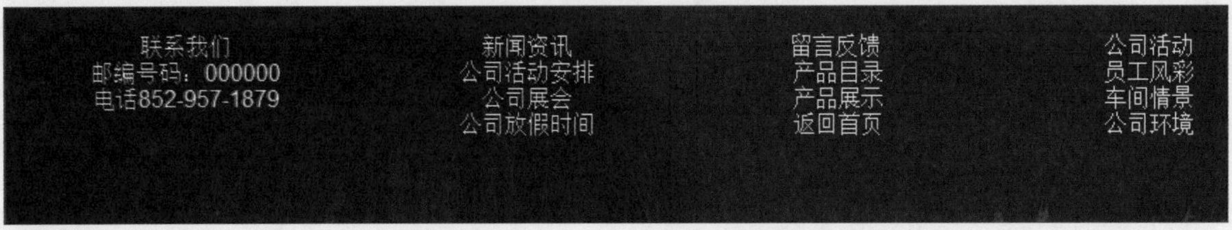

联系我们
邮编号码：000000
电话852-957-1879

新闻资讯
公司活动安排
公司展会
公司放假时间

留言反馈
产品目录
产品展示
返回首页

公司活动
员工风彩
车间情景
公司环境

步骤27 在my.css代码页面对.bottom样式进行修改，设置行的高度为25px，如下图蓝色区域所示。

```
.about-img {width: 600px;float:right;
}
.imggk{float: left;margin-left: 20px;margin-top: 20px;
}
.imglb{width: 1000px;margin:0px auto;
}
}
.lb-img{height: 180px;width:180px;
}
.lb-1{height: 180px;width: 180px;
}
.lb-p{height: 35px;width: 180px;margin-top:10px;text-align: center;line-height: 35px;
}

.bottom{
width: 1000px;height:200px;margin:0px auto;background-image:url(img/contact.jpg);float: left;line-height: 25px;
}
```

步骤28 在“设计”视图中查看设计效果，如下图所示。

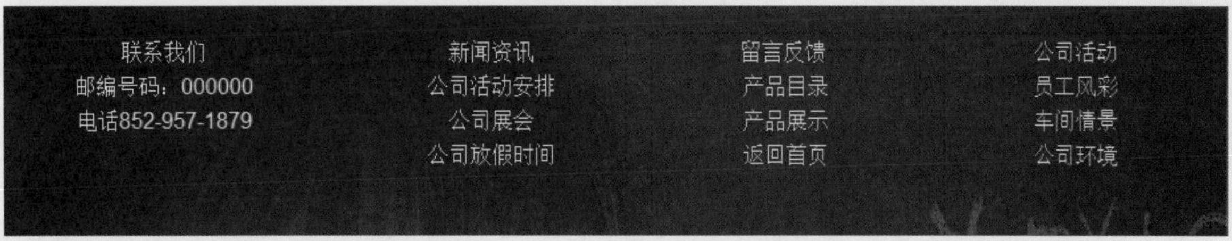
联系我们
邮编号码：000000
电话852-957-1879
新闻资讯
公司活动安排
公司展会
公司放假时间
留言反馈
产品目录
产品展示
返回首页
公司活动
员工风彩
车间情景
公司环境

步骤 29 执行“文件>保存”命令，然后按下F12功能键打开网页并查看效果，如下图所示。

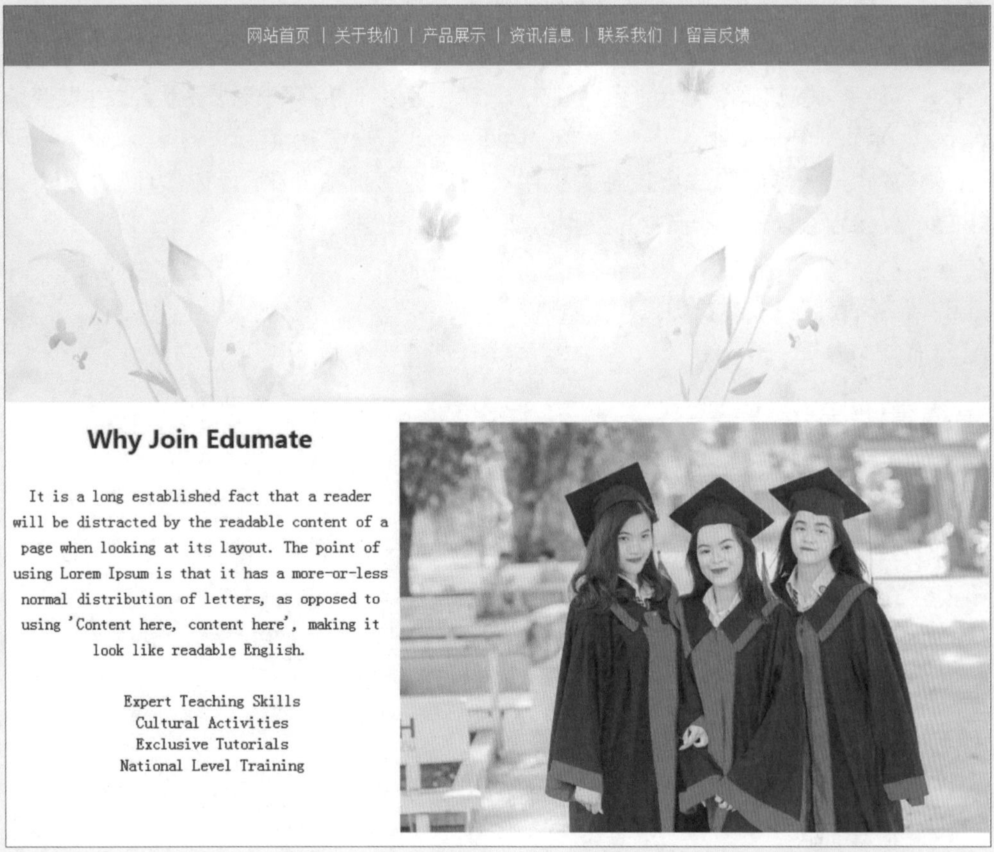
网站首页 | 关于我们 | 产品展示 | 资讯信息 | 联系我们 | 留言反馈
Why Join Edumate
It is a long established fact that a reader will be distracted by the readable content of a page when looking at its layout. The point of using Lorem Ipsum is that it has a more-or-less normal distribution of letters, as opposed to using 'Content here, content here', making it look like readable English.
Expert Teaching Skills
Cultural Activities
Exclusive Tutorials
National Level Training

课后练习

1. 选择题

（1）在创建新的CSS规则时，ID名称必须以______开头，并且可以包含任何字母和数字组合。

A. 句号　　B. 井号　　C. 逗号　　D. 星号

（2）由于______的强大功能，在不使用任何<FONT>标签的情况下，也可以为单网页增加更多的颜色选择，这就赋予了制作者更大的网页创作空间。

A. Div　　B. Table　　C. CSS　　D. Image

（3）通过______样式改变鼠标形状，鼠标放在被此项设置修饰的区域上时，形状会发生改变。

A. position　　B. clip　　C. text　　D. cursor

（4）Div标签以一个框的形式出现在文档中，所以当鼠标指针移动到该边框的边缘上时，Dreamweaver会以高亮显示该框，边缘出现______色边框。

A. 蓝　　B. 黄　　C. 黑　　D. 红

（5）打开“CSS设计器”的快捷键是______。

A. Shift+F11　　B. F11　　C. Ctrl+F11　　D. F10

2. 填空题

（1）CSS格式设置规则由两部分组成：选择符和______。

（2）在创建新的CSS规则时，类名称必须以______开头，并且可以包含任何字母和数字组合。

（3）Div的起始标签和结束标签之间所有的内容都构成一个块的，其中有包含元素的特性，是由______的属性来控制。

（4）在设置CSS属性时，在“CSS规则定义”对话框中，______选项可以定义文本大小。

（5）______是指对同一个元素或Web页面应用多个样式的能力。

3. 上机题

打开给定的素材文件，如下左图所示。结合本章所学知识，使用CSS样式表进行美化，最终的设计效果如下右图所示。

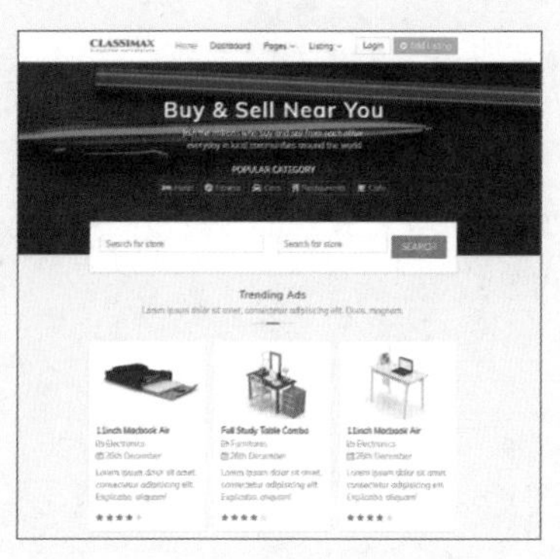

操作提示

1. 结合“CSS规则定义”相关知识操作；
2. 用CSS布局网页。

Chapter 06 框架、模板和库

本章概述

版面布局是网页设计中一项非常重要的内容，一个网页在视觉上给人的感觉，关键取决于页面的布局设计。Dreamweaver CC 2019提供了多种页面布局的工具，比如框架、模板等。本章将通过具体的实例，详细介绍框架、模板和库在网页中的应用。

核心知识点

❶ 学会框架和框架集的使用
❷ 掌握创建模板的方法
❸ 理解框架、模板和库的概念
❹ 熟练创建和应用库项目

6.1 框架

Dreamweaver框架包括框架和框架集。框架记录具体网页内容，每个框架对应一个网页；框架集是特殊的HTML文件，它定义整个框架页面中各框架的布局和属性，包括框架的数目、大小和位置，以及在每个框架中初始显示的页面URL。

6.1.1 认识框架和框架集

框架的作用就是把浏览器窗口划分为若干个区域，每个区域可以分别显示不同的网页。使用框架可以非常方便地完成导航工作，而且各个框架之间不存在干扰问题，所以框架技术一直普遍应用于页面导航，它可以让网站的结构更加清晰。

使用框架建设网站最大的特点就是使网站的风格能够保持统一。一个网站的众多网页最好都有相同的元素，做到风格的统一。可以把这个相同的元素单独做成一个页面，作为框架结构的一个子框架的内容供整个站点公用，通过这种方法来达到网站整体风格的统一。

框架主要包括两个部分，一个是框架集，另一个就是框架。框架集是在一个文档内定义一组框架结构的HTML网页，它定义了在一个窗口中显示的框架数、框架的尺寸、载入到框架的网页等；而框架则是指在网页上定义的一个显示区域。

1. 认识框架

从下图中可以看到，该网页将一个浏览器窗口分割成了左、右两部分，分别是左、右两个框架，这样使用框架分割一个页面后，同一页面里就可以调用不同的HTML文件，这种框架称为左右结构框架。这样的两个框架的结构共有三个文件，一个是框架集设置文件（这里所说的框架集实际是一个页面，用于定义文档中框架的结构、数量、尺小及装入框架的页面文件等），另外两个是内容网页文件。

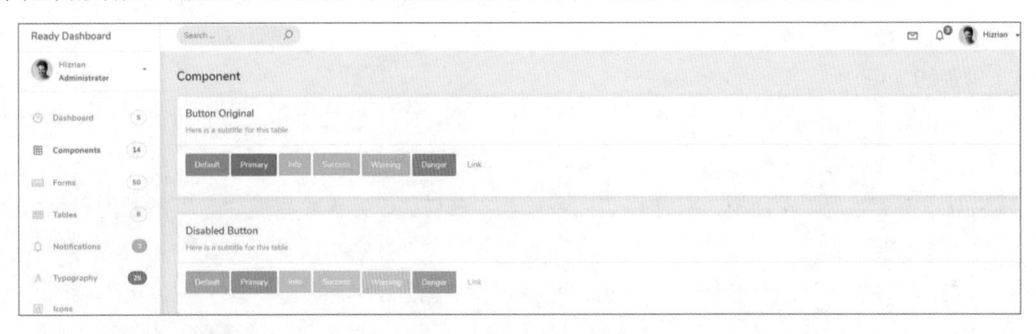

从下图可以看到，该网页将一个浏览器窗口分割成了上、中、下三个部分，分别是上、中、下三个框架，这种框架称为上下结构框架，当访问者浏览站点时，在上部和下部框架中显示的文档永远不更改。上面框架的导航条包含链接，单击其中任一链接都会更改主要内容框架的内容（中间框架为主要内容框架），但上面框架本身的内容保持静态。

2. 认识框架集

从下图可以看到，该网页将一个浏览器窗口分割成了三个部分，分别是上、下左、下右三个框架，这种框架称为嵌套结构框架，也是最复杂的一种框架。一个框架集文件可以包含多个嵌套的框架集。大多数使用框架的Web页实际上都是用嵌套的框架，并且在Dreamweaver中大多数预定义的框架集也使用嵌套。如果在一组框架里，不同行或不同列中有不同数目的框架，则要求使用嵌套的框架集。

3. 了解框架的优缺点

使用框架进行网页布局，可以规整地放置各模块的位置，能更方便地对网页进行整体观察、控制、维护和更新。下面介绍使用框架的优点和不足。

（1）框架的优点

由框架和框架集设计的网页称之为框架网页。在框架网页中，框架的使用尤为重要，使用框架有以下优点：

- 减少不必要的步骤，使用框架制作导航栏，只需要在首页设置一个导航栏，不需要为每个页面重新加载与导航相关的图形。
- 每个框架都具有自己的滚动条，用户可以独立操作这些框架，而不影响其他框架中的内容。

- 可以方便和准确地选择页面内容，使用单击框架的方式，可选择框架里相应页面上的内容。
- 使用框架规范名称定义，便于系统维护。
- 使用CSS框架可加快开发的速度，CSS框架做好了基础设置工作，提供重复的和常用的任务代码（如reset），不需要每次都从头开始写。

（2）框架的缺点

框架有它的优点，也有一些不足之处：

- 在网页设计中框架的数据设置相对表格来说比较复杂。
- 并不是所有的浏览器都能提供良好的框架支持，框架对于无法实现导航效果的浏览器来说难以显示。
- 使用框架不易使框架中的各个元素精确对齐。
- 容易产生滚动条，这些滚动条不仅占用有限的页面空间，而且也会让页面不美观。

6.1.2 创建框架

框架技术由框架集和框架两部分组成，所谓框架集，就是框架的集合，它是用于在一个文档窗口显示多个页面文档的框架结构；而框架则是集中显示出来的网页文档，在框架集中显示的每个框架都是一个独立的网页文档。下面介绍创建框架的具体操作。

步骤 01 执行“文件>新建”命令，创建一个空白的HTML文档，然后执行“插入>HTML>IFRAME”命令，如下左图所示。

步骤 02 设定框架的长度和宽度分别为“300”和“500”，代码如下右图所示。

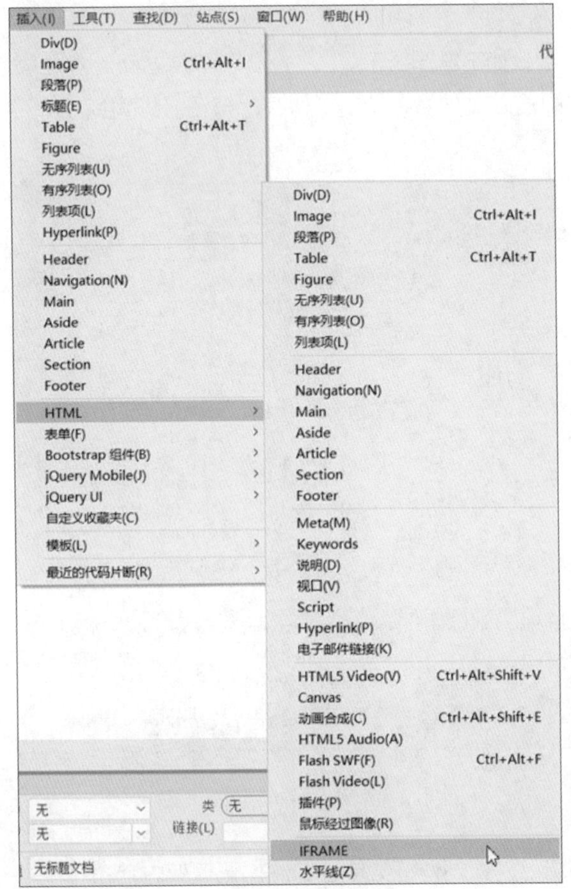

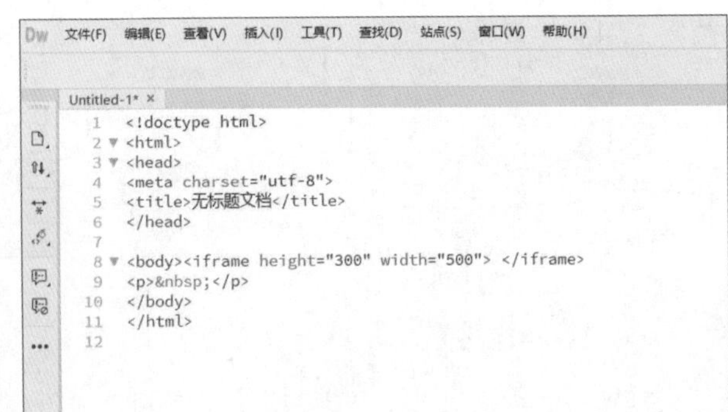

步骤 03 在“设计”窗口里显示的框架效果，如下图所示。

6.1.3 保存框架

每个框架集或者框架都与一个HTML文件相关联，框架集的HTML文件描述的是框架的结构信息，例如包括几个框架、框架长度、宽度等。

在预览或者关闭含有框架的文档时，必须先对框架集文件和框架文件进行保存。保存框架结构的网页时，需要将整个框架和框架集及其各部分文件一起保存。

步骤 01 单击需要保存的框架，执行“文件>另存为”命令，如下左图所示。

步骤 02 弹出“另存问”对话框，在“文件名”文本框中输入文件名，单击“保存”按钮，即可完成保存操作，如下右图所示。

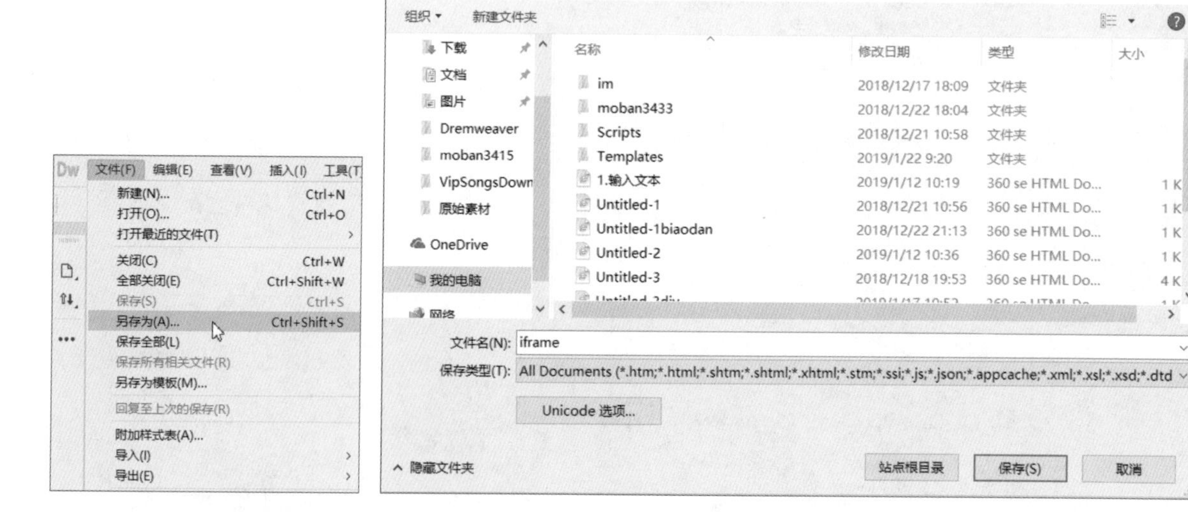

6.1.4 编辑框架

在Dreamweaver中，可以对制作好的框架进行编辑，例如制作框架链接、制作无框架内容和制作浮动框架页面等内容。本节将介绍编辑框架的具体操作。

1. 制作框架链接

使用框架的一个重要目的就是在不同的框架中显示不同的页面，每个链接都有一个“Target”属性，设置不同的“Target”属性可以使链接的页面在不同的框架或窗口中显示。

首先选择一个对象，然后为该对象建立超级链接。选择所要链接的页面后，单击“属性面板”中“目标”右侧的下拉按钮，如下图所示。

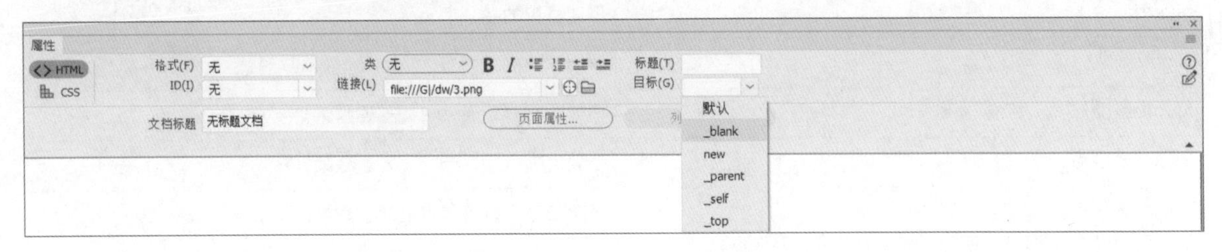

在该列表中前四个选项是由Dreamweaver给出的，后面的选项则是当前页面所包含的框架名，选择不同的框架名可以使链接的页面在不同的框架中打开。

- **_blank**：使链接的页面在新窗口中打开。
- **new**：使链接的页面打开原窗口访问链接。
- **_parent**：使链接的页面在父框架集中打开。
- **_self**：使链接的页面在当前框架中打开，取代当前框架中的内容。
- **_top**：使链接的页面在最外层的框架集中打开，取代其中的所有框架。

2. 制作无框架内容

虽然框架技术是较早使用的一种导航技术，但是仍然有一些早期版本浏览器不支持框架。对于制作人员可能无法改变这一现象，所能做的也只能是显示该浏览器不支持框架而采取的其他技术，如有些内容无法看到，仅此而已。如果用户愿意，也可以再制作一个不带框架的页面，以防不测。

使用<noframes>和</noframes>标签可以完成这一任务，当浏览器不能加载框架集文件时，会检索到<noframes>标签，并显示标签中的内容。

选择“代码”视图，在HTML源代码中插入如下所示的一段代码：

```
<noframes><body bgcolor="#ffffff">
<p align="center"您的浏览器不支持框架，本页内容无法正常浏览。</p>
<p> </p>
</body></noframes>
```

编辑完代码后，用户可直接修改框架集页面内容，完成无框架内容的编辑。

3. 制作浮动框架页面

浮动框架是一种特殊的框架页面，在浏览窗口中可以嵌套子窗口，显示页面的内容。浮动框架可以插入到页面中的任意位置，不过遗憾的是在Dreamweaver CC 2019中不能实现可视化地制作浮动框架，需要用手写代码的方式来实现。

如果要在页面中创建一个浮动代码，需要先制作好页面的其他内容，再在页面中以手写代码的方式插入浮动框架的代码。浮动框架的代码如下：

```
<iframe scr="file_url" height=value width=value name="iframe_name"align="value">
</iframe>
```

其属性的含义如下表所示。

<iframe>标记属性	描　述
scr	浮动框架中显示源文件的路径
width	浮动框架的宽度
height	浮动框架的高度
name	浮动框架的名称
align	浮动框架的排列方式
frameborder	框架边框显示属性（同普通框架）
framespacing	框架边框宽度显示（同普通框架）
scrolling	框架滚动条显示属性（同普通框架）
noresize	框架尺寸调整属性（同普通框架）
bordercolor	框架边框颜色属性（同普通框架）
marginwidth	框架边缘宽度属性（同普通框架）
marginheight	框架边缘高度属性（同普通框架）

例如，< iframe scr=test.htm width=300 height=400 name="iframe" align="center">这一句表示在页面中插入一个宽“300”、高“400”、框架名为“iframe”、居于浏览器中间的浮动框架。

在浮动框架中，也可以制作页面之间的链接。创建链接的方式同样是先给框架用name属性命令，再将链接的目标浏览器窗口指向命名的框架，只是在指向目标的时候不能可视化操作，需要修改代码进行。

实战练习 使用iframe制作网页日记

iframe内联框架在网页制作过程中是比较常用的，使用iframe内联框架，可以很容易调用其他网页内容，最大程度减少网页的代码，提高网页维护的效率。下面通过具体实例来学习iframe内联框架的使用。

步骤 01 打开Dreamweaver CC软件，创建1.html文档，在标题代码中输入“心情日记”，效果如下左图所示。

步骤 02 在代码页面输入蓝色部分代码，如下中图所示。

步骤 03 执行“插入>标题（E）>标题4（4）”命令，输入文字，如下右图所示。

```
1.html*
1  <!doctype html>
2  <html>
3  <head>
4  <meta charset="utf-8">
5  <title>心情日记</title>
6  </head>
7  <body>
8  </body>
9  </html>
10
```

```
1.html*
1  <!doctype html>
2  <html>
3  <head>
4  <meta charset="utf-8">
5  <title>心情日记</title>
6  </head>
7  <body>
8
9  <div class="cen"></div>
10
11 </body>
12 </html>
13
```

```
1.html*
1  <!doctype html>
2  <html>
3  <head>
4  <meta charset="utf-8">
5  <title>心情日记</title>
6  </head>
7  <body>
8
9  <div class="cen">
10     <h4>橘枳之别</h4>
11     </div>
12
13 </body>
14 </html>
15
```

步骤 04 执行“插入>段落”命令，输入文字，如下图蓝色部分所示。

```
<!doctype html>
<html>
<head>
<meta charset="utf-8">
<title>心情日记</title>
</head>
<body>

<div class="cen">
    <h4>橘枳之别</h4>
    <p> 当夜晚悄然降临，静静的房间里，充满着无处归还的黑暗。窗外，马列主义道路的灯火划过幽远的夜空，仿佛是遥远的天上的街市。外面冰冷的雨水吞噬着城市的夜色，城市的夜色吞噬着人们模糊的影子，这样的时候，或在思考问题，或坐在电脑前逛下网找下资料。  其实，能有这样的清闲是少见的。更多的时候，常常是凌晨起身，风尘仆仆的赶去上班。回到家已是人静的午夜了。如此的披星戴月，倒也觉得日子充实很多！
社会在不断的进步和发展，时间会让人发现到过去有很多很多的东西正从我身边流走，面对现实实事求是更是可取的，事情的好与坏没人能知，很多时候好与坏都经不起理性的追问，常使人不能有效地对事情做出价值判断，在解决现实问题时也往往捉襟见肘，人习惯于在自己的路上覬覦另一條路上的風景，总觉得自己路上的景色不能取悦自己，反而变成對照之下自已的难堪，然而如果真能易路而行，恐怕又會旧疤复发，深深怀念起前路的好，每一个叛逆冷酷的举止之下，都是无法言说的伤痛！生存，生活，生命，三种方式依次递上，游走在中间层次的人居多。 有了房子车子的。已经不会去为衣食而奔波了。但不否认还有极少的人为合理的生存而努力不止，然而无论如何都无法轻松起来。我知道这个世界上有很多人和我一样，而我却不甘心变得和他们一样，人总喜欢在梦中想象着美好的将来，然而一觉醒来并不如此，体会到美好的理想和现实之间所存在的距离，说出来，太模糊，憋心里，太难受...，懂得了那句沉甸甸的成语-------以淮为界，南为橘，北为枳。叶徒相似，其味道却全然不同。。。。</p>
    </div>

</body>
</html>
```

步骤05 对文字内容添加换行符号代码
，如下图蓝色部分所示。

```
<!doctype html>
<html>
<head>
<meta charset="utf-8">
<title>心情日记</title>
</head>
<body>

    <div class="cen">
        <h4>橘枳之别</h4>
        <p> 当夜晚悄然降临，静静的房间里，充满着无处归还的黑暗。窗外，马列主义道路的灯火划过幽远的夜空，仿佛是遥远的天上的街市。<br/>
        <br/>外面冰冷的雨水吞噬着城市的夜色，城市的夜色吞噬着人们模糊的影子，这样的时候，或在思考问题，或坐在电脑前逛下网找下资料。
        <br/><br/> 其实，能有这样的清闲是少见的。更多的时候，常常是凌晨起身，风尘仆仆的赶去上班。回到家已是人静的午夜了。如此的披星戴月，倒也觉得日子充实很多！<br/><br/>
社会在不断的进步和发展，时间会让人发现到过去有很多很多的东西正从我身边流走，面对现实实事求是更是可取的，事情的好与坏没人能知，<br/><br/>很多时候好与坏都经不起理性的追问，常使人不能有效地对事情做出价值判断，<br/><br/>在解决现实问题时也往往捉襟见肘，人习惯于在自己的路上覬覦另一條路上的風景，总觉得自己路上的景色不能取悦自己，<br/><br/>反而变成對照之下自已的难堪，然而如果真能易路而行，恐怕又會旧疤复发，深深怀念起前路的好，每一个叛逆冷酷的举止之下，都是无法言说的伤痛！

      <br/><br/>生存，生活，生命，三种方式依次递上，游走在中间层次的人居多。 <br/><br/>有了房子车子的。已经不会去为衣食而奔波了。但不否认还有极少的人为合理的生存而努力不止，然而无论如何都无法轻松起来。<br/><br/>我知道这个世界上有很多人和我一样，而我却不甘心变得和他们一样，人总喜欢在梦中想象着美好的将来，<br/><br/>然而一觉醒来并不如此，体会到美好的理想和现实之间所存在的距离，说出来，太模糊，憋心里，太难受...，<br/><br/>懂得了那句沉甸甸的成语-------以淮为界，南为橘，北为枳。叶徒相似，其味道却全然不同。。。。</p>
    </div>

</body>
</html>
```

步骤06 在“设计”视图查看设计页面效果，如下图所示，然后执行“文件>保存”命令，保存文件。

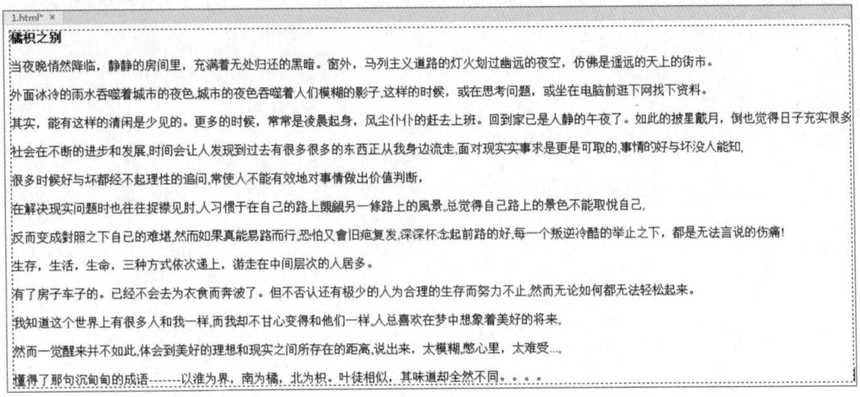

橘枳之别

当夜晚悄然降临，静静的房间里，充满着无处归还的黑暗。窗外，马列主义道路的灯火划过幽远的夜空，仿佛是遥远的天上的街市。

外面冰冷的雨水吞噬着城市的夜色，城市的夜色吞噬着人们模糊的影子，这样的时候，或在思考问题，或坐在电脑前逛下网找下资料。

其实，能有这样的清闲是少见的。更多的时候，常常是凌晨起身，风尘仆仆的赶去上班。回到家已是人静的午夜了。如此的披星戴月，倒也觉得日子充实很多

社会在不断的进步和发展，时间会让人发现到过去有很多很多的东西正从我身边流走，面对现实实事求是更是可取的，事情的好与坏没人能知，

很多时候好与坏都经不起理性的追问，常使人不能有效地对事情做出价值判断，

在解决现实问题时也往往捉襟见肘，人习惯于在自己的路上覬覦另一條路上的風景，总觉得自己路上的景色不能取悦自己，

反而变成對照之下自已的难堪，然而如果真能易路而行，恐怕又會旧疤复发，深深怀念起前路的好，每一个叛逆冷酷的举止之下，都是无法言说的伤痛！

生存，生活，生命，三种方式依次递上，游走在中间层次的人居多。

有了房子车子的。已经不会去为衣食而奔波了。但不否认还有极少的人为合理的生存而努力不止，然而无论如何都无法轻松起来。

我知道这个世界上有很多人和我一样，而我却不甘心变得和他们一样，人总喜欢在梦中想象着美好的将来，

然而一觉醒来并不如此，体会到美好的理想和现实之间所存在的距离，说出来，太模糊，憋心里，太难受...，

懂得了那句沉甸甸的成语-------以淮为界，南为橘，北为枳。叶徒相似，其味道却全然不同。。。。

步骤07 在“代码”视图中对文字内容添加样式代码，如下图所示。

```
<!doctype html>
<html>
<head>
<meta charset="utf-8">
<title>心情日记</title>
<style>
body{font-family : 逐浪空也汉服创艺楷体;font-size : 14pt;}
.cen{width: 700px;height: 800px;margin:0 auto;padding: 10px;white-space:normal; }
</style>

</head>
<body>
```

步骤 08 查看设计页面效果，如下左图所示。

步骤 09 执行“文件>新建”命令，创建2.html文档，如下右图所示。

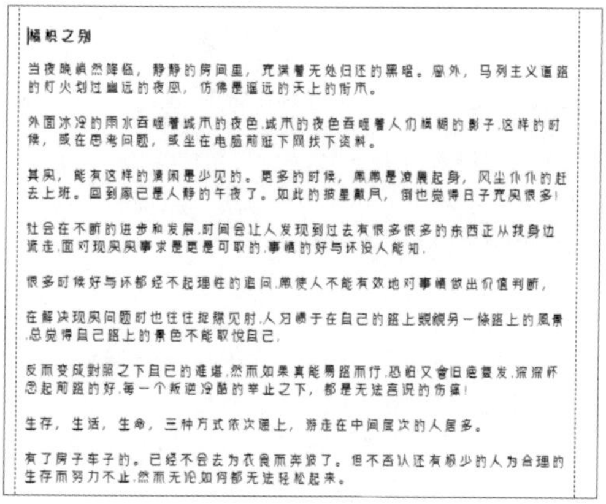

橘枳之别

当夜晚悄然降临，静静的房间里，充满着无处归还的黑暗。窗外，马列主义道路的灯火划过幽远的夜空，仿佛是遥远的天上的街市。

外面冰冷的雨水吞噬着城市的夜色,城市的夜色吞噬着人们模糊的影子,这样的时候，或在思考问题，或坐在电脑前逛下网找下资料。

其实，能有这样的清闲是少见的。更多的时候，总是凌晨起身，风尘仆仆的赶去上班。回到家已是人静的午夜了。如此的披星戴月，倒也觉得日子充实很多!

社会在不断的进步和发展,时间会让人发现到过去有很多很多的东西正从我身边流走,面对现实实事求是更是可取的,事情的好与坏没人能知.

很多时候好与坏都经不起理性的追问,总使人不能有效地对事情做出价值判断,

在解决现实问题时也往往捉襟见肘,人习惯于在自己的路上觊觎另一条路上的风景,总觉得自己路上的景色不能取悦自己.

反而变成對照之下自己的难堪,然而如果真能易路而行,恐怕又會旧病复发,深深怀念起前路的好,每一个叛逆冷酷的举止之下，都是无法言说的伤痛!

生存，生活，生命，三种方式依次递上，游走在中间层次的人居多。

有了房子车子的。已经不会去为衣食而奔波了。但不否认还有极少的人为合理的生存而努力不止,然而无论如何都无法轻松起来。

1.html × 2.html* ×

```
1  <!doctype html>
2  <html>
3  <head>
4  <meta charset="utf-8">
5  <title>使用iframe制作网页日记</title>
6  </head>
7  <body>
8  </body>
9  </html>
10 
```

步骤 10 在“2.html”文档代码页面输入蓝色部分代码，如下图所示。

1.html × 2.html ×

```
1  <!doctype html>
2  <html>
3  <head>
4  <meta charset="utf-8">
5  <title>使用iframe制作网页日记</title>
6  </head>
7  <body>
8  
9          <div class="cen2">
10          <a href="1.html">
11          <iframe  src="1.html"  width="700px" height="700px"></iframe>
12         </a>
13         </div>
14 
15 </body>
16 </html>
17 
```

步骤 11 在代码页面添加样式代码，如下图所示。

1.html × 2.html* ×

```
1  <!doctype html>
2  <html>
3  <head>
4  <meta charset="utf-8">
5  <title>使用iframe制作网页日记</title>
6  <style>
7  body{background-image: url(images/banner.jpg) }
8  .cen2{width: 750px;height: 800px;margin:0 auto;background: #FFF9F9    }
9  </style>
10 </head>
11 <body>
12 
13         <div class="cen2">
14          <a href="1.html">
15          <iframe  src="1.html"  width="700px" height="700px"></iframe>
16         </a>
17         </div>
18 
19 </body>
20 </html>
21 
```

步骤 12 在“设计”视图查看效果，然后按下F12功能键浏览网页效果，如下图所示。

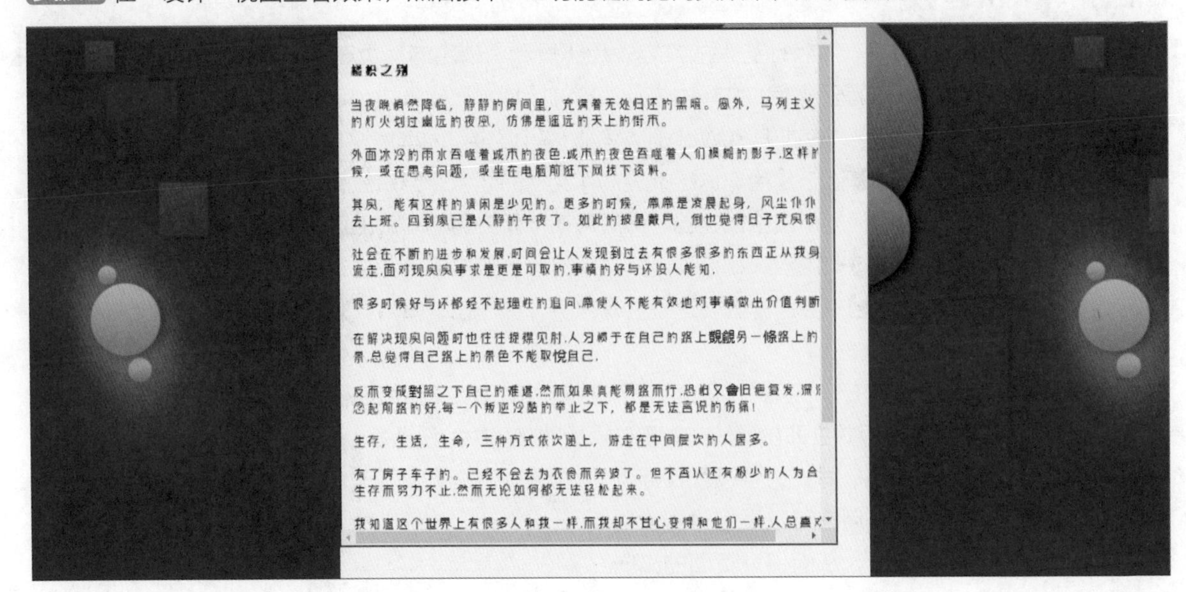

步骤 13 移动光标至框架边缘，双击可以打开“1.html”文档浏览网页，如下图所示。

橘枳之别

当夜晚悄然降临,静静的房间里,充满着无处归还的黑暗。窗外,马列主义道路的灯
过幽远的夜空,仿佛是遥远的天上的街市。

外面冰冷的雨水吞噬着城市的夜色,城市的夜色吞噬着人们模糊的影子,这样的时
在思考问题,或坐在电脑前逛下网找下资料。

其实,能有这样的清闲是少见的。更多的时候,常常是凌晨起身,风尘仆仆的赶去上
回到家已是人静的午夜了。如此的披星戴月,倒也觉得日子充实很多!

社会在不断的进步和发展,时间会让人发现到过去有很多很多的东西正从我身边流
面对现实实事求是更是可取的,事情的好与坏没人能知,

很多时候好与坏都经不起理性的追问,常使人不能有效地对事情做出价值判断,

在解决现实问题时也往往提襟见肘,人习惯于在自己的路上觊觎另一條路上的風景
觉得自己路上的景色不能取悦自己,

反而变成對照之下自己的难堪,然而如果真能易路而行,恐怕又會旧疤复发,深深怀
前路的好,每一个叛逆冷酷的举止之下,都是无法言说的伤痛!

生存,生活,生命,三种方式依次递上,游走在中间层次的人居多。

有了房子车子的。已经不会去为衣食而奔波了。但不否认还有极少的人为合理的
存而努力不止,然而无论如何都无法轻松起来。

我知道这个世界上有很多人和我一样,而我却不甘心变得和他们一样,人总喜欢在

6.2 模板

模板可以理解为一种模型，用这个模型可以对网站中的网页进行改动，并加入个性化的内容。也可以把模型理解为一种特殊类型的网页，主要用于创建具有固定结构和共同格式化的网页。

6.2.1 认识模板

Dreamweaver模板是一种特殊类型的文档，用于设计“锁定的”页布局。模板创作者设计页面布局，并在模板中创建可以在基于模板的文档中进行编辑的区域。在模板中，设计者控制哪些页面元素可以由模板用户（如作家、图形艺术家或其他Web开发者）进行编辑。简单地说，模板是一种用来制作带有固定特征和共同格式的文档的基础，是用户进行批量制作文档的起点。当希望编写某种带有共同格式和特征的文档时，可以通过一个模板制作出新的文档，然后再在该新文档的基础上进行编写。在编辑网页时，如果在每个文档中都重复添加这些内容，既麻烦，又容易出错。如果将这些格式存储为模板，再通过该模板创建新文档，所生成的新文档中会自动出现这些共有内容，这样在编辑网页时，只需输入每个文档中不同的内容就可以了。

模板最强大的用途之一在于一次更新多个页面。从模板创建的文档与该模板保持链接状态（除非以后分离该文档），可以修改模板并立即更新所有基于该模板的文档中的设计。

模板的建立与其他文档相同，只不过在保存上有所差异。在一个模板中，用户可以根据需要设置可编辑区域与不可编辑区域，从而保证页面的某些区域是可以修改的，而某些区域不能修改。

利用模板面板，可以完成大多数的模板操作。要显示模板面板，可以按照如下方法进行操作。

执行“窗口>资源”命令，即可显示“资源”面板，在面板的左面选择“模板”图标，即可显示资源中的模板，如右图所示。

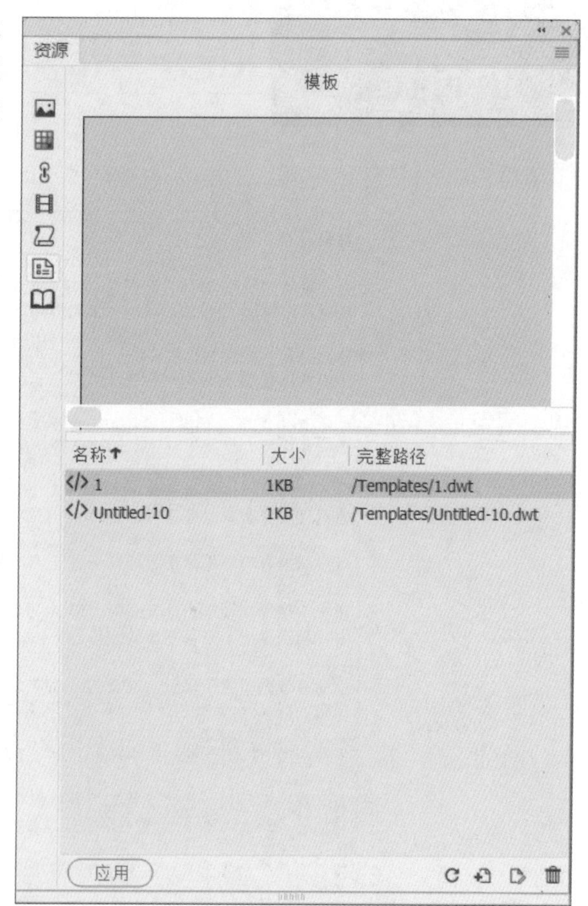

- **菜单按钮：** 单击后弹出一个菜单，可以从该菜单中选择相关命令，执行与模板有关的大多数操作。
- **“应用”模板按钮：** 将模板列表区选择的模板应用于当前文档。
- **“刷新站点列表”按钮：** 刷新站点列表。
- **“新建模板”按钮：** 新建模板。
- **“编辑”按钮：** 单击要编辑的模板页进入编辑模式，并打开编辑窗口以便对模板进行编辑。
- **“删除”按钮：** 删除模板列表中选中的模板。

此外，打开“插入”工具栏，选择“模板”选项，就会显示模板对象，如下图所示。

- **创建模板**：创建一个新的模板。
- **创建嵌套模板**：创建一个模板的嵌套。
- **可编辑区域**：创建一个可以编辑的区域。
- **可选区域**：创建可以选择的区域。
- **重复区域**：创建重复的区域。
- **可编辑的可选区域**：创建可编辑可选择的区域。
- **重复表格**：在表格中设置反复的区域。

6.2.2 创建模板

了解了模板的基本概念后，可以创建模板文件。在Dreamweaver CC 2019中，用户可以将现有的HTML文档制作成模板，然后根据需要加以修改，或制作一个空白模板，在其中输入需要显示的文档内容。创建模板有以下三种方法。

1. 直接创建模板

执行“窗口>资源”命令，单击“模板”按钮，切换到“模板”面板。在“模板”面板的列表区单击鼠标右键，在快捷菜单中选择“新建模板”选项，这时在列表区中出现一个未命名的模板文件，如右图所示，可为其命名。

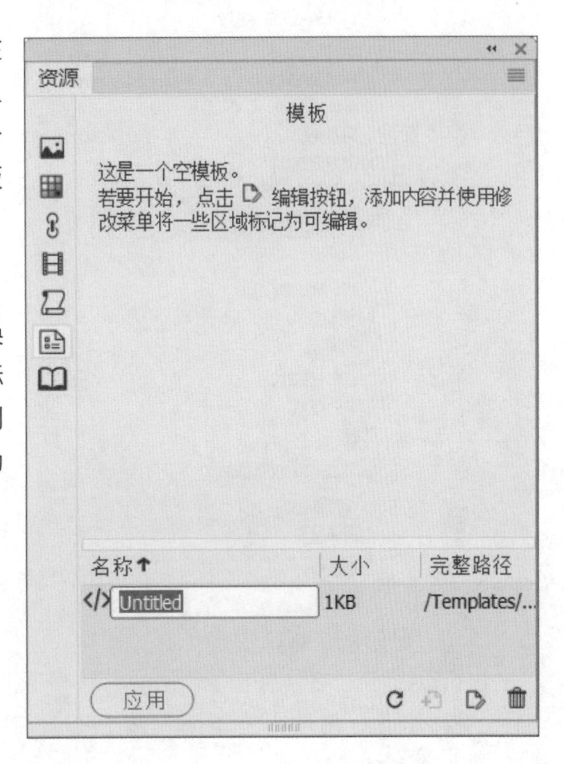

然后单击“编辑”模板按钮，打开模板进行编辑。窗口左上角会出现模板的名称，如下图所示。下面就可以使用表格排版等基本技术来编辑模板的内容了。按下Ctrl+S组合键存盘后，模板即建立完成。

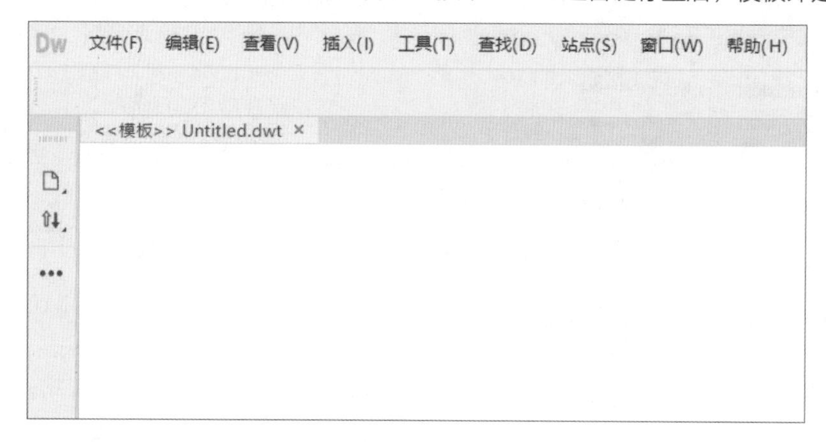

2. 将普通网页另存为模板

建立模板的另一种方法是将模板网页另存为模板，具体操作如下。

首先打开一个已经制作完成的网页，删除网页中存在差别的区域，保留相同的区域。执行“文件>另存为模板”命令，如下左图所示。打开“另存模板”对话框，将网页另存为模板。

在“另存模板”对话框中，“现存的模板”列表框中显示当前站点中的所有模板。“另存为”文本框用来设置另存为模板的名称。“保存”按钮是将当前网页转换成模板，同时将模板另存到选择的站点中。此时在“另存为”对话框中输入“moban”，单击“保存”按钮，即可保存模板，如下右图所示。系统将自动在根目录下创建moban文件夹，并将创建的模板文件保存在该文件夹中。

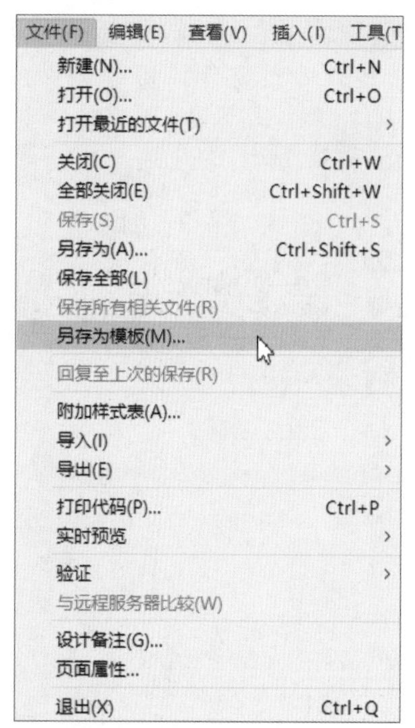

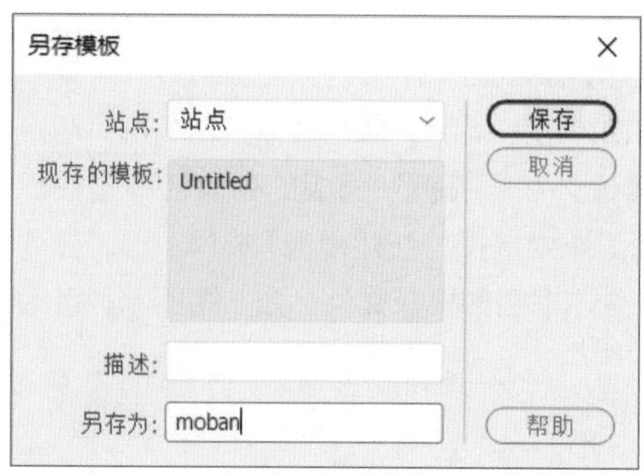

3. 从文件菜单新建模板

也可以执行“文件>新建”命令，打开如下图所示的对话框，然后在类别中选择“新建文档”，并选取相关的模板类型，直接单击“创建”按钮即可。

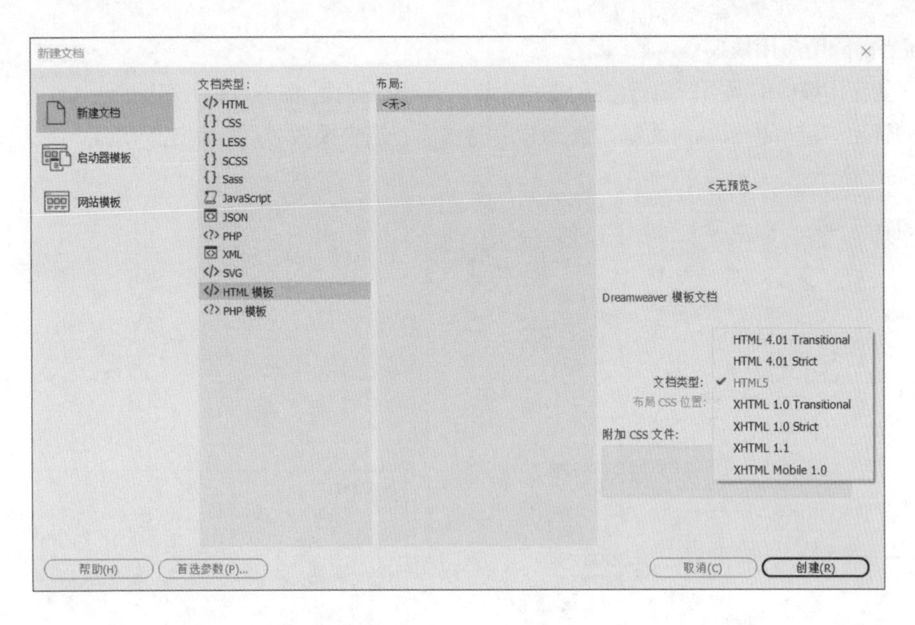

创建模板后，可以采取如下方法重命名模板。

在“资源”面板的模板列表中，单击要重命名的模板项名称，即可激活其文本编辑状态；也可以单击面板右上角的菜单按钮，打开快捷菜单，然后执行“重命名”命令，同样可以激活其文本编辑状态，然后输入需要的新名称即可。

如果想要取消对模板的命名，在文本编辑状态尚处于激活状态时，可以按下Esc键退出，否则只能重新输入。

对模板的重命名实际上就是对模板文件的重命名，可以从站点窗口的相关目录中看到重命名后的模板文件，因此也可以在站点窗口中直接对模板进行重命名。

6.2.3 应用模板

模板是一种用来设计具有固定页面布局的文档，使用它不仅可以使整个网站的风格统一，还可以极大地缩短网站开发的时间。对于具有若干相同版式结构的网站来说，应用模板无疑是最好的选择。

1. 应用模板创建网页

（1）使用“新建文档”对话框创建网页

在Dreamweaver CC 2019窗口中打开“文件”菜单，选择“新建”选项，打开“新建文档”对话框。在“新建文档”对话框中单击“启动器模板”标签，如下图所示。

此时，对话框中列出各站点中的模板，从中选择一个模板，单击“创建”按钮，将基于这个模板创建一个网页。

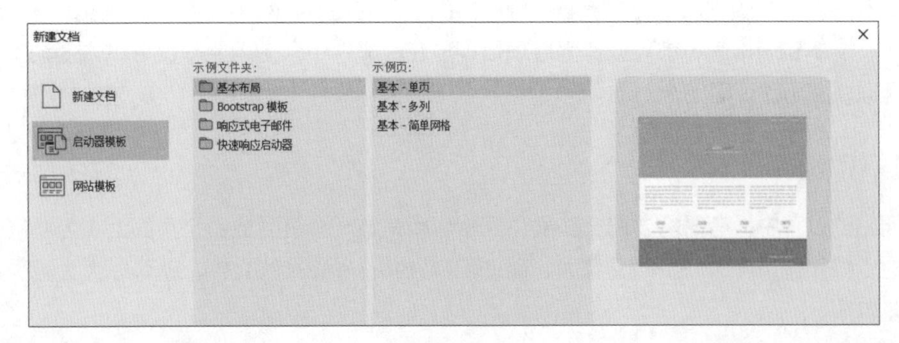

（2）对当前网页应用模板

步骤 01 打开要套用模板的网页，执行“工具>模板>应用模板到页”命令，如下左图所示。

步骤 02 随即弹出“选择模板”对话框，选择套用的模板。选中模板之后，单击“选定”按钮，即可应用模板，如下右图所示。

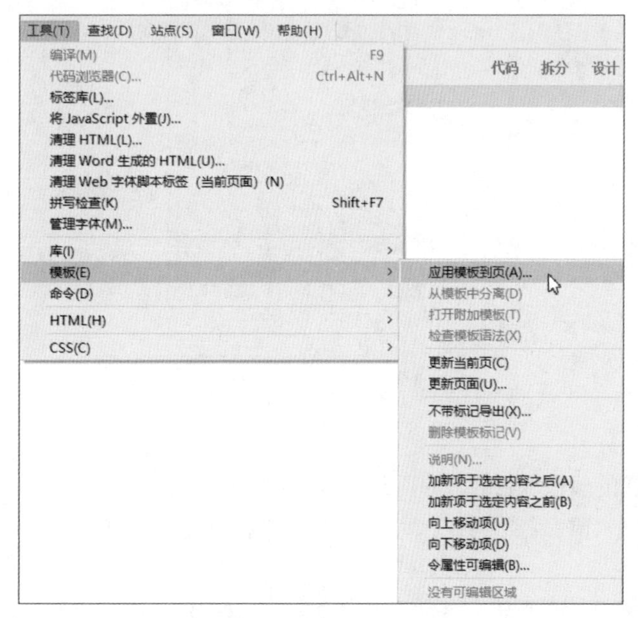

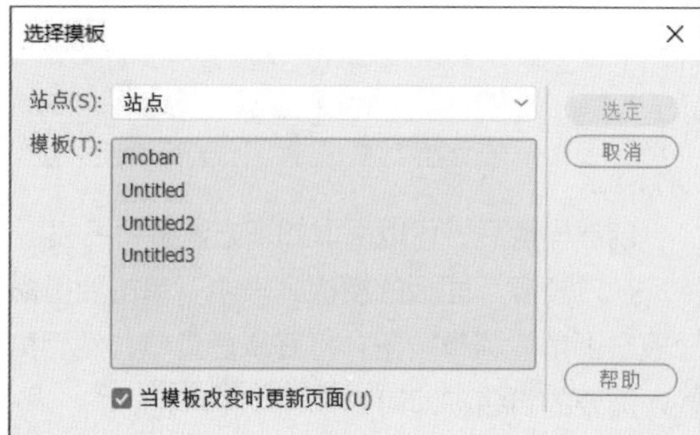

- **站点：** 设置模板来源的站点，可以套用不同站点的模板。
- **模板：** 选择套用的模板。

2. 使用模板更新页面

有些时候，需要对模板的不可编辑区域进行编辑，例如添加网页的样式、行为等，或者要创建不同形式的网页外观，这时都需要将模板生成的网页脱离原来的模板，脱离方法如下。

首先打开模板生成的网页，执行“工具>模板>从模板中分离”命令，模板生成的网页即脱离模板，成为普通的网页。

对模板进行修改，保存这个模板后，将弹出“更新模板文件”对话框，单击“更新”按钮，将根据模板的改动自动更新这些网页。

6.3 库

库可以理解为用来存放站点中经常重复使用的页面元素的场所，对于使用比较频繁的一些页面元素，如图像、表单、文本和表格等，都可以作为库项目存放在库文件中，使用库不仅可以方便地插入一些常用对象，而且可以快速更新页面元素。

6.3.1 认识库

在制作网站的过程中，有时需要把一些网页元素应用在数十个甚至数百个页面上，当要修改这些多次使用的页面时，如果逐页修改既费时又费力，而使用Dreamweaver的文件，就可以大大减少这种重复劳动，避免很多麻烦。

Dreamweaver CC 2019允许把网站中需要重复使用的或需要经常更新的页面元素（如图像、文本等）存入库中，存入库中的元素被称为库项目。当需要的时候，可以把库项目拖放到文档中，这时Dreamweaver CC 2019会在文档中插入该库项目的HTML源代码的一份备份，并创建一个对外库项目的引用。通过修改库项目，然后使用“工具>库”子菜单中的更新命令，即可实现整个网站各个页面中与库项目相关内容的一次性更新，既快捷又方便。Dreamweaver CC 2019允许用户为每个站点定义不同的库。

库是网页中一段HTML代码，而模板本身则是一个文件。Dreamweaver CC 2019将库项目存放在每个站点的本地根目录下的Library文件中，扩展名为“.lbi”；将所有的模板文件都存放在站点根目录下的Templates子目录中，扩展名为“.dwt”。库是一种特殊的Dreamweaver文件，其中包含已创建并可放在Web页上的单独资源或资源副本的集合，库里的这些资源被称为库项目。

库和模板的区别为：模板主要是保持页面统一，而库文件不是为了保持相同的一小部分内容，更主要的是为了满足经常修改的需要，而且它比模板更加灵活，它可以放置在页面的任何位置，而不是固定的同一位置。

6.3.2 创建库项目

库项目可以实现对文件风格的维护。创建库项目有两种方法，即新建库文件和将网页内容转化为库文件，下面介绍创建库项目的具体操作步骤。

1. 新建库文件

执行“窗口>资源”命令，弹出“资源”面板，如下左图所示。单击“资源”面板库分类中的“新建库项目”按钮，新的库文件出现在窗口中，给新库文件命名，如下右图所示。然后执行“文件>保存”命令，保存库文件。

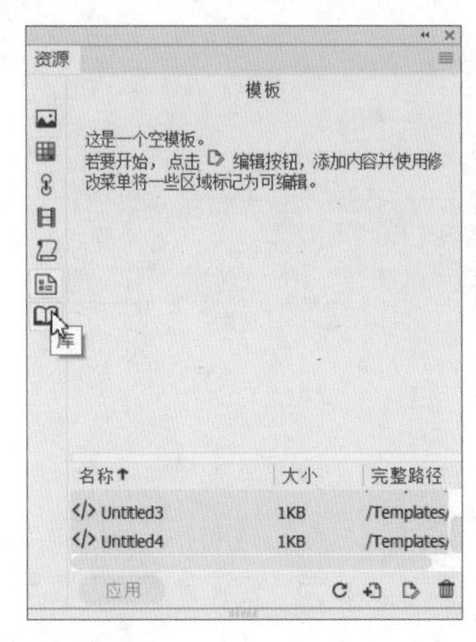

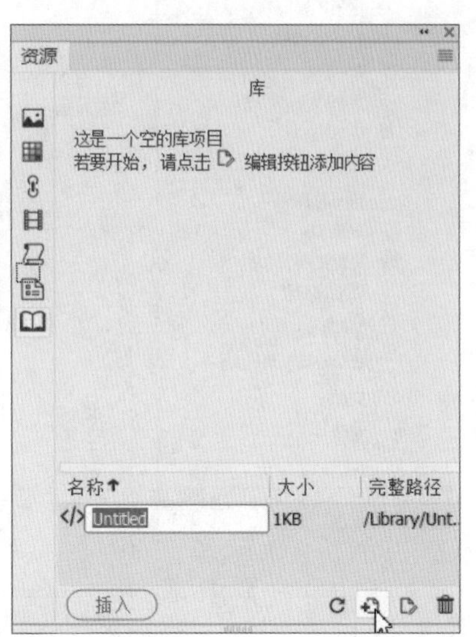

2. 将网页内容转换为库文件

也可以直接将网页中现有的内容转换为库文件，操作方法如下。

步骤 01 选中需要转换的内容，在菜单栏中执行“工具>库>增加对象到库”命令，如下左图所示，将选中的版权内容转换为库文件。

步骤 02 库文件的内容出现在库面板中，输入名称，给新建的库命名，如下右图所示。

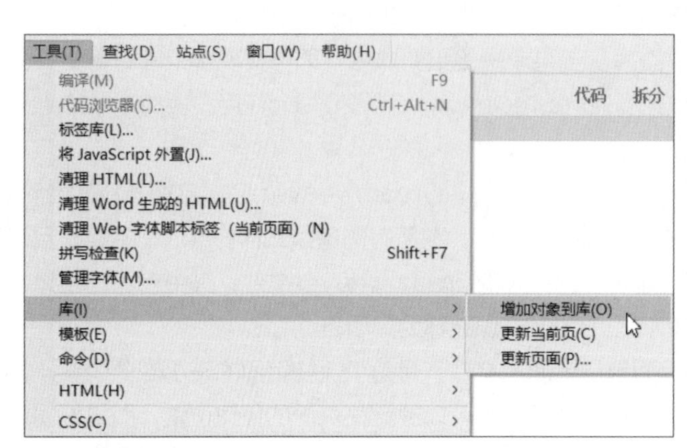

6.3.3 编辑库项目

编辑库项目时，Dreamweaver CC 2019将自动更新网站中使用该项目的所有文档。如果选择不更新，那么文档将保持与库项目的关联。编辑库项目包括更新库项目、重命名库项目和删除库项目等。

执行“窗口>资源”命令，弹出“资源”面板，右击库项目名称，在弹出的快捷菜单中选择“编辑”命令，如下左图所示。

在“资源”面板中直接双击库项目名，Dreamweaver会在文档中打开该库项目，如下右图所示。接着在文档中进行编辑，然后执行“文件>保存”命令。

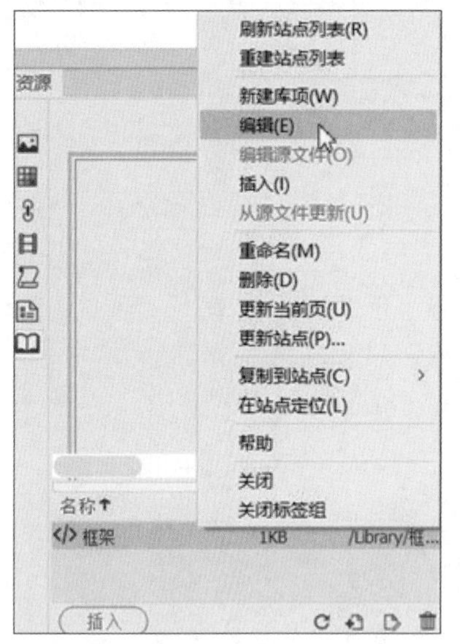

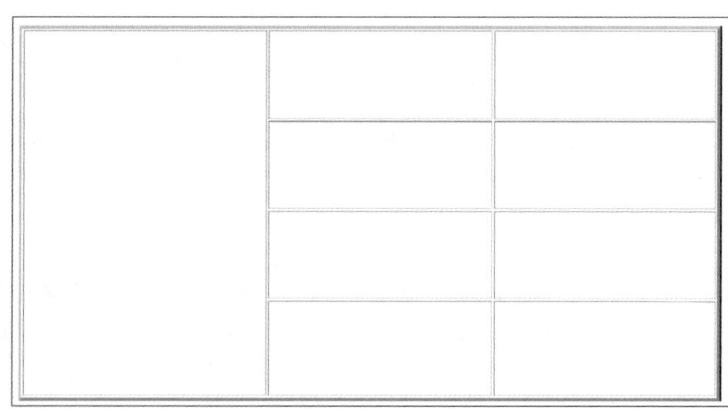

1. 更新库项目

建立大型网站时会有很多副页面框架模式，甚至一些细节元素都是相同的，但令人困扰的是更新时会有些麻烦，要一遍一遍反复更新每个页面元素，大至整个页面框架，小至一个字符，下面就来介绍一下更新库项目的过程。

在“资源”面板中双击库项目，在文档编辑窗口中打开库项目，可在文档窗口中对库项目进行编辑。编辑完毕执行“工具>库>更新页面”命令，单击“开始”命令，如下图所示，即可完成库项目的更新。

2. 重命名库项目

要重命名库项目，首先执行“窗口>资源”菜单命令，打开“资源”面板，单击左侧的“库”按钮，进入“库”面板，选择要重命名的库项目，然后单击右键，从弹出的快捷菜单中选择“重命名”命令，当名称变为可编辑状态时输入一个新名称即可。单击库名称以外的任意区域或按Enter键，即可重命名库项目。

3. 删除库项目

删除库项目的具体步骤如下。

步骤01 在“资源”面板❶中单击左侧的“库”按钮❷，如下左图所示。

步骤02 选择要删除的库项目并右击，在弹出的快捷菜单中选择“删除”命令，如下右图所示。

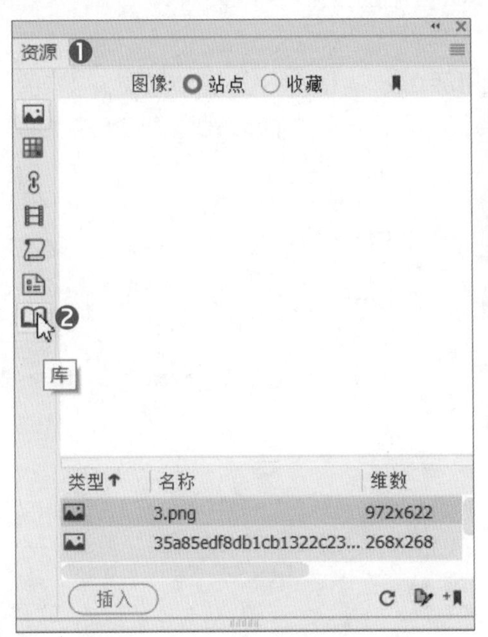

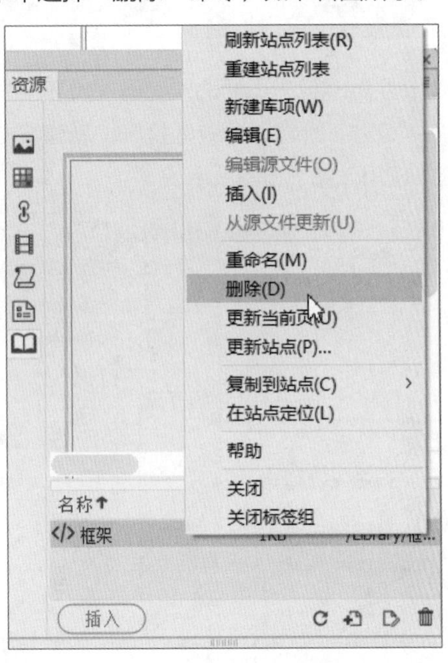

步骤03 然后在弹出的对话框中单击“是”按钮，删除库项目，如右图所示。用户也可以按Delete键，确定要删除的库项目。此时Dreamweaver将从库中删除该项目，但不会更改任何项目的文档的内容。

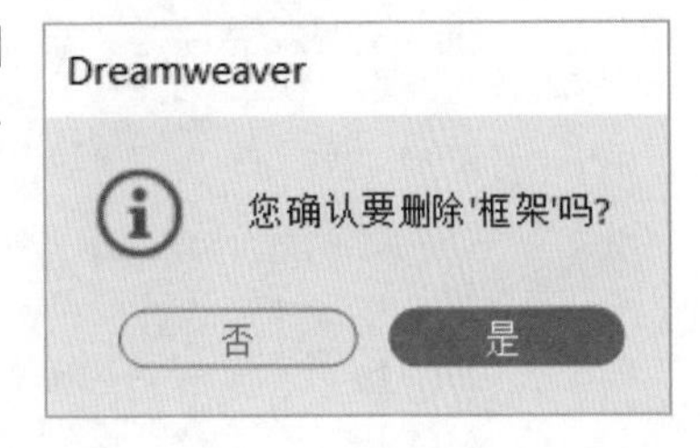

实战练习 使用库制作网页产品展示

库是用来存储想要在整个网站上经常重复使用或更新的页面元素，使用库可以很好地解决改动网站这个问题。如果使用了库，就可以通过改动库更新所有采用库的网页，不用一个一个地修改网页元素或者重新制作网页，比起使用模板，有更大的灵活性。

步骤 01 打开Dreamweaver CC软件，执行“文件>新建”命令，打开“新建文档”对话框，在“标题”文本框内输入合适的标题名，然后单击“创建”按钮，如下左图所示。

步骤 02 执行“文件>另存为”命令，在打开的对话框中的文件名文本框内输入dr-ku，单击“保存”按钮。在dr-ku.html代码页面查看效果，如下右图所示。

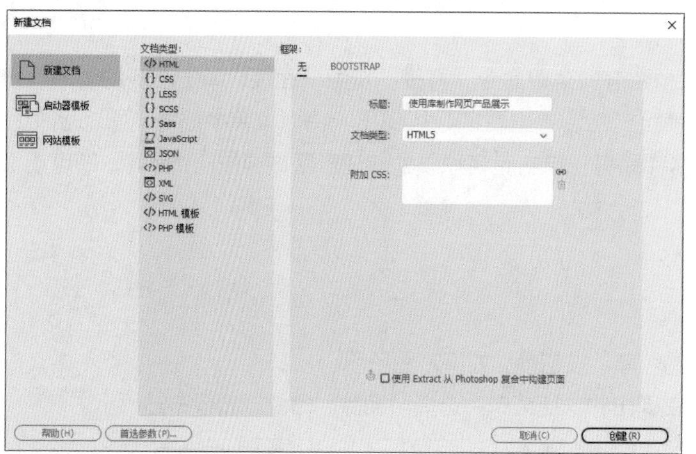

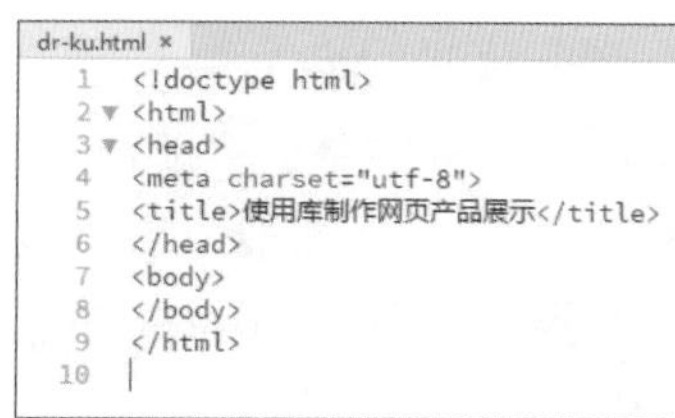

步骤 03 在dr-ku.html代码页面输入代码，如下左图所示。

步骤 04 执行“文件>新建”命令，打开“新建文档”对话框，在“文档类型”列表框中选择css选项，单击“创建”按钮，如下右图所示。

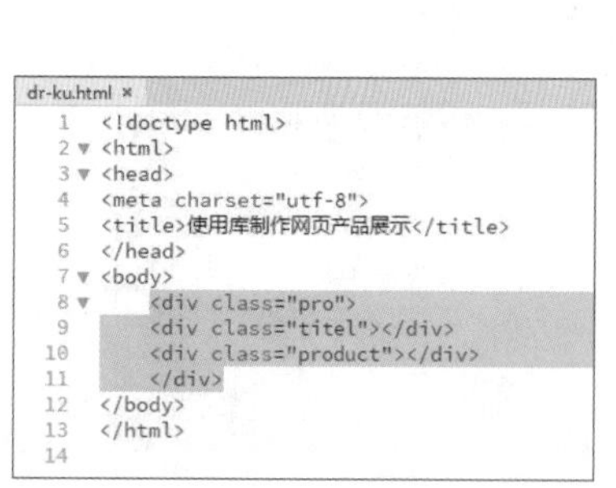

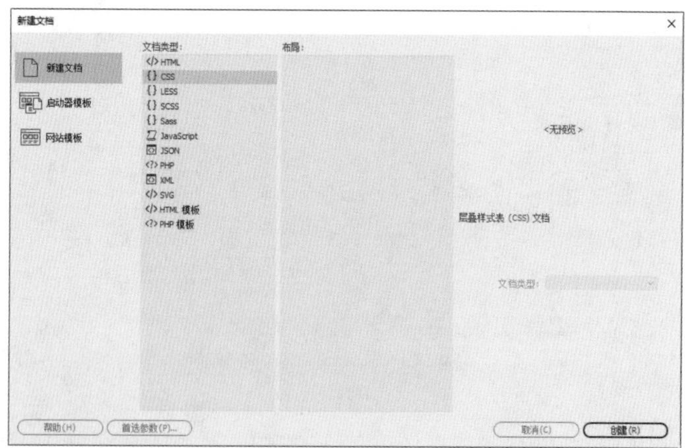

步骤 05 执行“文件>另存为”命令，保存文档为ku.css，然后在代码页面输入下图蓝色部分所示的代码。

```
dr-ku.html* ×
源代码  ku.css*
1  @charset "utf-8";
2  body, div, ul, li{margin:0; padding:0;font-style: normal;font-family:"字心坊小令体常规体";font:16px ,Arial,
   Helvetica, sans-serif}
3
4  .pro{margin:0 auto; padding:10px; width:800px;height: 600px;
5  }
6  .product{margin-top:10px; width:800px;height: 570px;
7  }
8  .titel{margin-top:10px; width:800px;height:30px;
9  }
```

步骤 06 在dr-ku.html代码页面输入蓝色部分的代码，表示dr-ku.html页面调用ku.css文档样式，如下图所示。

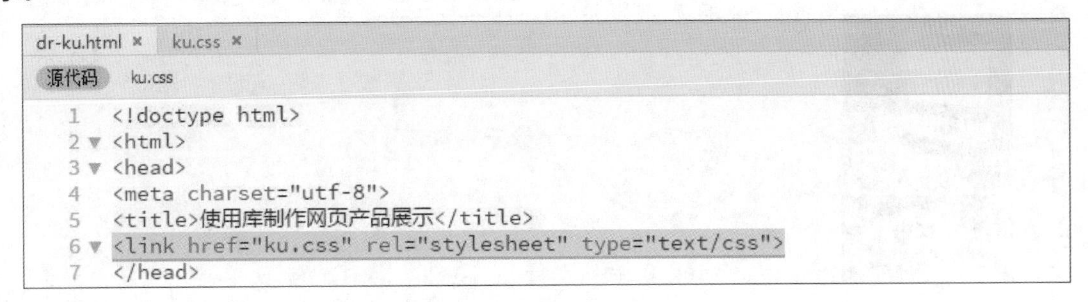

步骤 07 查看dr-ku.html文档设计的页面效果，如下左图所示。

步骤 08 执行“窗口>资源”命令，打开“资源”面板❶，单击“库”图标📖❷，如下右图所示。

步骤 09 在“库”选项面板右侧空白处单击鼠标右键，在打开的快捷菜单中选择“新建库项”命令，如下左图所示。

步骤 10 输入ku-moban库项目名称，创建ku-moban库元素，如下中图所示。

步骤 11 然后双击ku-moban库元素，打开ku-moban库项目编辑页面，在“代码”视图中输入蓝色部分代码，如下右图所示。

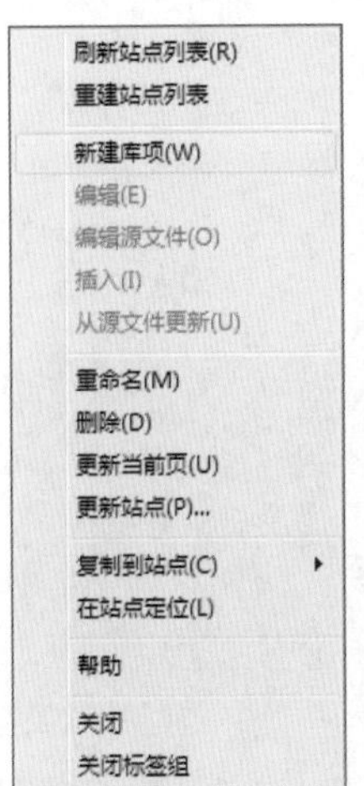

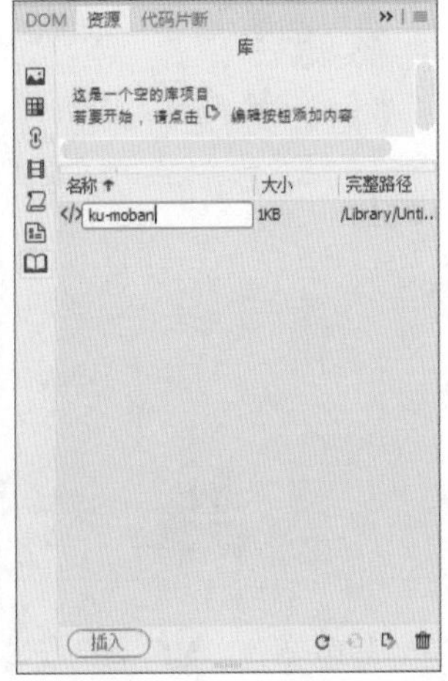

dr-ku.html × <<库项目>> ku-moban.lbi ×

```
1  <meta http-equiv="Content-Type" content="text/html; charset=utf-8">
2
3
4  <div class="imggk">
5  <ul class="box">
6  <li><img src="img/b2.jpg" width="180" height="180" alt="" /></li>
7  <li><img src="img/b4.jpg" width="180" height="180" alt="" /></li>
8  <li><img src="img/3.jpg" width="180" height="180" alt="" /></li>
9  <li><img src="img/b1.jpg" width="180" height="180" alt="" /></li>
10 </ul>
11 </div>
12
13 <div class="imggk">
14 <ul class="box2">
15 <li>图1</li>
16 <li>图2</li>
17 <li>图3</li>
18 <li>图4</li>
19 </ul>
20 </div>
```

步骤12 在“设计”视图中查看ku-moban库项目设计效果，如下图所示。

步骤13 回到ku.css代码页面，输入蓝色部分的样式代码，如下图所示。

dr-ku.html × <<库项目>> ku-moban.lbi ×

源代码 ku.css*

```
1  @charset "utf-8";
2  body, div, ul, li{margin:0; padding:0;font-style: normal;font-family:"字心坊小令体常规体";font:16px ,Arial,
   Helvetica, sans-serif}
3
4  .pro{margin:0 auto; padding:10px; width:800px;height: 600px;
5  }
6  .product{margin-top:10px; width:800px;height: 570px;float: left;
7  }
8  .imggk{margin-left: 10px;margin-top: 10px; float: left;
9  }
10
11 ul,li{ padding:0; margin:0; overflow:hidden;}
12 li{ list-style:none;}
13 img{ border:0;}
14 .box{ width:790px;}
15 .box li{ float:left; width:180px; height:180px; margin:7px;}
16 .box2{ width:790px;}
17 .box2 li{ float:left; width:180px; height:25px; margin:7px;}
18
```

步骤14 回到dr-ku.html文档代码页面，将光标移动到棕色底纹的代码处，如下左图所示。

步骤15 在“资源”面板中单击“库”图标后，在“库”面板中选择ku-moban库项目❶，然后单击“插入”按钮❷，如下右图所示。

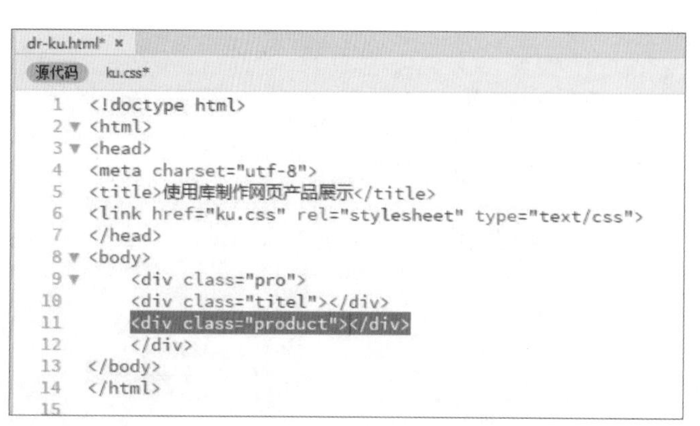

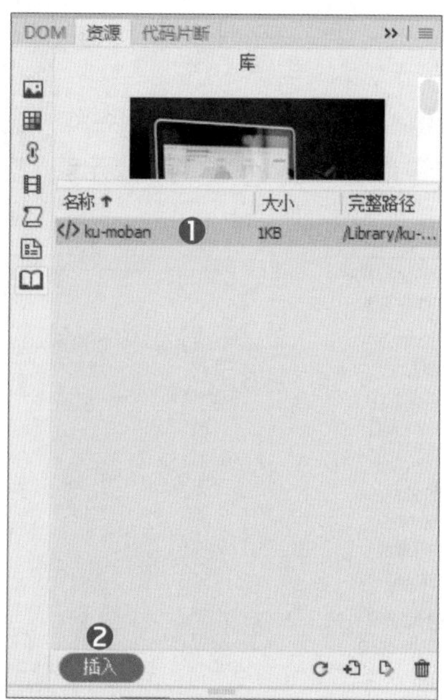

步骤16 插入ku-moban库项目后，则moban.html文档代码为黄色部分，如下图所示。

```
8  <body>
9      <div class="pro">
10     <div class="titel"></div>
11     <div class="product"><!-- #BeginLibraryItem "/Library/ku-moban.lbi" -->
12     <div class="imggk">
13       <ul class="box">
14         <li><img src="Library/img/b2.jpg" width="180" height="180" alt="" /></li>
15         <li><img src="Library/img/b4.jpg" width="180" height="180" alt="" /></li>
16         <li><img src="Library/img/3.jpg" width="180" height="180" alt="" /></li>
17         <li><img src="Library/img/b1.jpg" width="180" height="180" alt="" /></li>
18       </ul>
19     </div>
20     <div class="imggk">
21       <ul class="box2">
22         <li>图1</li>
23         <li>图2</li>
24         <li>图3</li>
25         <li>图4</li>
26       </ul>
27     </div>
28     <!-- #EndLibraryItem --></div>
29     </div>
30 </body>
31 </html>
```

步骤 17 接着在“设计”视图中查看效果，如下图所示。

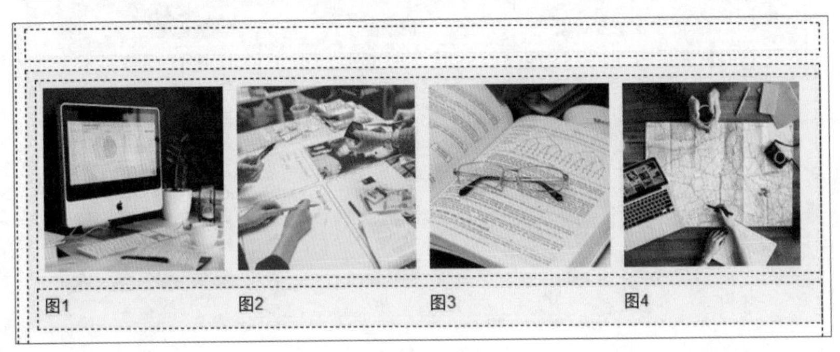

步骤 18 同样的操作方法，创建ku-moban-2库项目，然后插入ku-moban-2库项目，如下图所示。

```
    <div class="product"><!-- #BeginLibraryItem "/Library/ku-moban.lbi" -->

<div class="imggk">
<ul class="box">
<li><img src="Library/img/b2.jpg" width="180" height="180" alt="" /></li>
<li><img src="Library/img/b4.jpg" width="180" height="180" alt="" /></li>
<li><img src="Library/img/3.jpg" width="180" height="180" alt="" /></li>
<li><img src="Library/img/b1.jpg" width="180" height="180" alt="" /></li>
</ul>
</div>

<div class="imggk">
<ul class="box2">
<li>图1</li>
<li>图2</li>
<li>图3</li>
<li>图4</li>
</ul>
</div><!-- #EndLibraryItem --></div>

<div class="product"><!-- #BeginLibraryItem "/Library/ku-moban-2.lbi" -->

<div class="imggk">
<ul class="box">
<li><img src="Library/img/b2.jpg" width="180" height="180" alt="" /></li>
<li><img src="Library/img/b4.jpg" width="180" height="180" alt="" /></li>
<li><img src="Library/img/3.jpg" width="180" height="180" alt="" /></li>
<li><img src="Library/img/b1.jpg" width="180" height="180" alt="" /></li>
</ul>
</div>

<div class="sm">
<ul class="box2">
<li>图5</li>
<li>图6</li>
<li>图7</li>
<li>图8</li>
</ul>
</div><!-- #EndLibraryItem --></div>
```

步骤 19 在ku.css文档的“代码”视图中输入蓝色部分的代码，如下图所示。

```
dr-ku.html* ×
源代码  ku.css*
1  @charset "utf-8";
2  body, div, ul, li{margin:0; padding:0;font-style: normal;font-family:"字心坊小令体常规体";font:16px ,Arial,
   Helvetica, sans-serif}
3
4  .pro{margin:0 auto; padding:10px; width:800px;height: 600px;
5  }
6  .product{margin-top:10px; width:800px;height: 50px;float:left;
7  }
8  .titel{margin-top:10px; width:800px;height:30px;
9  }
10
```

步骤 20 在moban.html文档“设计”视图中查看效果，如下图所示。

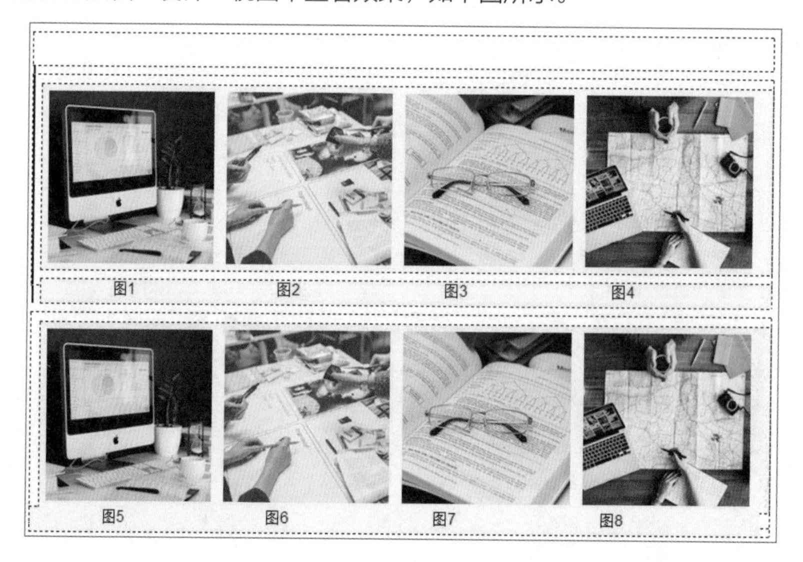

步骤 21 在ku.css文档的“代码”视图中输入蓝色部分的代码，如下图所示。

```
dr-ku.html* ×
源代码  ku.css*
1  @charset "utf-8";
2  body, div, ul, li{margin:0; padding:0;font-style: normal;font-family:"字心坊小令体常规体";font:16px ,Arial,
   Helvetica, sans-serif}
3
4  .pro{margin:0 auto; padding:10px; width:800px;height: 600px;
5  }
6  .product{margin-top:10px; width:800px;height: 50px;float:left;
7  }
8  .titel{margin-top:10px; width:800px;height:34px;text-align:center;line-height: 34px; background-image:
   url(Library/img/bt.jpg)
9  }
10
```

步骤 22 在moban.html文档“设计”视图的相应位置输入所需文字。然后按F12功能键浏览moban.html文档的网页效果，如下图所示。

知识延伸：识别基于模板的文档

识别基于模板的文档有在“设计”视图中识别和在“代码”视图中识别两种，下面进行详细介绍。

1. 在“设计”视图中识别基于模板的文档

在基于模板的文档中，“文档”窗口的“设计”视图中的可编辑区域周围会显示预设高亮颜色的矩形外框。每个区域的左上角都会出现一个小标签，其中显示该区域的名称。除可编辑区域的外框之外，整个页面周围会显示其他颜色的外框，右上角的选项卡给出该文档的基础模板的名称。这一高亮矩形提醒用户相应文档基于某个模板，不能更改可编辑区域之外的内容。

新建空白文档，切换到“代码”视图中。设计代码如下：

```
<!doctype html>
<html>
<head>
<body>
<body bgcolor="#FFFFFF" leftmargin="0">
<title>无标题文档</title>
<table width="75%" border="1" cellpadding="0" cellpadding="0">
        <tr bgcolor="#333366">
        <td>Name</td>
        <td><font color="#FFFFFF">Address</font></td>
        <td><font color="#FFFFFF">Telephone Number</font></td>
        </tr>
        <!--InstanceBejingEditable name="LocationList"-->
<tr>
        <td>Enter Name</td>
        <td>Enter Address</td>
        <td>Enter Telephone Number</td>
        </td>
<!--InstanceEndEditable-->
</table>
<body>
</body>
</html>
```

然后执行“文件>保存”命令，即可在“设计”视图中识别基于模板的文档。

2. 在“代码”视图中识别基于模板的文档

在“代码”视图中，派生自模板的文档的可编辑区域与不可编辑区域中的代码以不同的颜色显示，可以只更改可编辑区域的代码或可编辑参数，但是不能在锁定区域中键入内容。

在HTML中使用以下Dreamweaver注释标记可编辑内容：<!--InstanceBejingEditable >和<!--InstanceEndEditable-->这些注释之间的任何内容都可以在基于模板的文档中编辑。

上机实训：使用网页模板制作网页公告

在网站的创建过程中，对一些常用的页面通常都会创建网页模板，以便在以后的工作中可以直接使用模板来创建网页，减少工作量提高工作效率。下面通过实例详细介绍网页模板的制作。

步骤 01 打开Dreamweaver CC软件，执行“站点>新建站点”命令，打开对应的对话框，输入合适的站点名称并选择合适的文件夹❶，然后单击“保存”按钮❷，如下左图所示。

步骤 02 执行“文件>新建”命令，在打开的对话框的标题文本框中输入“模板”文本❶，单击“创建”按钮❷，如下右图所示。

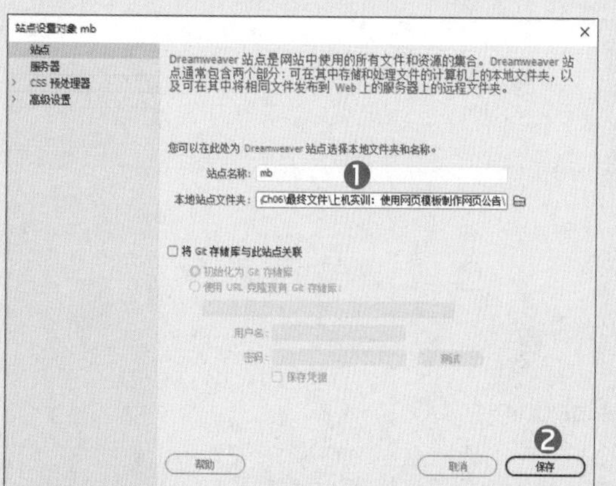

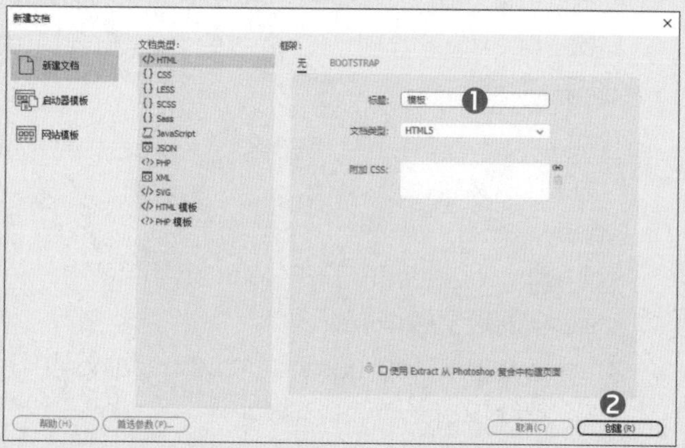

步骤 03 执行“文件>另存为（A）”命令，打开“另存为”对话框，在“文件名”文本框内输入合适的名称❶，然后单击“保存”按钮❷，如下左图所示。

步骤 04 在moban.html代码页面查看效果，如下右图所示。

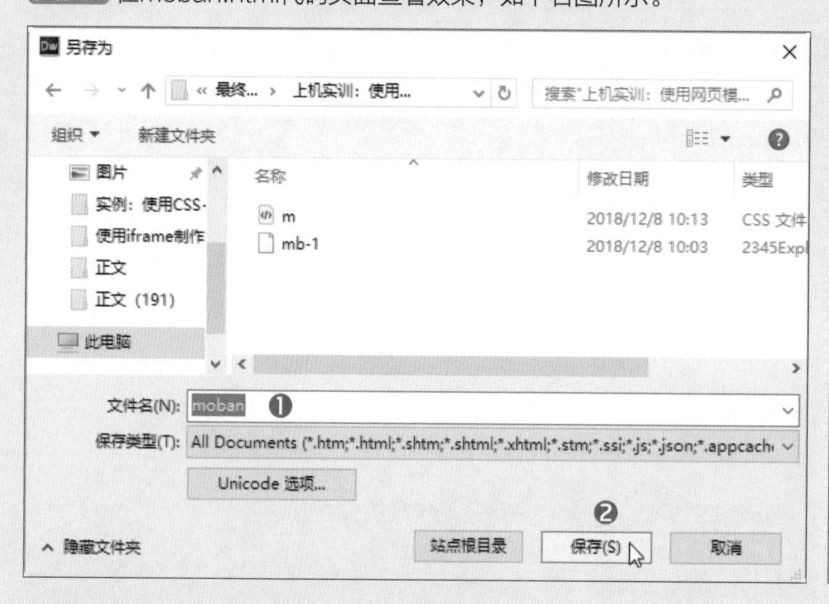

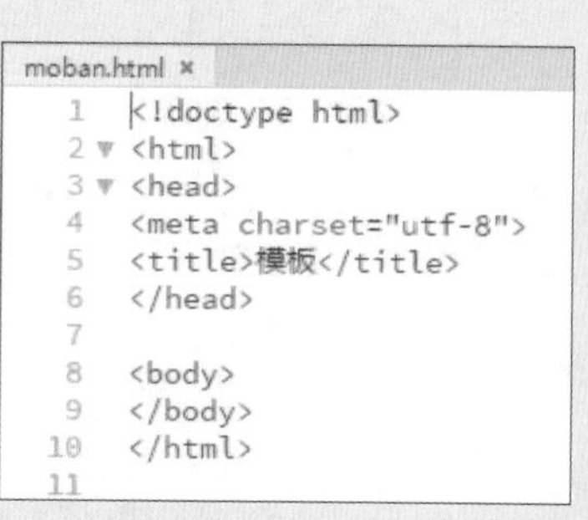

步骤 05 在“文件”面板中选择站点并右击，在打开的快捷菜单中选择“新建文件夹（R）”命令，创建img文件夹，如下左图所示。

步骤 06 单击“CSS设计器”面板中的+按钮，在打开的下拉列表中选择“创建新的CSS文件”选项，如下右图所示。

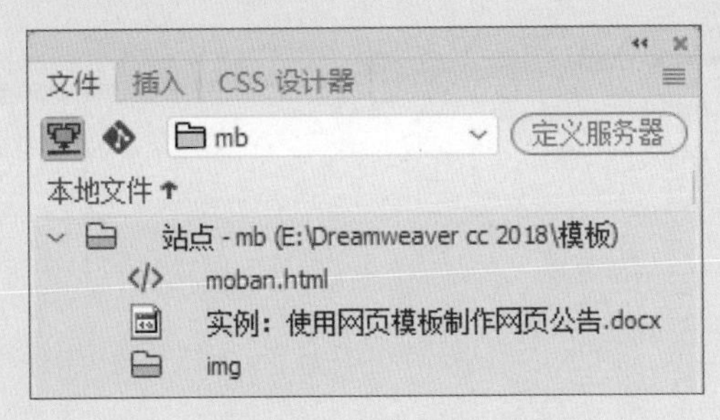

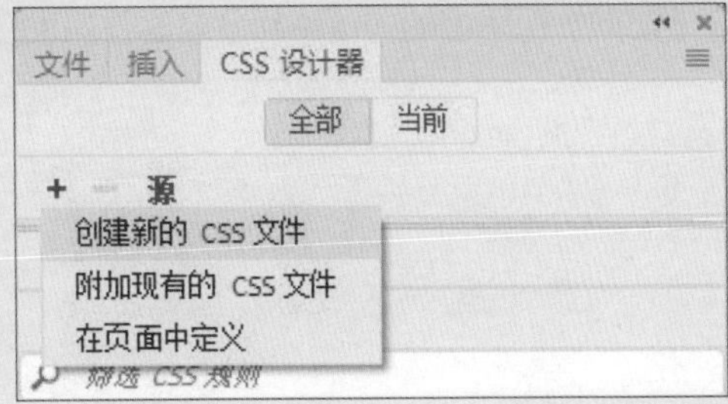

步骤 07 打开“创建新的CSS文件”对话框，在“文件/URL(F)”文本框内输入合适的名称❶，然后单击“确定”按钮❷，如下左图所示。

步骤 08 查看“文件”面板和创建的m.css文件，如下中图和下右图所示。

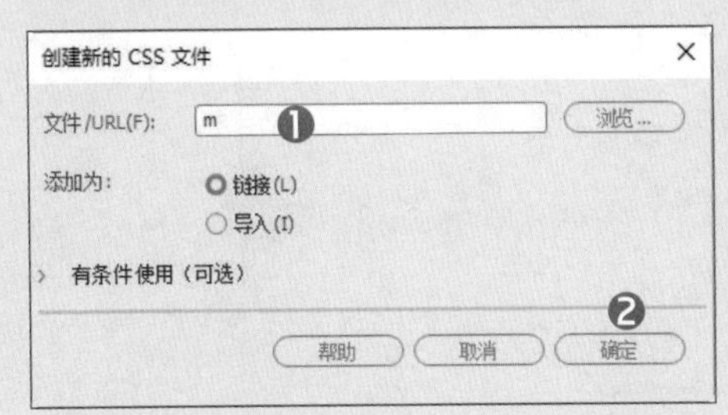

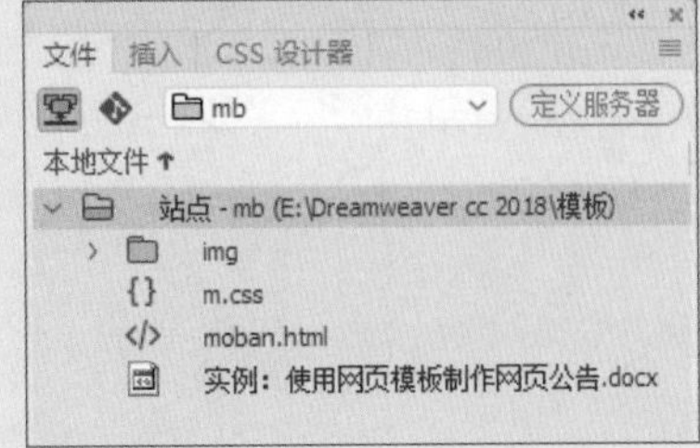

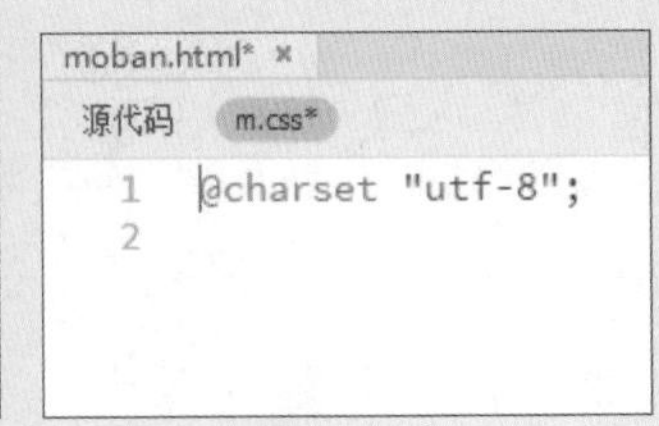

步骤 09 在moban.html“代码”视图中输入蓝色部分代码，如右图所示。

```
<body>

<div class="bj">

    <div class="top">
    <div class="zuo"></div>
    <div class="you"></div>
    </div>



</div>



</body>
```

步骤 10 在“m.css”文档“代码”视图中输入蓝色部分代码，如下图所示。

```
1   @charset "utf-8";
2 ▼ body{margin:0; padding:0;font-style: normal;font-family:"宋体";font:16px ,Arial, Helvetica, sans-serif}
3   .bj{ margin:0 auto;width: 1000px;border: #908D8D 1px solid;}
4   .top{margin:0 auto; width: 1000px;height: 153px; background-repeat:no-repeat;background-image: url(img/1.jpg)}
5   .zuo{ width: 220px;margin: 15px;text-align: right; float: left}
6   .you{ width: 750px;height: 153px;float: right}
7   .mc{ width: 600px;height:100px;margin-top:15px;}
```

步骤 11 回到moban.html“设计”视图中查看效果，如下图所示。

步骤 12 在“代码”视图中输入蓝色部分代码，如下图所示。

```
<div class="bj">

    <div class="top">
    <div class="zuo"><img src="img/logo.png" width="100" height="96" alt=""/></div>
    <div class="you">
    <div class="mc"></div>
    </div>
    </div>
```

步骤 13 执行“插入>Image”命令，打开“选择图像源文件”对话框，选择合适的图片❶后，单击“确定”按钮❷，如下图所示。

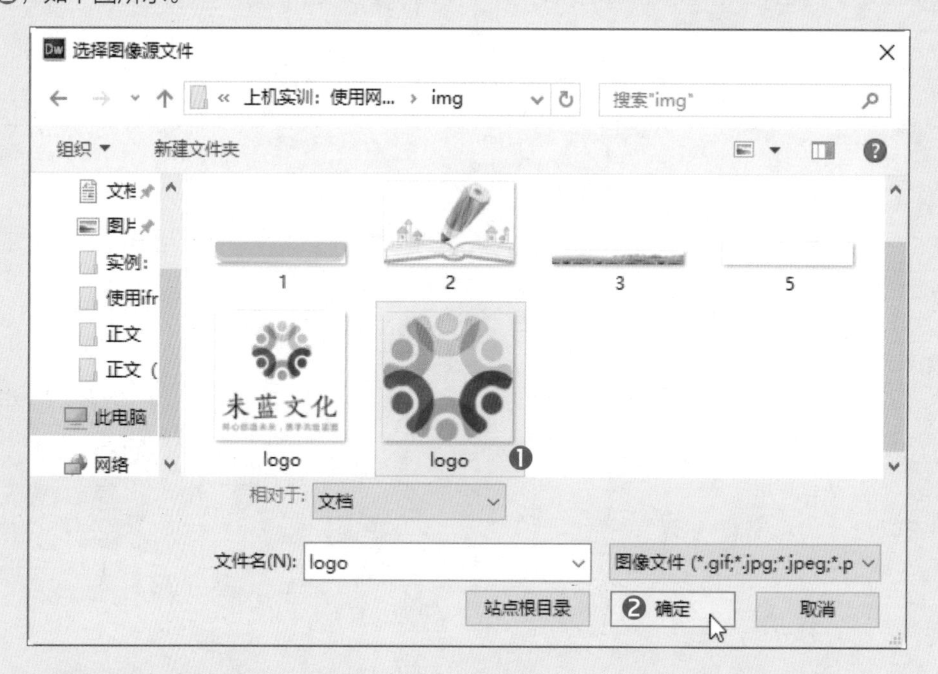

步骤 14 然后查看插入Logo图片后的页面效果，如下图所示。

步骤 15 按同样的操作方法，执行“插入>Image”命令，打开“选择图像源文件”对话框，选择合适的图片后，单击“确定”按钮，插入公司名称图片，如下图所示。

步骤 16 在moban.html文档“代码”视图中输入蓝色部分代码，如下图所示。

```
<div class="bj">

    <div class="top">
    <div class="zuo"><img src="img/logo.png" width="100" height="96" alt=""/></div>
    <div class="you">
    <div class="mc"><img src="img/5.png" width="600" height="100" alt=""/></div>
    </div>
    </div>


    <div class="zj">
    <div class="bt"><b>公  告</b></div>
    <div class="nr"></div>
    </div>
```

步骤17 在m.css文档"代码"视图中输入蓝色部分代码，如下图所示。

```
1   @charset "utf-8";
2   body{margin:0; padding:0;font-style: normal;font-family:"宋体";font:16px ,Arial, Helvetica, sans-serif}
3   .bj{ margin:0 auto;width: 1000px;border: #908D8D 1px solid;}
4   .top{margin:0 auto; width: 1000px;height: 153px; background-repeat:no-repeat;background-image: url(img/1.jpg)}
5   .zuo{ width: 220px;margin: 15px;text-align: right; float: left}
6   .you{ width: 750px;height: 153px;float: right}
7   .mc{ width: 600px;height:100px;margin-top:15px;}
8 ▼ .zj{ margin:0 auto;width: 1000px;height:800px;}
9   .bt{ margin-top:30px;width: 1000px;height:35px;text-align: center;line-height: 35px;}
10  .nr{ margin-top:50px;width: 1000px;height:650px;}
```

步骤18 查看moban.html文档的"设计"视图中的效果，如下图所示。

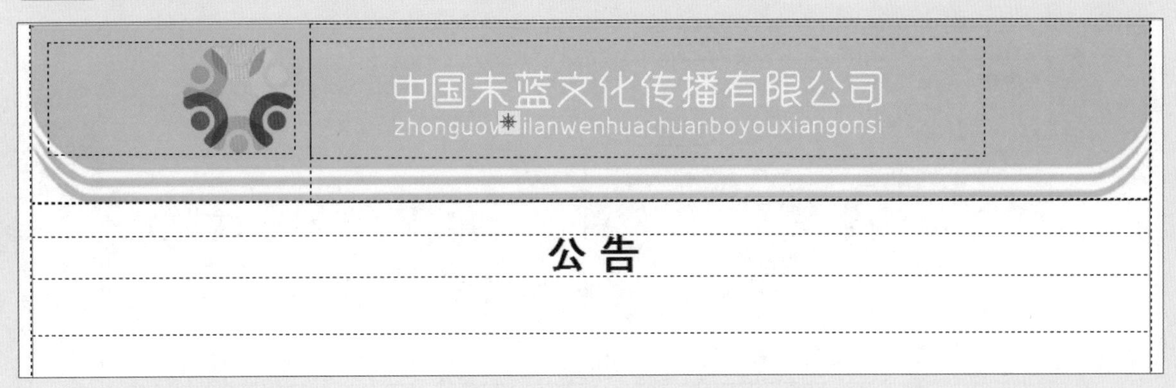

步骤19 在moban.html文档"代码"视图中输入蓝色部分代码（图片部分代码也可以使用插入图片命令），如下图所示。

```
    <div class="zj">
    <div class="bt"><b>公  告</b></div>
    <div class="nr"></div>
    </div>


    <div class="bottom">
    <div class="b-zuo"><img src="img/2.jpg" width="164" height="100" alt=""/></div>
    <div class="b-you">
    <div class="line" style="height:50px "></div>
    <div class="line">地址：广东省白云区太和镇学校xxxxxxc创业园18号</div>
    <div class="line">电话：020-1111111；传真：020-11111111；网址：www.weilanwenhua.com</div>
    </div>
    </div>
```

步骤 20 在m.css文档“代码”视图中输入蓝色部分代码，如下图所示。

```
1  @charset "utf-8";
2  body{margin:0; padding:0;font-style: normal;font-family:"宋体";font:16px ,Arial, Helvetica, sans-serif}
3  .bj{ margin:0 auto;width: 1000px;border: #908D8D 1px solid;}
4  .top{margin:0 auto; width: 1000px;height: 153px; background-repeat:no-repeat;background-image: url(img/1.jpg)}
5  .zuo{ width: 220px;margin: 15px;text-align: right; float: left}
6  .you{ width: 750px;height: 153px;float: right}
7  .mc{ width: 600px;height:100px;margin-top:15px;}
8  .zj{ margin:0 auto;width: 1000px;height:800px;}
9  .bt{ margin-top:30px;width: 1000px;height:35px;text-align: center;line-height: 35px;}
10 .nr{ margin-top:50px;width: 1000px;height:650px;}
11 .bottom{margin:0 auto; width: 1000px;height: 120px;}
12 .b-zuo{ width: 250px;margin-top:10px;float: left;text-align: right;  }
13 .b-you{ width: 700px;height: 120px;float: right;}
14 .line{ width: 100%;height: 30px;line-height: 30px;text-align: left; }
```

步骤 21 查看下“moban.html”文档的“设计”视图中的效果，如下图所示。

步骤 22 在moban.html文档的“设计”视图中执行“插入>模板>创建模板”命令，在打开的对话框中设置参数，如下左图所示，单击“保存”按钮。

步骤 23 将光标定位在需要插入编辑区域的地方，执行“插入>模板>可编辑区域”命令，在打开的对话框中进行设置，如下右图所示。

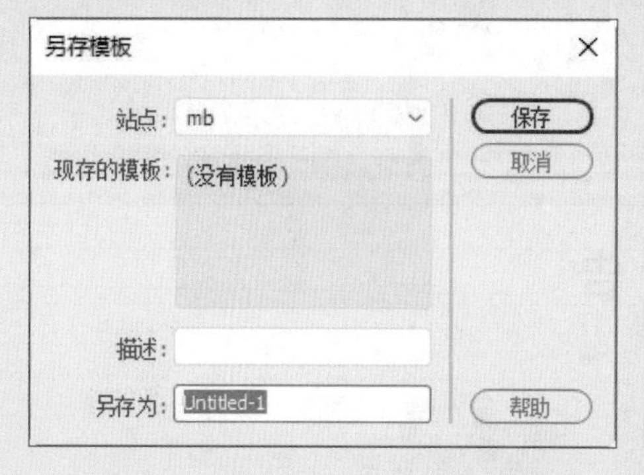

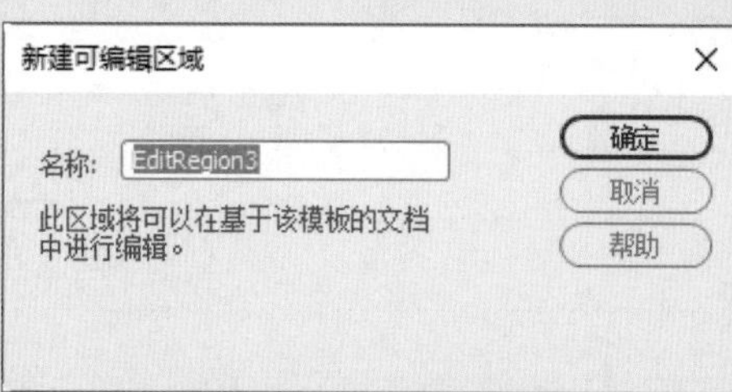

步骤 24 单击“确定”按钮后，执行“文件>保存”命令，完成模板的创建，如下图所示。

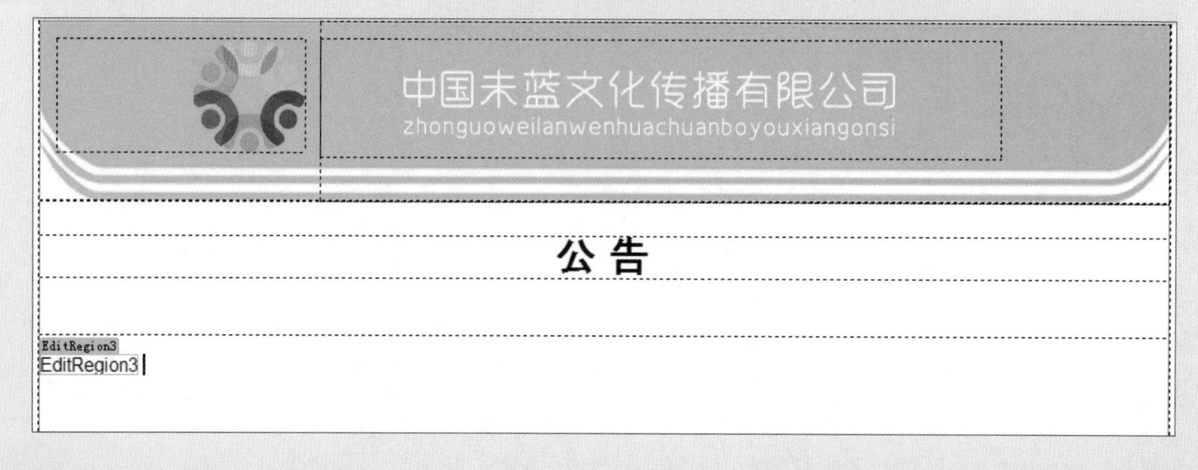

步骤 25 以下是使用模板创建公告页面，执行“文件>新建文档”命令，在打开的对话框中选择创建的模板，然后单击“创建”按钮，如下左图所示。

步骤 26 选择模板后打开，效果如下右图所示。

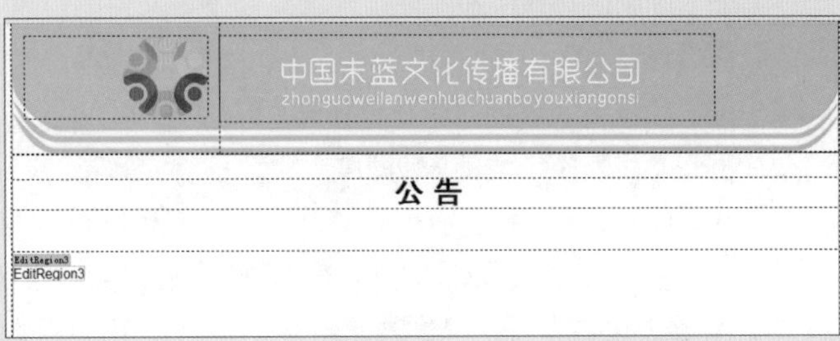

步骤 27 在“设计”视图的可编辑区域输入文字内容，然后执行“文件>另存为”命令，保存为mb-1.html文档，如下图所示。

公 告

EditRegion3

空气前锋将于6日白天到达粤北，6日夜间到达中南部，7-8日全省大部天气阴冷。9日-10日，冷空气主体补充南下，气温继续下降，各地气温将降至今年入秋以来最低值，其中粤北最低气温将下降到5°C以下，高寒山区低至1°C~3°C，广州最低气温下降到6°C~8°C。冷空气频繁补充，伴随降雨，天气持续阴雨寒冷，请注意防寒保暖，尤其老人、儿童和体弱病人。广东气象

步骤 28 回到m.css文档“代码”视图，对.nr{ }样式进行调整，如下图所示。

```
1  @charset "utf-8";
2  body{margin:0; padding:0;font-style: normal;font-family:"宋体";font:16px ,Arial, Helvetica, sans-serif}
3  .bj{ margin:0 auto;width: 1000px;border: #908D8D 1px solid;}
4  .top{margin:0 auto; width: 1000px;height: 153px; background-repeat:no-repeat;background-image: url(img/1.jpg)}
5  .zuo{ width: 220px;margin: 15px;text-align: right; float: left}
6  .you{ width: 750px;height: 153px;float: right;}
7  .mc{ width: 600px;height:100px;margin-top:15px;}
8  .zj{ margin:0 auto;width: 1000px;height:800px;}
9  .bt{ margin-top:30px;width: 1000px;height:35px;text-align: center;line-height: 35px;font-size:36px}
10 .nr{ margin:50px;width: 900px;height:650px;word-break: normal ;line-height: 30px }
11 .bottom{margin:0 auto; width: 1000px;height: 120px;}
12 .b-zuo{ width: 250px;margin-top:10px;float: left;text-align: right;  }
13 .b-you{ width: 700px;height: 120px;float: right;}
14 .line{ width: 100%;height: 30px;line-height: 30px;text-align: left; }
```

步骤 29 按下F12功能键预览mb-1.html文档网页效果，如下图所示。

公 告

空气前锋将于6日白天到达粤北，6日夜间到达中南部，7-8日全省大部天气阴冷。9日-10日，冷空气主体补充南下，气温继续下降，各地气温将降至今年入秋以来最低值，其中粤北最低气温将下降到5℃以下，高寒山区低至1℃~3℃，广州最低气温下降到6℃~8℃。冷空气频繁补充，伴随降雨，天气持续阴雨寒冷，请注意防寒保暖，尤其老人、儿童和体弱病人。广东气象

课后练习

1. 选择题

（1）每个库项目都被单独保存在一个文件中，文件的扩展名为__________。

A. .dwt　　B. .html　　C. .asp　　D. .lbi

（2）通常情况下，库项目被放置在站点文件夹中的__________文件夹中，同模板文件一样，库项目的位置也是不能随便移动的。

A. Library　　B. Templates　　C. data　　D. images

（3）__________是可以根据需要在基于模板的页面中复制任意次数的模板部分。

A. 空白区域　　B. 可编辑区域　　C. 可选区域　　D. 重复区域

（4）框架的作用就是把浏览器窗口划分为__________区域，每个区域可以分别显示不同的网页。

A. 一个　　B. 三个　　C. 若干个　　D. 十个

（5）应用库项目的方法非常简单，只需从“资源”面板的库窗格中将其拖入到文档的__________适当位置即可。

A. 资源　　B. 文件　　C. 样式　　D. 行为

2. 填空题

（1）框架主要包括两个部分，一个是__________，另一个就是框架。

（2）在Dreamweaver CC 2019中，用户可以将现有的HTML文档制作成模板，然后根据需要加以修改，或制作一个__________，在其中输入需要显示的文档内容。

（3）__________可以理解为用来存放站点中经常重复使用的页面元素的场所，对于使用比较频繁的一些页面元素，如图像、表单、文本和表格等，都可以存放在里面。

（4）__________是一种特殊的框架页面，在浏览窗口中可以嵌套子窗口，显示页面的内容。

3. 上机题

打开给定的原始素材，如下左图所示。结合本章所学知识，使用模板制作网页，最终的设计效果如下右图所示。

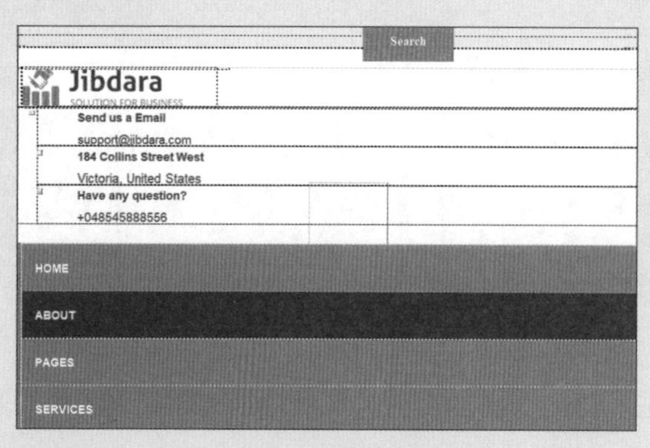

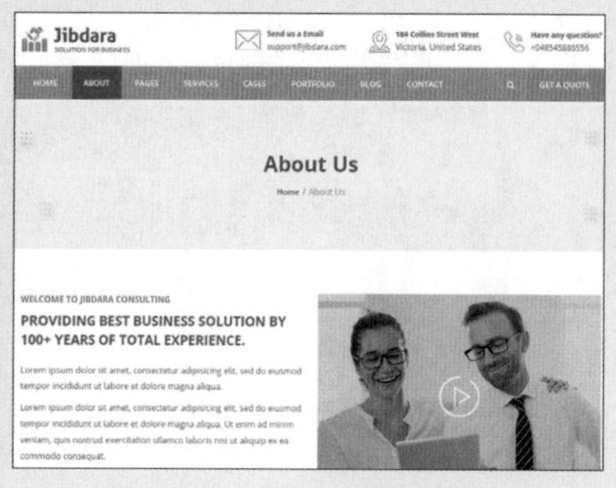

操作提示

1. 结合“模板”相关知识操作；

2.创建框架集。

未蓝文化
weilanwenhua
网站首页 | 关于我们 | 图片展示 | 资讯信息 | 联系我们 | 路线查询 | 留言反馈

联系我们
邮编号码：000000
电话852-957-1879

新闻资讯
公司活动安排
公司展会
公司放假时间

留言反馈
产品目录
产品展示
返回首页

公司活动
员工风彩
车间情景
公司环境

Part 02

综合案例篇

学习了Dreamweaver的基础知识后，通过综合案例篇对所学的知识进行巩固，使理论和实践相结合，真正做到学以致用，制作出高品质的网站。在综合案例篇，共包含三章内容，分别制作不同风格的网站，希望读者在学习后可以举一反三制作出具有自己风格的网站。

Chapter 07 制作旅游网站

本章概述

一般旅游公司都会把热门的景点通过网站推荐给客户，客户只需点开网站就能了解到相关内容。本章将介绍旅游网站页面建设的案例，通过详细讲解，使读者能掌握该类网站的创建要点。通过本案例的学习，可以使用户对网站建设有更深刻的认识。

核心知识点

1. 了解网站的创建思路
2. 掌握各种代码的用法
3. 学习JS代码的调用操作
4. 了解CSS样式的创建
5. 掌握CSS样式的运用

7.1 旅游网站站点的建立

对于旅游网站的创建，一般是通过先创建页头、宣传海报，然后创建页面中间内容，再创建页尾来实现，配上图片和介绍文字丰富页面效果。

要创建旅游网站，首先应对网页的界面进行合理设置，以加快网站建立的速度，提高工作效率，具体操作步骤如下。

步骤 01 打开Dreamweaver 2019应用程序，在“新建文档”对话框的“文档类型”列表框中选择“</>HTML”选项❶，在“标题”文本框中输入“旅游网站”❷，单击“创建”按钮❸，如下图所示。

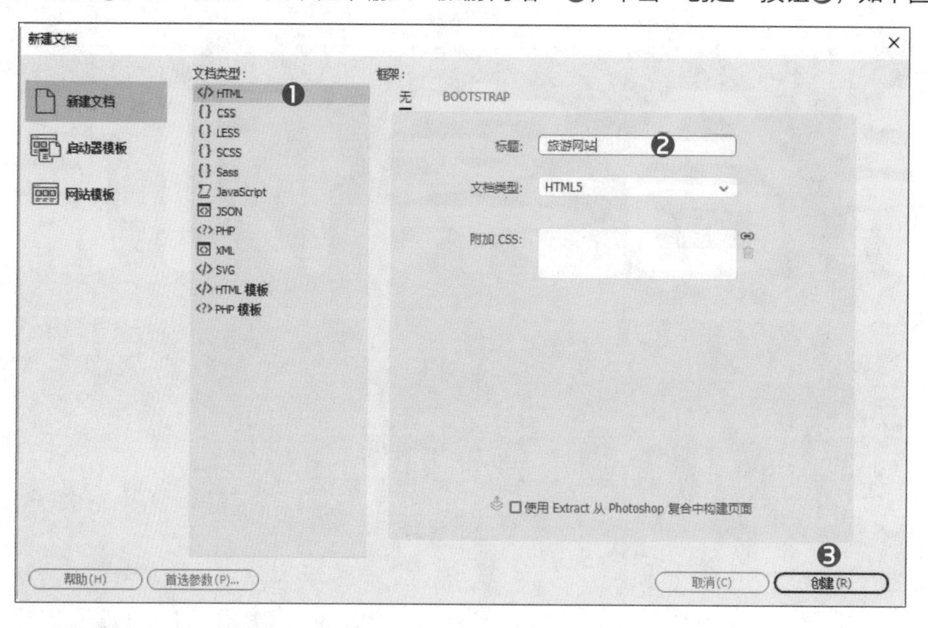

步骤 02 进入初始界面，如下图所示。

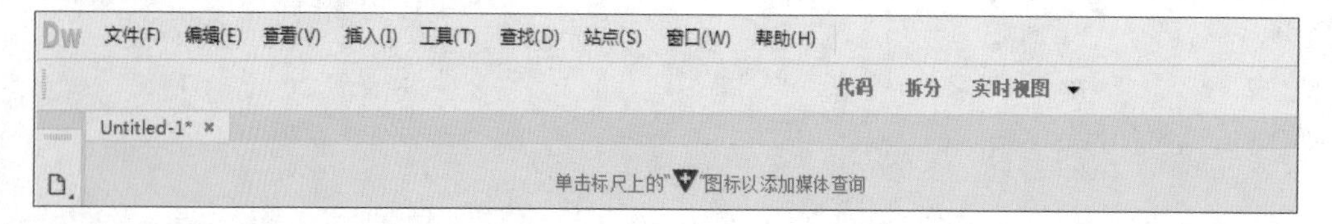

步骤 03 执行“文件>另存为”命令，在打开的“另存为”对话框中输入“文件名”为index❶，然后单击“保存”按钮❷，如下左图所示。

步骤 04 执行“站点>新建站点”命令，在打开的“站点设置对象lv”对话框中输入合适的站点名称❶，然后选择合适的本地站点文件夹❷，单击“保存”按钮❸，如下右图所示。

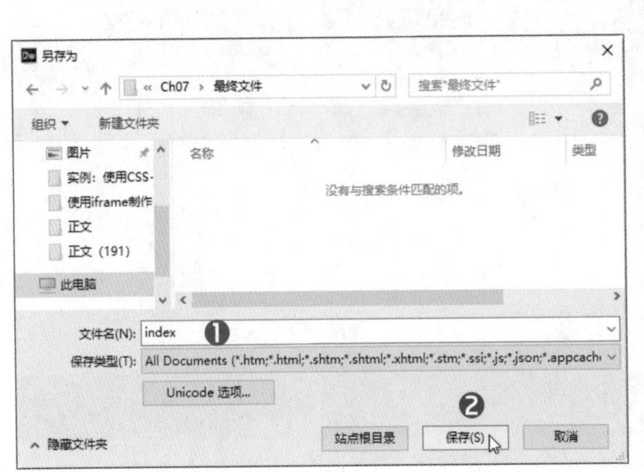

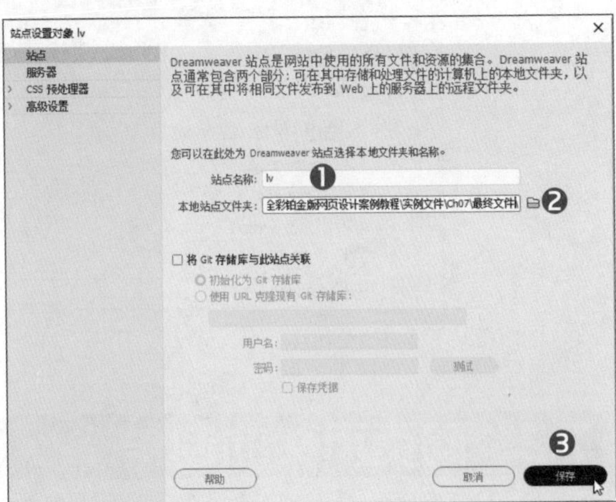

步骤 05 执行“窗口>显示面板”命令，打开页面右侧面板，在面板中选择“CSS设计器”选项❶，单击+按钮❷，在打开的快捷选项列表中选择“创建新的CSS文件”选项❸，如下左图所示。

步骤 06 打开“创建新的CSS文件”对话框，输入CSS样式文件名❶，在“添加为”选项区域中选择“链接”单选按钮❷，然后单击“确定”按钮❸，如下右图所示。

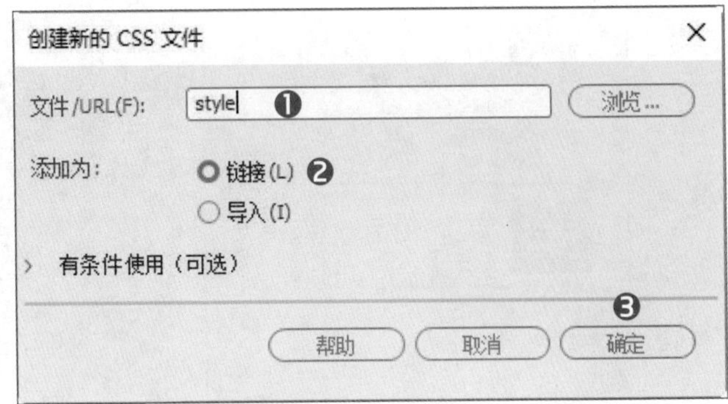

步骤 07 此时面板上出现已创建的style.css样式文件❶。按同样的操作方法，创建my.css样式文件❷，如下左图所示。

步骤 08 然后在面板上选择“文件”选项❶，展开“站点”折叠按钮❷，如下右图所示。

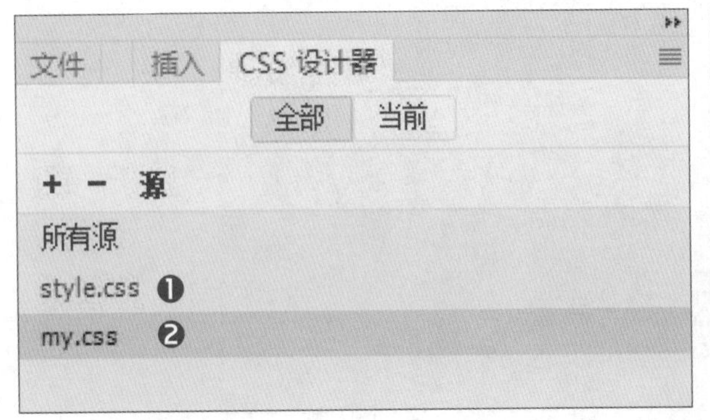

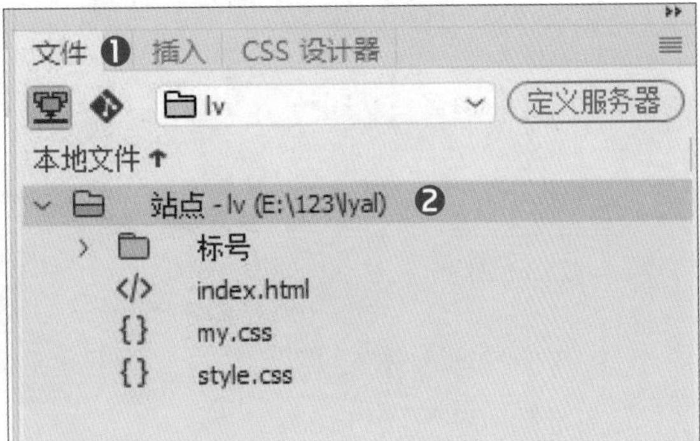

步骤 09 单击右键，在打开的快捷菜单中选择“新建文件夹”选项，创建images文件夹，如下左图所示。

步骤 10 按同样的操作方法，分别创建js、img、css等文件夹，如下右图所示。

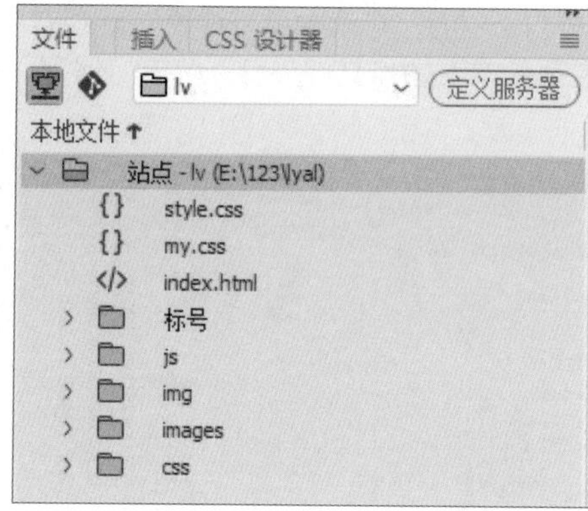

7.2 网页页头的制作

旅游网站站点建立后，下面介绍网页页头的创建过程，具体步骤如下。

步骤 01 执行“插入>Table”命令，在打开的Table对话框中设置表格大小的具体参数❶，然后单击“确定”按钮❷，如下左图所示。

步骤 02 查看代码，如下右图蓝色部分所示。

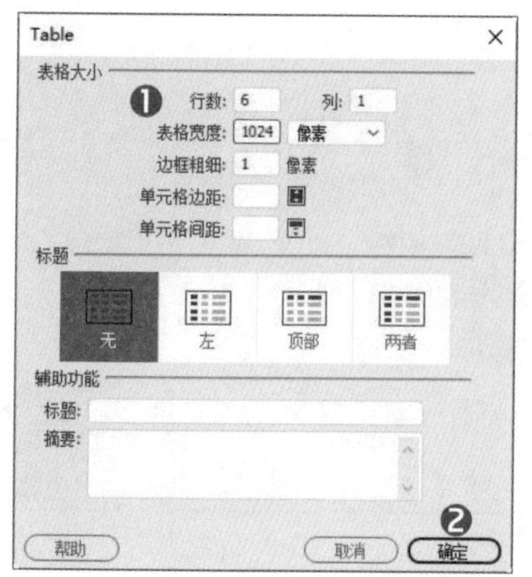

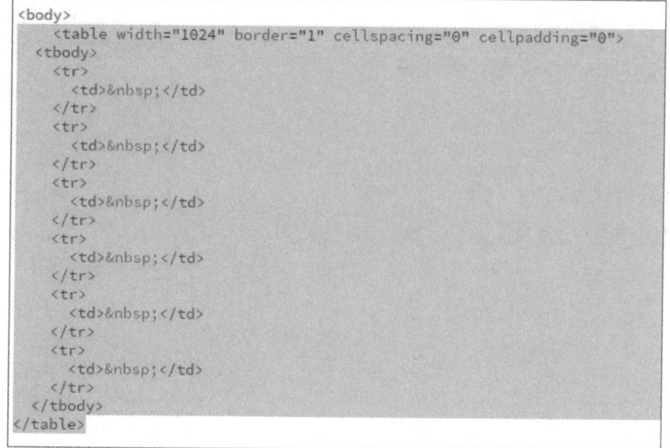

```
<body>
    <table width="1024" border="1" cellspacing="0" cellpadding="0">
  <tbody>
    <tr>
      <td> </td>
    </tr>
    <tr>
      <td> </td>
    </tr>
    <tr>
      <td> </td>
    </tr>
    <tr>
      <td> </td>
    </tr>
    <tr>
      <td> </td>
    </tr>
    <tr>
      <td> </td>
    </tr>
  </tbody>
</table>
```

步骤 03 在表格第一行中输入下图蓝色部分的代码。

```
  <tr>
   <td width="1024" bgcolor="#333333">
   <div style="width:1024px;margin-left: auto;margin-right: auto; clear:both">
  <div style="width:20%; float:left;"><img src="img/logo-1.png" width="180" height="70"></div>
  <div style="width:76%;float:left; text-align:left; line-height:70px; overflow:hidden">

     <ul id="nav">
      <li><a href="#">网站首页</a></li>
      <li>|</li>
      <li><a href="#">关于我们</a></li>
      <li>|</li>
      <li><a href="#">图片展示</a></li>
      <li>|</li>
      <li><a href="#">资讯信息</a></li>
      <li>|</li>
      <li><a href="#">联系我们</a></li>
      <li>|</li>
      <li><a href="#">路线查询</a></li>
      <li>|</li>
      <li><a href="#">留言反馈</a></li>
    </ul>
   </div>
</div></td>
   </tr>
```

步骤 04 打开my.css样式文件，输入下图蓝色部分的代码。

代码 拆分 实时视图

ntitled-2 - 副本.html (XHTML) × index.html × my.css ×

```
1  @charset "utf-8";
2  body, div, ul, li{margin:0; padding:0;font-style: normal;font-family:"宋体";font:12px ,Arial,
   serif;color:#000;}
3  ol, ul ,li{list-style:none;color:#FFF;margin:0;padding:0; }
4  img {border: 0; vertical-align:middle}
5  body{color:#000000;background:#FFF; text-align:center}
6  .clear{clear:both;height:1px;width:100%; overflow:hidden; margin-top:-1px}
7  a{color:#000000;text-decoration:none}
8  a:hover{color:#BA2636}
9
10 .red ,.red a{ color:#F00}
11 .lan ,.lan a{ color:#1E51A2}
12 .pd5{ padding-top:5px}
13 .dis{display:block}
14 .undis{display:none}
15
16 ul#nav{  height:60px; margin:0 auto;}
17 ul#nav li{display:inline; height:60px;}
18 ul#nav li a{display:inline-block;  height:60px; line-height:60px;
19 color:#FFF;}
20 ul#nav li a:hover{background:#0095BB; }
```

步骤 05 回到index.html页面，输入调用外部文档代码，如下图蓝色部分所示。

```
<!DOCTYPE html PUBLIC "-//W3C//DTD XHTML 1.0 Transitional//EN" "http://www.w3.org/TR/xhtml1/DTD/xhtml1-
transitional.dtd">
<html xmlns="http://www.w3.org/1999/xhtml">
<head>
<meta http-equiv="Content-Type" content="text/html; charset=gb2312" />
<meta http-equiv="X-UA-Compatible" content="IE=8">
<title>旅游网站</title>
<link href="css/my.css" rel="stylesheet" type="text/css">
<link href="css/style.css" rel="stylesheet" type="text/css">
<script src="js/jquery.js"></script>
<script type="text/javascript" src="js/jquery1.7.min.js"></script>
```

步骤 06 在index.html页面上选择“实时视图”页面，效果如下图所示。

未蓝文化 网站首页 | 关于我们 | 图片展示 | 资讯信息 | 联系我们 | 路线查询 | 留言反馈

步骤 07 在index.html页面上，选择表格第二行，输入下图蓝色部分所示的代码（第48行至第100行）。

```
        <td>

    <div class="image">
<div class="box">
    <div class="box_img">
        <ul>
            <li><img src="img/ban/1.jpg" width="1024" height="379"></li>
            <li><img src="img/ban/2.jpg" width="1024" height="379"></li>
            <li><img src="img/ban/3.jpg" width="1024" height="379"></li>
            <li><img src="img/ban/4.jpg" width="1024" height="379"></li>
            <li><img src="img/ban/5.jpg" width="1024" height="379"></li>
        </ul>
    </div>
    <div class="box_tab"></div>
</div>

<script type="text/javascript">

    $(document).ready(function(){
        var timejg=3000;//轮播间隔时间
        var size = $('.box_img ul li').size();
        for(var i=1;i<=size;i++){
```

步骤 08 在my.css页面上输入蓝色部分代码，如下图所示。

```
    table {
        border-collapse: collapse;
        border-spacing: 0;width: 1024px;
    }



        table tbody tr {
        border:0px;
        border-left: 0;
        border-right: 0;
    }

    table td {
        padding: 0.75rem 0rem;
    }

    table th {
        font-size: 0.9rem;
        font-weight: 700;
        padding: 0 0.75rem 0.75rem 0.75rem;
        text-align: left;
    }
 .clear{cleat:both}
 .box{width:100%;height: 379px;margin: auto 0;overflow: hidden; }
 .box_img ul li{display: none;width:100%;}
 .box_img ul li a{display: block;height: 379px;font-size: 100px;text-align: center;line-height: 379px;color:
 #fff;}

 .box_tab{position: absolute;bottom: 0;text-align: center;width: 346px}
 .box_tab a{display: inline-block;padding: 2px 10px;font-size: 10px;background: #fff;margin: 0 5px;color:
 #333;margin-bottom: 5px;}
 .box_tab a.active{background: #09b;color: #fff;}
 .imggk{float: left;margin-left: 20px;margin-top: 20px;
}

 .image {
    display: inline-block;
    position: relative;height:379px;!important;
}
```

步骤 09 在index.html页面选择“实时视图”页面，效果如下图所示。

7.3 网页页中的制作

一般网页的页中是整个网页的主要部分，几乎所有资讯都是通过网页的页中展示给浏览者的，浏览者能从网页的页中内容清楚了解到企业的具体情况。

步骤 01 打开index.html页面，选择表格第三行，输入下图蓝色部分所示的代码。

```
  <td>
<section  class="wrapper">
<header class="special">
                        <h2>品质专线 畅游全国</h2>
                        <p>当季热门 花花世界</p>
    </header>
  </section>     </td>
```

步骤 02 打开my.css页面，输入下图蓝色部分代码。

```
h1, h2, h3, h4, h5, h6 {

    padding: 0;
    font-family: 'Raleway', sans-serif;
    font-weight:600;
        line-height: 1.5;
        margin: 0 0 1rem 0;margin: 0;

    }

            h1 a, h2 a, h3 a, h4 a, h5 a, h6 a {
            color: inherit;
            text-decoration: none;
        }

h2 {
        font-size: 1.75rem;
    }
        .wrapper > header h2 {
            position: relative;
            padding-bottom: .75rem;
        }

            .wrapper > header h2:after {
                content: '';
                position: absolute;
                margin: auto;
                right: 0;
                bottom: 0;
                left: 0;
                width: 10%;
                height: 1px;
                background-color: rgba(0, 0, 0, 0.125);
            }

p {
    margin: 0;
    line-height: 1.9em;
}
```

步骤 03 回到index.html页面，选择“实时视图”页面并查看效果，如下左图所示。

步骤 04 执行“窗口>属性”命令，打开“属性”面板，选择表格第4行单元格，在“背景颜色”文本框中输入#F7F6F5颜色，如下右图所示。

品质专线 畅游全国

当季热门 花花世界

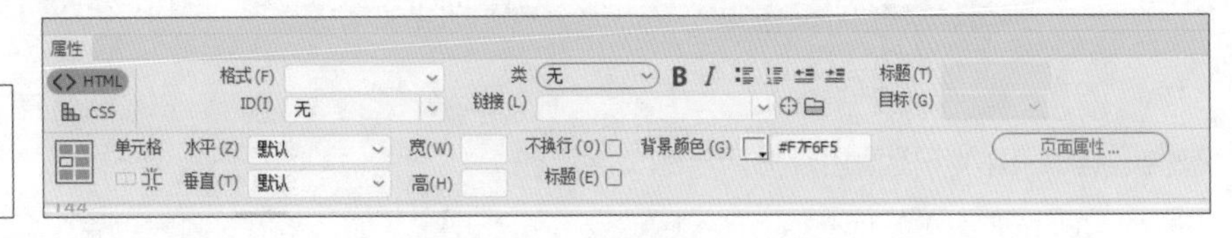

步骤 05 在index.html页面上，选择表格第4行，输入如下图蓝色部分所示的代码。

```
<tr>
<td bgcolor="#F7F6F5">
  <div style="margin-left: auto;margin-right: auto; overflow:hidden;">
<div style="width:50%; float:left; text-align:right"></div>
<div style="width:50%;float:left;height:400px; ">
<div style="margin:0 auto;text-align:left; margin:30px; "></div>
   </div></div>
</tr>
```

步骤 06 然后把光标移至下图棕色代码部分的位置上。

```
<tr>
<td bgcolor="#F7F6F5">
  <div style="margin-left: auto;margin-right: auto; overflow:hidden;">
<div style="width:50%; float:left; text-align:right"></div>
<div style="width:50%;float:left;height:400px; ">
<div style="margin:0 auto;text-align:left; margin:30px; "></div>
   </div></div>
</tr>
```

步骤 07 执行“插入>image”命令，在打开的“选择图像源文件”对话框中选择合适的图片❶，然后单击“确定”按钮❷，如右图所示。

步骤 08 选择“代码”页面并查看代码，此时Dreamweaver自动添加了插入的图片代码，如下图蓝色部分所示。

```
 <td bgcolor="#F7F6F5">
  <div style="margin-left: auto;margin-right: auto; overflow:hidden;">
<div style="width:50%; float:left; text-align:right"><img src="images/21.jpg" width="500" height="400"
alt=""/></div>
<div style="width:50%;float:left;height:400px; ">
<div style="margin:0 auto;text-align:left; margin:30px; "></div>
   </div></div>
 </tr>
```

步骤 09 将光标移至下图棕色代码部分的位置上。

```
 <td bgcolor="#F7F6F5">
  <div style="margin-left: auto;margin-right: auto; overflow:hidden;">
<div style="width:50%; float:left; text-align:right"><img src="images/21.jpg" width="500" height="400"
alt=""/></div>
<div style="width:50%;float:left;height:400px; ">
<div style="margin:0 auto;text-align:left; margin:30px; "></div>
   </div></div>
 </tr>
```

步骤 10 然后输入下图蓝色部分所示的文字代码。

```
<div style="margin:0 auto;text-align:left; margin:30px; ">
    <h3>訾洲观象山</h3>
     <p>漓江江水并不算宽阔，但是却百转千回，在蜿蜒之中展现着清秀的韵味。两岸的山峰也有其特色，他们并不像北方的山那样动辄上千米高，
     巍峨陡峻、气势不凡。漓江江畔的山峰，就整体来说并不高，但是却显得非常清秀，参差错落之间，近处的山峰实实在在的展现在眼前，在漓江
     中形成梦幻的倒影，而远处的山峰则隐藏在雾气之中，若隐若现，让人感觉数百米之外的地方就是仙境。正如唐代著名文学家韩愈的诗句所言：
     江作青罗带，山如碧玉簪。
    </p>
    </div>
```

步骤 11 选择“实时视图”页面查看效果，如下图所示。

步骤 12 按照同样的操作方法，分别做出另外的文字❶和图片效果❷部分，如下图所示。

步骤 13 在代码页面中，选择表格第5行，输入如下图所示蓝色部分代码。

```
<div class="wc960 row rowE">

<div class="hd">
    <div class="fl">
        <h2 class="title">热门推荐</h2>
    </div>
    <div class="fr">
        <ul id="tabT04" class="tab-T-3 mt20 ">
            <li class="cur"></li>
            <li></li>
            <li></li>
        </ul>
    </div>
</div>
</div>
```

步骤 14 打开style.css页面，对上一步热门推荐内容设置具体的样式代码，如下图所示。

```
.wc960{margin:0 auto;width:960px;}
.fl{float:left;}
.fr{float:right;}
.mt20{margin-top:20px;}
/*全局板块*/
.row .hd{background:url(../images/hd-line_01.jpg) no-repeat 0 50px;height:55px;}
.row .hd .title{font:26px/40px "微软雅黑","Microsoft YaHei","黑体","SimHei";}
/*全局页签*/
.tab-T-3{width:66px;}
.tab-T-3 li{width:12px;height:12px;font-size:0;background-color:#dfdfdf;float:left;margin-
left:10px;cursor:pointer;display:inline;}
.tab-T-3 li.cur{background-color:#d81c1b;}
```

步骤 15 回到index.html页面，选择“实时视图”页面并查看效果，如下图所示。

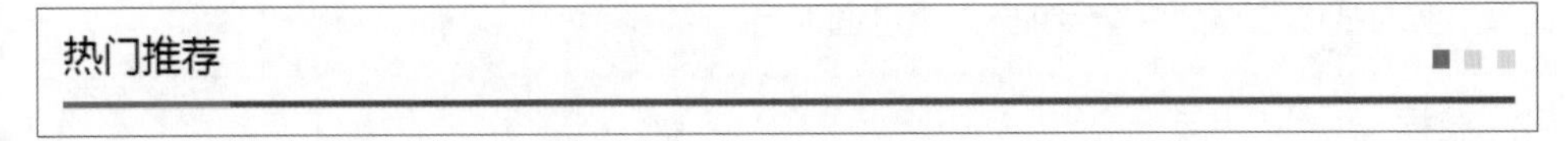

步骤 16 在index.html文件代码页面第194行至第307行输入相应的代码（具体代码参照源文件），如下图所示。

```
<div class="bd mt20">
  <div id="scal" class="warp-pic-list">
    <div id="wrapBox1" class="wrapBox">
      <ul id="count1" class="count clearfix">
        <li> <a href="#2685" class="img_wrap"><img src="./images/1.jpg" width="176" height="135" border="0"
        /></a>
            <div class="text-area">
              <p>天涯海角</p>
              <p>住宿：凯瑞莱酒店</p>
              <p>Tel：<span class="p-num">123456789 </span></p>
            </div>
        </li>
        <li> <a href="#2624" class="img_wrap"><img src="./images/2.jpg" width="176" height="135" border="0"
        /></a>
            <div class="text-area">
              <p>张家界大峡谷玻璃桥</p>
              <p>住宿：河岸假日酒店</p>
              <p>Tel：<span class="p-num">123456789 </span></p>
            </div>
```

步骤 17 在代码页面第309行至第326行输入JS代码，使图片产生滚动效果，如下图所示。

```
<script type="text/javascript">
$(document).ready(function(){

    $("#count1").dayuwscroll({
        parent_ele:'#wrapBox1',
        list_btn:'#tabT04',
        pre_btn:'#left1',
        next_btn:'#right1',
        path: 'left',
        auto:true,
        time:3000,
        num:5,
        gd_num:5,
        waite_time:1000
    });

});
</script>
```

步骤 18 在代码页面第11行输入调用外部文件scroll.1.3.js代码，如下图所示。

```
1     <!DOCTYPE html PUBLIC "-//W3C//DTD XHTML 1.0 Transitional//EN" "http://www.w3.org/TR/xhtml1/DTD/xhtml1-
      transitional.dtd">
2 ▼   <html xmlns="http://www.w3.org/1999/xhtml">
3 ▼   <head>
4     <meta http-equiv="Content-Type" content="text/html; charset=gb2312" />
5     <meta http-equiv="X-UA-Compatible" content="IE=8">
6     <title>旅游网站</title>
7     <link href="css/my.css" rel="stylesheet" type="text/css">
8     <link href="css/style.css" rel="stylesheet" type="text/css">
9     <script src="js/jquery.js"></script>
10    <script type="text/javascript" src="js/jquery1.7.min.js"></script>
11 ▼  <script type="text/javascript" src="js/scroll.1.3.js"></script>
```

步骤 19 打开style.css页面，输入下图蓝色部分所示的代码。

```
/*热门旅游区*/
.wc960{margin:0 auto;width:960px;}
.rowE .warp-pic-list{position:relative;width:960px;height:230px;overflow:hidden;}
.rowE .count li{margin-right:20px;width:176px;height:228px;}
.rowE .count .img_wrap{width:176px;height:135px;}
.rowE .count li .text-area{padding:10px 0 10px 5px;}
.rowE .count li .text-area  p{line-height:24px;height:24px;}
.rowE .count li:hover .text-area,.rowE .count li.hover .text-area{background-color:#d81c1b;color:#fff;}
.rowE .count .p-num{font-style: normal;font-family:"宋体";font:16px ,Arial, Helvetica, sans-serif;color:#000;}
.rowE .btn{display:block;height:55px;position:absolute;top:78px;width:35px;z-index:200;cursor:pointer;}
.rowE .prev{ background-position:0 -88px;left:0;}
.rowE .prev:hover{background-position:0 -144px;}
.rowE .next{ background-position:0 -200px;right:0;}
.rowE .next:hover{background-position:0 -256px;}
```

步骤 20 选择“实时视图”页面并查看效果，如下图所示。

步骤 21 执行“窗口>属性”命令，打开“属性”面板，选择文字内容❶，在属性面板上链接栏内输入链接网址#❷，如下图所示。

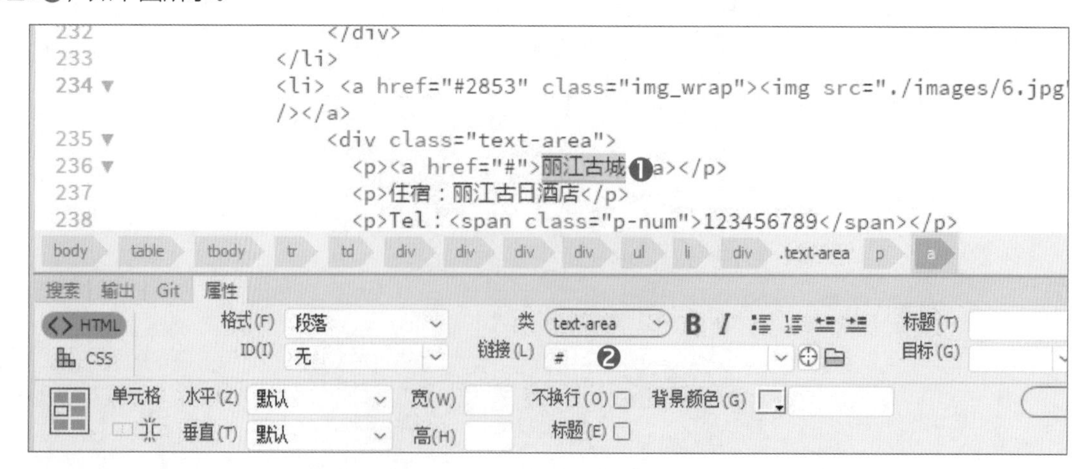

步骤 22 按照同样的操作方法，对其他图片的文字内容添加合适的链接，查看效果，如下图所示。

7.4 网页页尾的制作

网站的页尾通常是放置企业的地址、电话、一些页面的链接文字或网站的许可证之类的内容，让浏览者在浏览完网页后能更方便地回到所需的页面继续浏览。通过页尾的制作装饰，可以使整个网页更加完整，让页面看起来更加和谐。

步骤 01 打开index.html页面，选择表格第5行，输入下左图蓝色部分所示的代码。

步骤 02 打开my.css页面，在第111行至123行输入下右图蓝色部分所示的代码。

```
337 ▼         <div class="bottom">
338 ▼ <div class="imggk" style="height:200px;width: 250px">
339 ▼             <ul >
340                     <li class="heading"> 联系我们</li>
341                     <li>邮编号码：000000</li>
342                     <li>电话852-957-1879</li>
343                     <li><a href="qq@1222.com">23344.com</a></li>
344                 </ul>
345         </div>
346 ▼ <div class="imggk" style="height:200px;width: 200px">
347 ▼             <ul >
348                     <li class="heading"> 新闻资讯</li>
349                     <li>公司活动安排</li>
350                     <li>公司展会</li>
351                     <li>公司放假时间</li>
352                 </ul>
353 </div>
354 ▼ <div class="imggk" style="height:200px;width: 200px">
355 ▼             <ul >
356                     <li class="heading">留言反馈 </font></li>
357                     <li>产品目录</li>
358                     <li>产品展示</li>
359                     <li>返回首页</li>
360                 </ul>
361 </div>
362 ▼ <div class="imggk" style="height:200px;width: 200px">
363 ▼             <ul >
364                     <li class="heading">公司活动</li>
365                     <li>员工风彩</li>
366                     <li>车间情景</li>
367                     <li>公司环境</li>
368                 </ul>
369 </div>
370 </div>
```

```
111 ▼ .imggk{margin-top: 20px;
112   }
113   .imglb{width: 1000px;margin:0px auto;
114   }
115   }
116   .lb-img{height: 180px;width:180px;
117   }
118   .lb-1{height: 180px;width: 180px;
119   }
120 ▼ .lb-p{height: 35px;width: 180px;
121   margin-top:10px;text-align:
122   center;line-height: 35px;
123   }
```

步骤 03 在代码页面选择表格第5行单元格，输入如下图蓝色部分所示代码。

```
333
334
335 ▼     <tr>
336 ▼       <td background="img/contact.jpg">
337 ▼         <div class="bottom">
338 ▼ <div class="imggk" style="height:200px;width: 250px">
339 ▼             <ul >
340                     <li class="heading"> 联系我们</li>
341                     <li>邮编号码：000000</li>
342                     <li>电话852-957-1879</li>
343                     <li><a href="qq@1222.com">23344.com</a></li>
344                 </ul>
```

步骤 04 选择“实时视图”页面并查看效果，如下图所示。

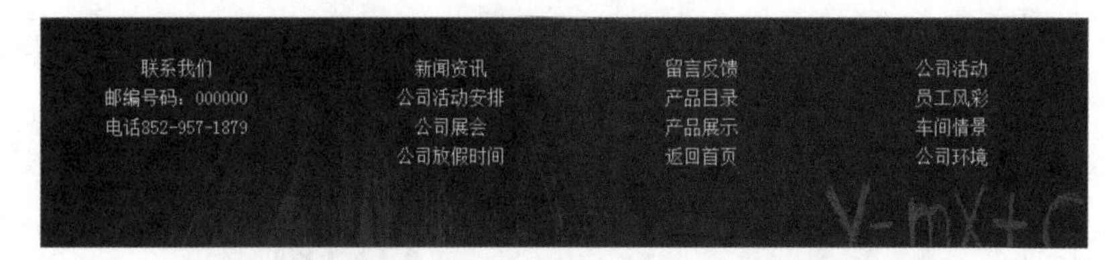

步骤 05 保存文件，按键盘上的F12功能键浏览网页画面，效果如下图所示。

Chapter 08 制作美容化妆品网站

本章概述

随着互联网的高速发展，越来越多的人都喜欢通过网站来购买商品。这时，商家为了让客户对网站留下一个深刻的印象，会把网站画面制作得丰富多彩。对于美容化妆品网站的创建，我们可以通过配上图片和介绍文字来丰富页面效果，达到吸引客户从而促成销售的目的。

核心知识点

❶ 了解网站的创建思路
❷ 掌握各种代码的用法
❸ 了解CSS样式文件的创建
❹ 编写CSS样式代码
❺ 掌握CSS样式的运用

8.1 网站站点以及菜单导航的建立

要创建网站，一般要先建立站点，通过站点的建立，可以把文件规范到站点下，方便文件的管理，提高工作效率。

步骤 01 打开Dreamweaver 2019应用程序，在“新建文档”对话框的“文档类型”列表框中选择“</>HTML”选项❶，在“标题”文本框中输入“美容化妆品网站案例”❷，单击“创建”按钮❸，如下图所示。

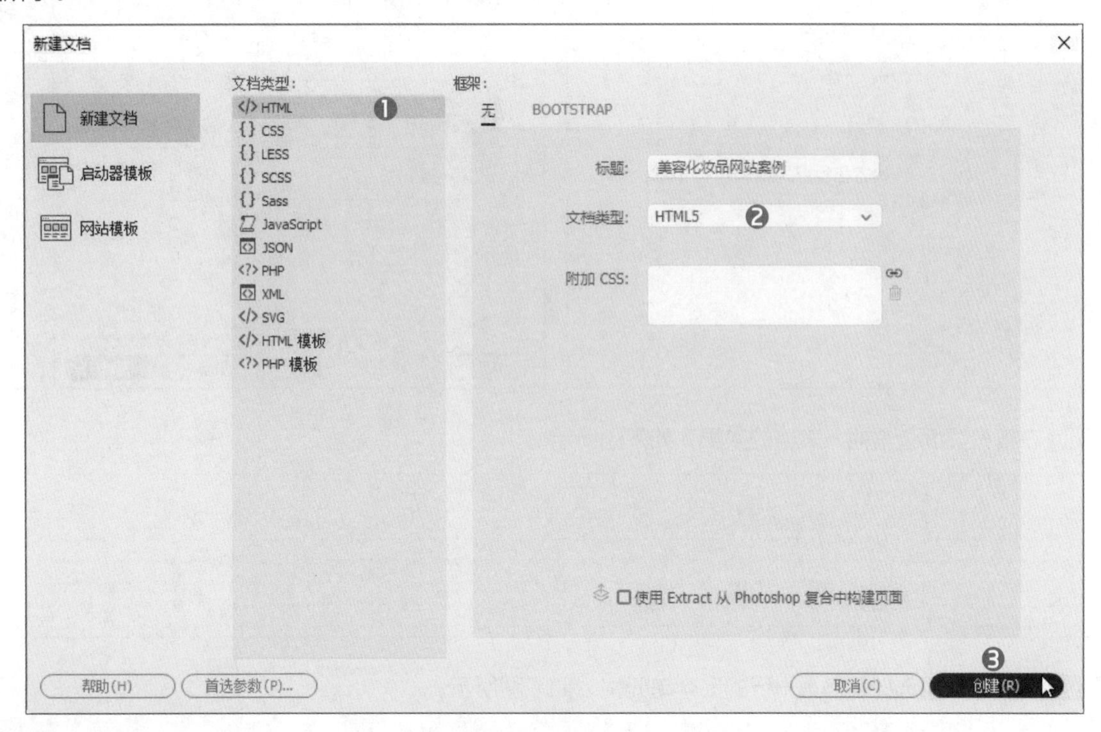

步骤 02 进入初始界面后，执行“文件>另存为”命令，在打开的“另存为”对话框中输入“文件名”为index❶，然后单击“保存”按钮❷，如下左图所示。

步骤 03 执行“站点>新建站点”命令，在打开的“站点设置对象mr”对话框中输入合适的站点名称❶，然后选择合适的本地站点文件夹❷，单击“保存”按钮❸，如下右图所示。

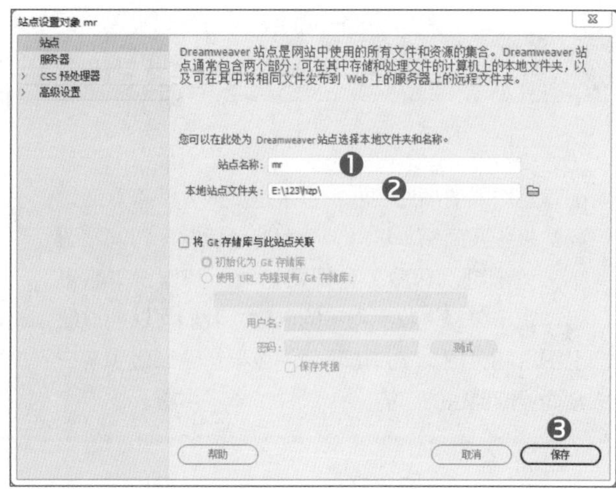

步骤 04 选择代码页面，移动光标到<body>…</body>中间，如下左图所示。

步骤 05 执行“插入>Table”命令，在打开的Table窗口中设置具体参数❶，然后单击“确定”按钮❷，如下右图所示。

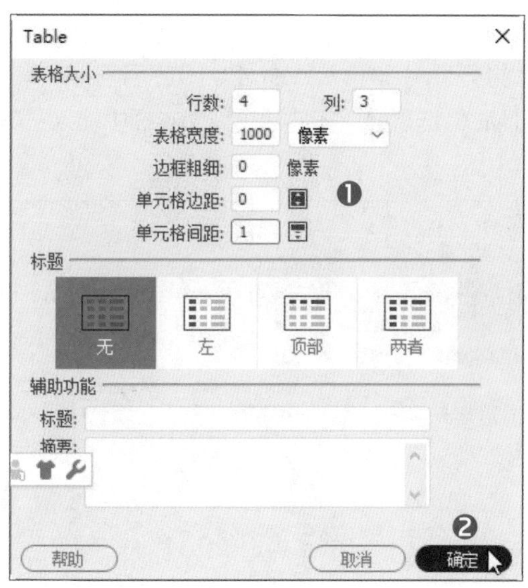

步骤 06 在拆分页面查看插入表格的效果，如下图所示。

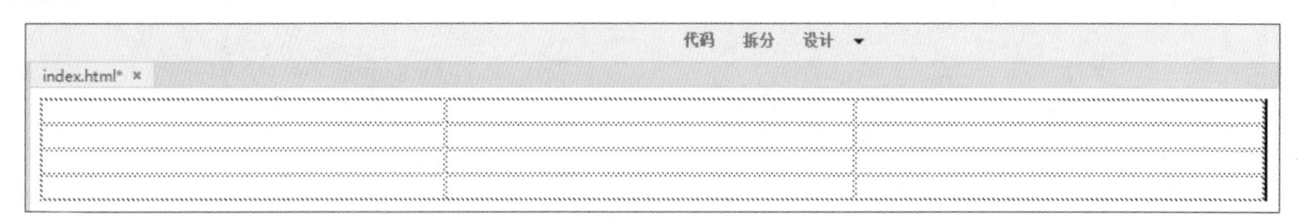

步骤 07 在拆分页面选择表格第一行的三个单元格，如下图所示。

步骤 08 执行“窗口>属性”命令，在打开的“属性”面板中选择“合并所选单元，使用跨度”选项，如下图所示。

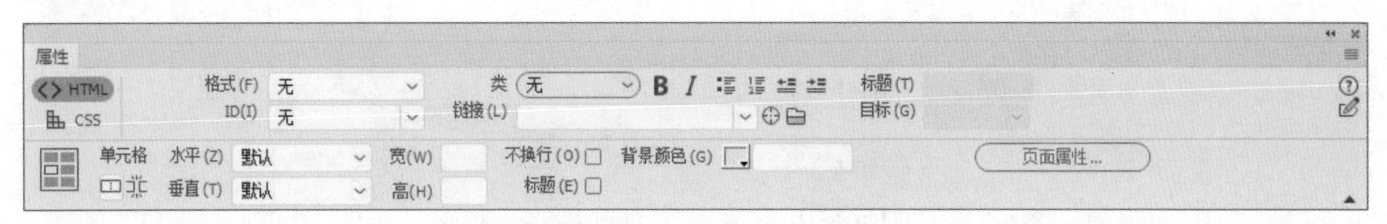

步骤 09 执行“窗口>显示面板”命令，打开页面右侧面板，在面板中选择“站点”，同时单击鼠标右键，在打开的快捷菜单中选择“新建文件夹”选项，然后输入文件夹名称为“css”，如下左图所示。

步骤 10 按同样的操作方法，创建“image”文件夹，如下右图所示。

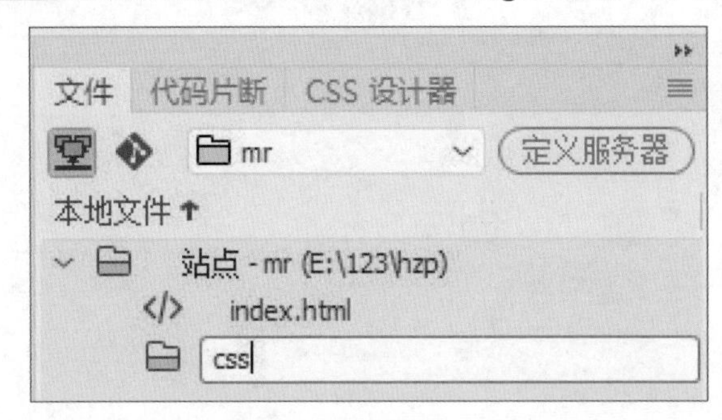

步骤 11 执行“窗口>显示面板”命令，打开页面右侧面板，在面板中选择“CSS设计器”选项❶，单击+按钮❷，在打开的快捷选项列表中选择“创建新的CSS文件”选项❸，如下左图所示。

步骤 12 打开“创建新的CSS文件”对话框，单击“浏览”按钮，如下右图所示。

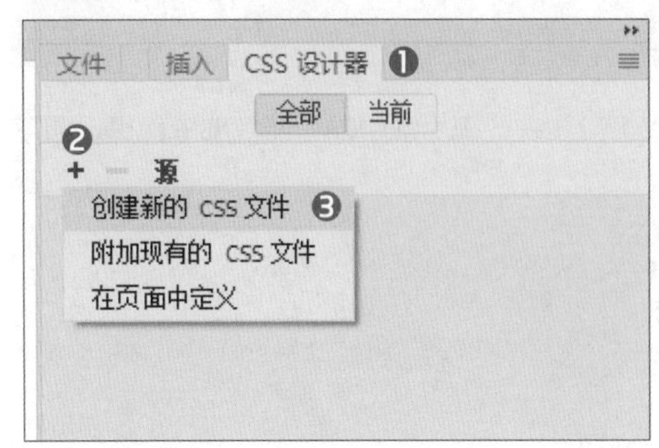

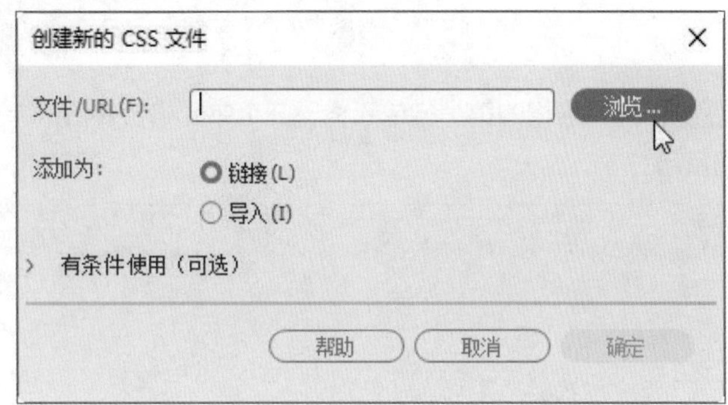

步骤 13 在打开的“将样式表文件另存为”对话框中，选择刚创建的css文件夹❶，在“文件名”文本框中输入合适的文件名❷，然后单击“保存”按钮❸，如右图所示。

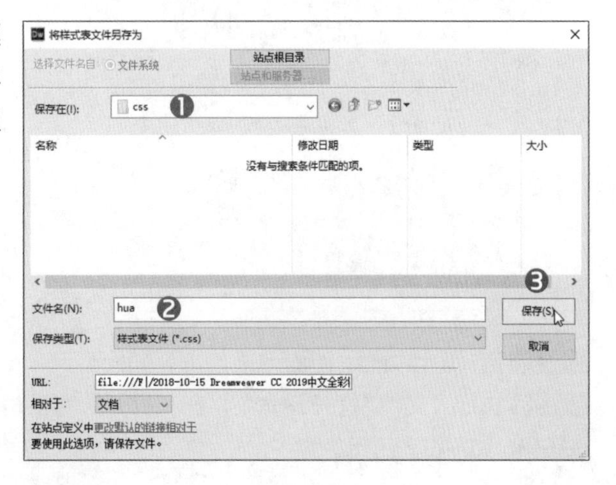

步骤 14 回到“创建新的CSS文件”对话框，单击“确定”按钮，如下图所示。

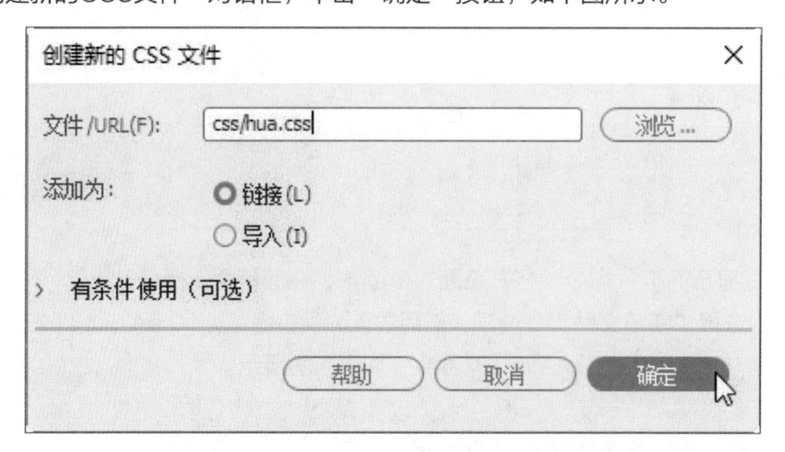

步骤 15 此时面板中出现已创建的hua.css样式文件❶。按同样的操作方法，创建zhuan.css样式文件❷，如右图所示。

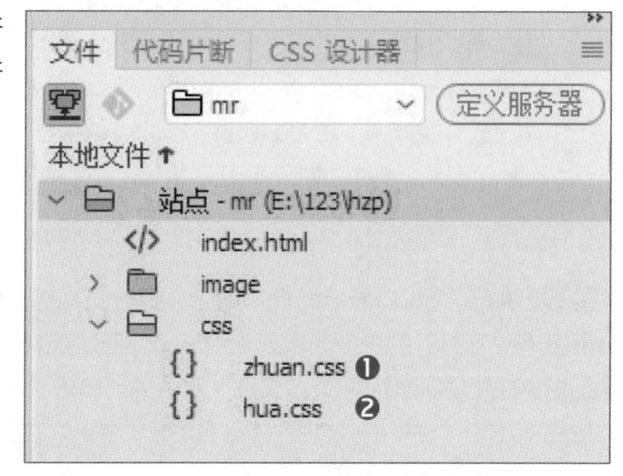

步骤 16 选择表格的第一行单元格（三个单元格合并后的单元格），在代码页面中输入蓝色部分代码，如下图所示。

```
15      <div  class="mr cl">
16    <div class="w200 fl tar ml30" ><img src="image/logo-2.png" width="139" height="47"></div>
17    <div class="w720 fl tal ol">
18
19    <div class="w720 fl tal ol">
20
21       <ul id="nav">
22        <li><a href="#">网站首页</a></li>
23        <li>|</li>
24        <li><a href="#">关于我们</a></li>
25        <li>|</li>
26        <li><a href="#">图片展示</a></li>
27        <li>|</li>
28        <li><a href="#">资讯信息</a></li>
29        <li>|</li>
30        <li><a href="#">联系我们</a></li>
31        <li>|</li>
32        <li><a href="#">留言反馈</a></li>
33       </ul>
34     </div>
35 </div></div>
```

步骤 17 选择设计页面，查看效果，如下左图所示。

步骤 18 执行“文件>打开”命令，在“打开”对话框中选择zhuan.css样式文件❶，然后单击“打开”按钮❷，如下右图所示。

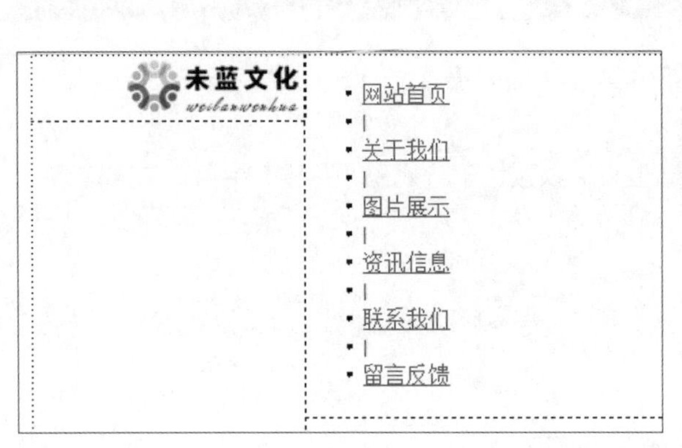

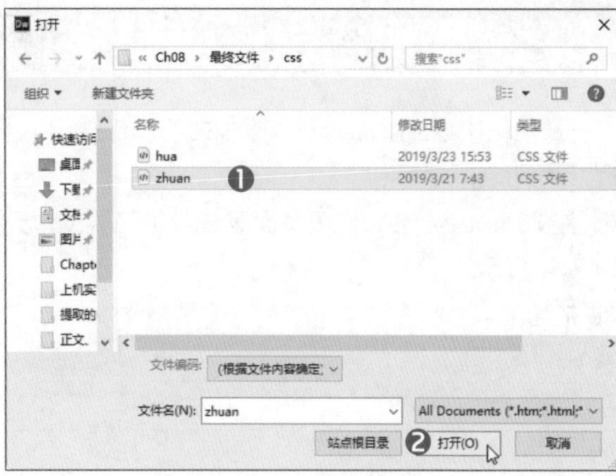

步骤 19 在打开的zhuan.css样式文件页面选择代码页面，输入蓝色部分代码，保存文件，如下图所示。

```
index.html ×   zhuan.css ×
1  @charset "utf-8";
2  body,div, ul, li{margin:0; padding:0;color:#000;}
3  ol, ul ,li{list-style:none;color:#000;margin:0;padding:0; }
4  img {border: 0; vertical-align:middle}
5
6  .clear{clear:both;height:1px;width:100%; overflow:hidden; margin-top:-1px}
7  a{color:#000000;text-decoration:none}
8  a:hover{color:#BA2636}
9
10
11 ul#nav{  height:40px; margin:0 auto; width:680px}
12 ul#nav li{display:inline; height:40px; margin-left:15px;}
13 ul#nav li a{display:inline-block;  height:50px; line-height:40px;
14 color:#000;}
15 ul#nav li a:hover{background:#0095BB; }
```

步骤 20 在打开的hua.css样式文件页面输入蓝色部分代码，并保存文件，如下图所示。

```
body{margin:0; padding:0;font-style: normal;font-family : 字心坊小令体常规体;font-size : 12pt;Arial,
Helvetica, sans-serif;color:#000;}
.cl{clear:both}
.fl{ float:left}
.fr{ float:right}
.w1000{width:1000px;}
.w720{width:720px;}
```

步骤 21 回到index.html页面，输入蓝色部分的调用CSS样式代码，如下图所示。

```
1    <!DOCTYPE html PUBLIC "-//W3C//DTD XHTML 1.0 Transitional//EN"
     "http://www.w3.org/TR/xhtml1/DTD/xhtml1-transitional.dtd">
2 ▼  <html xmlns="http://www.w3.org/1999/xhtml">
3 ▼  <head>
4    <meta http-equiv="Content-Type" content="text/html; charset=gb2312" />
5    <meta http-equiv="X-UA-Compatible" content="IE=8">
6    <title>美容化妆品网站案例展示</title>
7 ▼  <link href="css/zhuan.css" rel="stylesheet" type="text/css">
8    <link href="css/hua.css" rel="stylesheet" type="text/css">
9    </head>
```

步骤 22 回到index.html页面，选择设计页面查看效果，如下图所示。

8.2 网页广告语的制作

在网站中适当添加一些有吸引力的广告语句，不仅能丰富页面效果，也能增加浏览者对产品购买的兴趣，达到促销的效果。

步骤 01 在index.html代码页面第二行第三列的单元格位置输入蓝色部分代码，并输入中英文文字内容，如下图所示。

```
<td width="540">
<div class="w586 fl">
  <div class="w586 tac mb20 lh20" >只为了让女人变得更漂亮，实现每个女人的美丽梦想！<br />In order to make women more
  beautiful, to realize the beautiful dream of every woman!</div>
</div>
```

步骤 02 在index.html页面选择设计页面，查看效果，如下图所示。

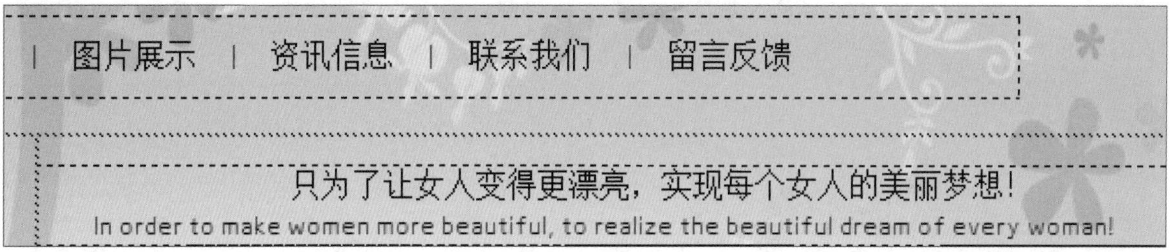

| 图片展示 | 资讯信息 | 联系我们 | 留言反馈

只为了让女人变得更漂亮，实现每个女人的美丽梦想！

In order to make women more beautiful, to realize the beautiful dream of every woman!

8.3 产品展示部分的制作

企业通常都会把最好的产品放在网站中展示出来，使网站更加丰富多彩。通过产品展示，配上产品的说明，让客户一目了然。

步骤 01 在代码页第50~55行输入蓝色部分代码，如下图所示。

```
49
50 ▼     <div class="w586 tac hi" style="background-image:url(image/5.png)">
51
52        <div class="w80 fl tar mt30"><img src="image/1.png" /></div>
53        <div class="w2 fl hi" style="display: table-cell;vertical-align: middle;"><img src="image/2.png" /></div>
54        <div class="w95 fl tal" style="padding:10px;
55  ">产品选取来自大自然的精萃原料，潜心研制自然主义化妆品</div>
```

步骤 02 打开hua.css样式文件，输入下图中蓝色部分所示的代码。

```
1  body{margin:0; padding:0;font-style: normal;font-family : 字心坊小令体常规体;font-size : 12pt;Arial, Helvetica, sans-
   serif;color:#000;}
2  .cl{clear:both}
3  .fl{ float:left}
4  .fr{ float:right}
5  .w1000{width:1000px;}
6  .w720{width:720px;}
7 ▼ .w586{width:586px;}
8  .w255{width:255px;}
9  .w170{width:170px;}
10 .w95{width:95px;}
11 .w90{width:90px;}
12 .w80{width:80px;}
13 .w2{width:2px;}
14 .tac{ text-align:center;}
15 .tal{ text-align:left;}
16 .tar{ text-align:right;}
17 .mt30{ margin-top:30px;}
```

步骤 03 回到index.html文件，选择设计页面，查看效果，见下图所示。

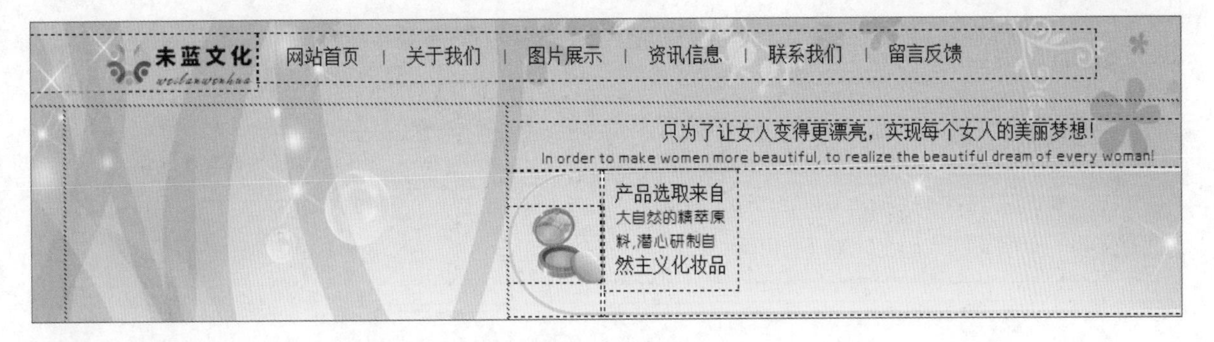

步骤 04 选择代码页面，输入代码，如下图蓝色部分所示。

```
52        <div class="w80 fl tar mt30"><img src="image/1.png" /></div>
53        <div class="w2 fl hi" style="display: table-cell;vertical-align: middle;"><img src="image/2.png" /></div>
54        <div class="w95 fl tal" style="padding:10px;
55  ">产品选取来自大自然的精萃原料,潜心研制自然主义化妆品</div>
56
57 ▼          <div class="w80 tac fl hi bjc" style="background-image:url(image/3.png)"></div>
58        <div class="w2 fl hi" style="background-image:url(image/2.png)"></div>
59        <div class="w90 fl tal" style="height:96px;padding:10px;
60  ">鲜花开了 粉红的颜色如同小姑娘羞红的脸</div>
61
62            <div class="w80 tar fl mt30"><img src="image/4.png" /></div>
63        <div class="w2 fl hi" style=" background-image:url(image/2.png)"></div>
64        <div class="w90 fl tal" style="padding:10px;
65  ">用完这个化妆品，你的皮肤像剥了壳的荔枝一样</div>
66      </div>
```

步骤 05 在hua.css样式文件页面中输入蓝色部分代码，如下图所示，然后保存文件。

```
18 ▼ .hi{height:121px;}
19   .hi30{height:30px;}
20   .bjc{background-position:center center;background-repeat:no-repeat;}
```

步骤 06 在index.html页面中选择设计页面，查看效果，如下图所示。

8.4 制作美容资讯信息栏

通过信息栏的信息，浏览者可以很方便地了解到产品的行情等信息，下面介绍制作美容资讯信息栏的操作方法，具体步骤如下。

步骤 01 在index.html文件中选择代码页面，在第68~75行输入蓝色部分代码，如下图所示。

```
<div class="w586 tac mt30">
<div class="w255 fl ml30" style="height:200px;">
<div class="w255 fl bjb" style="height:30px; background-image:url(image/line.png);">
 <div style=" float:left;width:22px;height:18px; margin:6px;"></div>
 <div style=" float:left;width:150px;height:30px; margin-left:10px;line-height:30px; text-align:left"></div>
</div>
</div>
</div>
```

步骤 02 将光标移动到代码上，如下图所示。

```
<div class="w586 tac mt30">
<div class="w255 fl ml30" style="height:200px;">
<div class="w255 fl bjb" style="height:30px; background-image:url(image/line.png);">
 <div style=" float:left;width:22px;height:18px; margin:6px;"></div>
 <div style=" float:left;width:150px;height:30px; margin-left:10px;line-height:30px; text-align:left"></div>
</div>
```

步骤 03 执行“插入>image”命令，在打开的对话框中选择合适的图片❶，然后单击“确定”按钮❷，如下图所示。

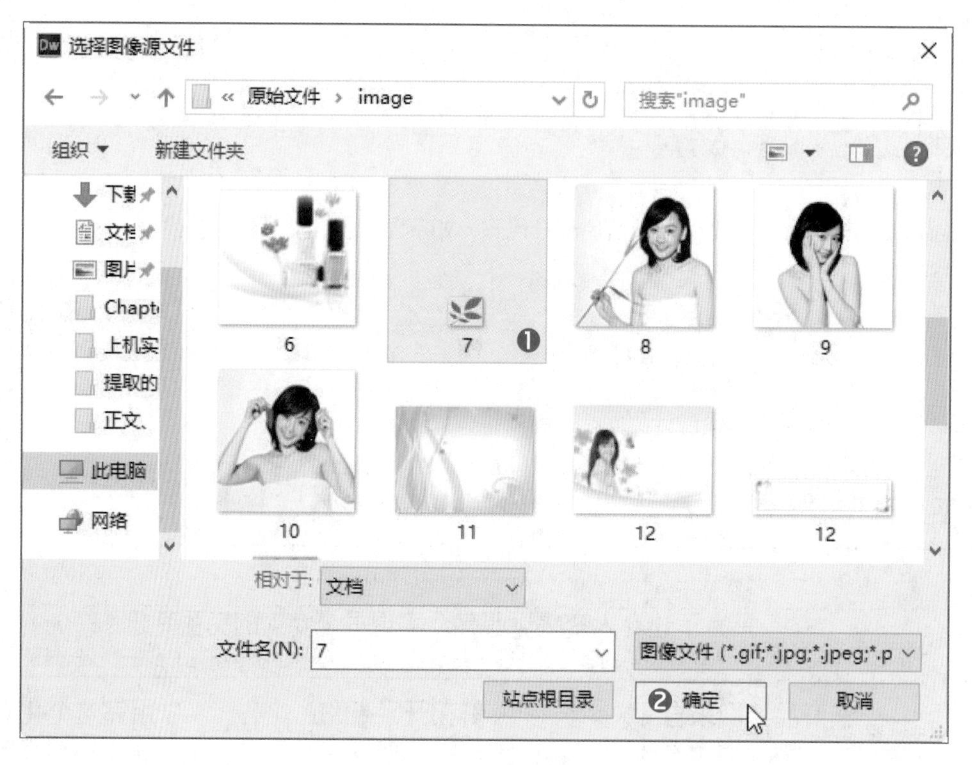

步骤 04 按同样的操作方法，把光标移至代码位置上，如下图所示。

```
 <div style=" float:left;width:22px;height:18px; margin:6px;"><img src="image/7.png" width="22" height="18"
 alt=""/></div>
 <div style=" float:left;width:150px;height:30px; margin-left:10px;line-height:30px; text-align:left"></div>
</div>
</div>
</div>
```

步骤 05 输入“资讯信息”文字，如下图所示。

```
 <div style=" float:left;width:22px;height:18px; margin:6px;"><img src="image/7.png" width="22" height="18"
 alt=""/></div>
 <div style=" float:left;width:150px;height:30px; margin-left:10px;line-height:30px; text-align:left">资讯信
息</div>
</div>
</div>
</div>
```

步骤 06 在index.html文件中选择设计页面，查看效果，如下图所示。

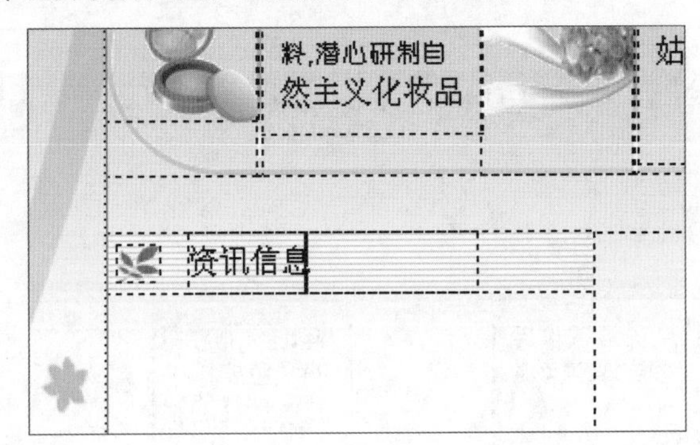

步骤 07 在hua.css文件中输入蓝色部分代码，对标题栏设置背景图案不重复，位置置于底部，如下图所示。

```
18    .hi{height:121px;}
19    .hi30{height:30px;}
20    .bjc{background-position:center center;background-repeat:no-repeat;}
21 ▼  .bjb{background-position:bottom;background-repeat:no-repeat;}
```

步骤 08 在index.html文件中选择设计页面，查看效果，如下图所示。

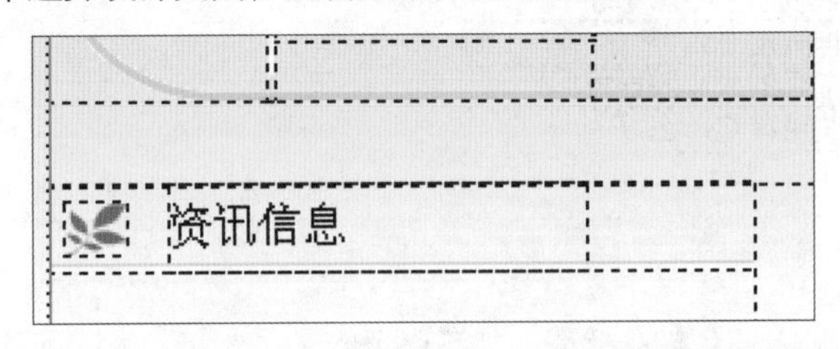

步骤 09 在index.html文件中选择代码页面，输入蓝色部分代码，如下图所示。

```
75 ▼      <div style="width:255px;height:170px; float:left;">
76        <div class="bt">1、新手化妆必学技巧</div>
77        <div class="bt">2、化妆品店如何选择品牌</div>
78        <div class="bt">3、化妆品名称存严重误导不得使用</div>
79           <div class="bt">4、“果蔬”化妆品抢占秋冬市场</div>
80           <div class="bt">5、洗头发掉头发怎么办</div>
81           <div class="bt">6、经常喝牛奶的人皮肤更好吗</div>
82           <div class="bt">7、女人皮肤粗糙吃什么好</div>
83        </div>
```

步骤 10 选择设计页面，查看效果，如下图所示。

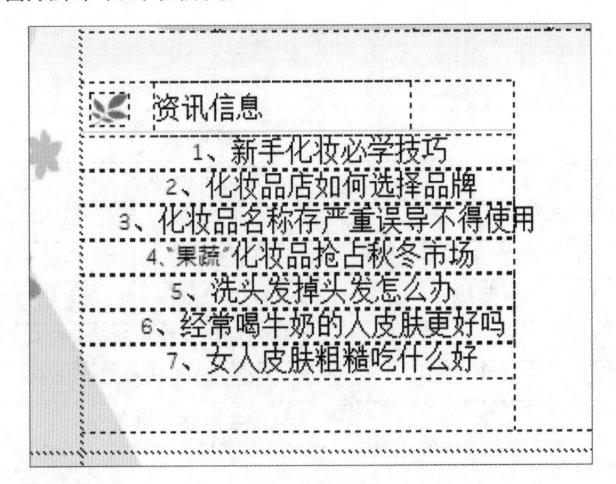

步骤 11 打开hua.css代码，在代码里加入蓝色部分代码，使文字向左对齐，如下图所示。

```
21   .bjb{background-position:bottom;background-repeat:no-repeat;}
22   .bt{width:255px;height:23px;line-height:23px;
23   text-align:left;border-bottom:1px dashed #ffabbc}
```

步骤 12 选择设计页面，查看效果，如下图所示。

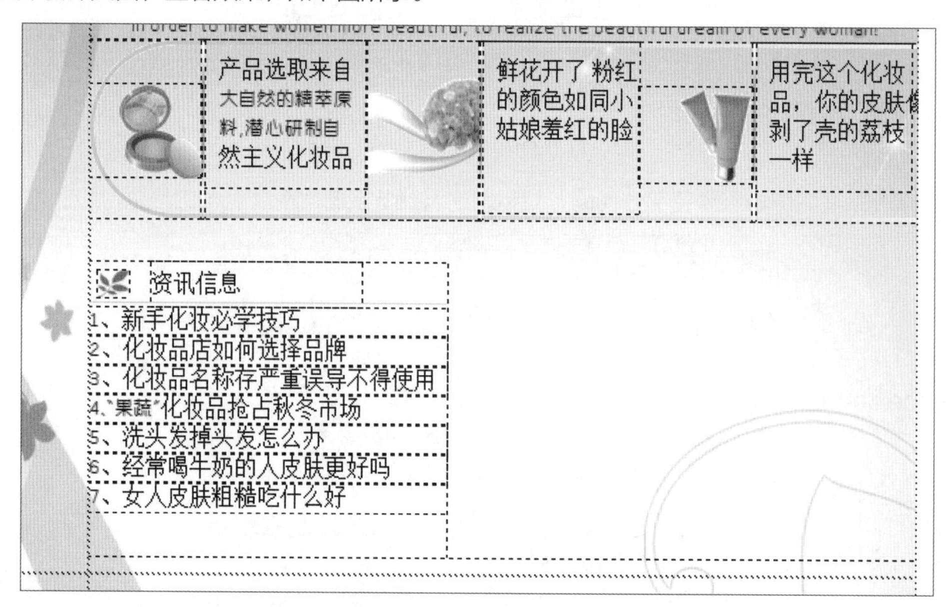

步骤 13 打开my.css页面，输入蓝色部分代码，如下图所示。

```
84       <div style="width:255px;height:200px; float:left; margin-left:25px;">
85       <div style="width:255px;height:30px; float:left; background-image:url(images/line.png);background-position: bottom;
background-repeat:no-repeat;repeat-x;repeat-y;">
86        <div style=" float:left;width:22px;height:18px; margin:6px;"><img src="images/7.png" /></div>
87        <div style=" float:left;width:150px;height:30px; margin-left:10px;line-height:30px; text-align:left">资讯信息</div>
88       </div>
89       <div style="width:255px;height:170px; float:left;">
90       <div class="bt">1、帮助肌肤恢复年轻亮丽</div>
91       <div class="bt">2、娇嫩柔软、色泽天然红润</div>
92       <div class="bt">3、你的光彩来自我的风采</div>
93         <div class="bt">4、往身上洒一点，焕发魅力</div>
94           <div class="bt">5、任何抵抗在它面前都会瓦解</div>
95           <div class="bt">6、你希望你依然年轻吗? </div>
96          <div class="bt">7、女性全部魅力所在</div>
97       </div>
98       </div>
99
```

步骤 14 回到index.html页面，选择“设计”页面并查看效果，如下图所示。

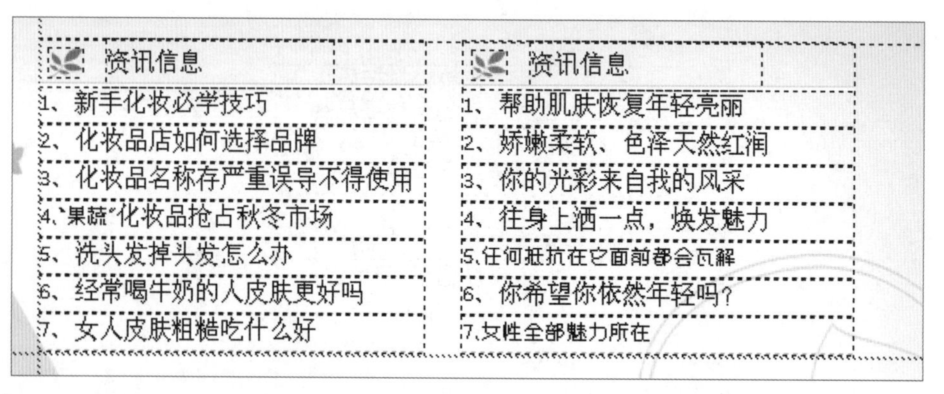

8.5 添加美容化妆品方面的描述语句

在网站中适当添加一些相关的描述语句，可以充实网站的内容，增加客户的浏览兴趣。

步骤 01 选择表格第三行第三列的单元格，制作美容方面的描述语句，在代码页面输入蓝色部分标签代码，如下图所示。

```
111      <td>
112      <div style="width:586px; text-align:center;height:138px; background-image:url(image/12.png);clear:both;
         overflow:hidden ">
113        <div style="width:506px; text-align:center;height:88px; margin:20px 40px; text-align:left;"></div>
114        </div>
115      </td>
```

步骤 02 在<div >…</div>代码中输入文字内容，如下图所示。

```
111      <td>
112      <div style="width:586px; text-align:center;height:138px; background-image:url(image/12.png);clear:both;
         overflow:hidden ">
113        <div style="width:506px; text-align:center;height:88px; margin:20px 40px; text-align:left;">纱帐缠绵的梳妆台前，
         一方葵形铜镜衬映出人儿的倒影， 镜中人儿妍丽无比，娥眉轻扫，不施粉黛。淡红的脸颊泄露了几分俏皮。将长发轻挽，缀上淡紫色步摇，配上身
         上这件浅紫色连衫裙，金钗之年便拥有倾国倾城之貌。她双眸含笑，执起一盒胭脂，轻点朱唇，淡然抿唇，霎那间，明月也谢了光环。</div>
114        </div>
115      </td>
```

步骤 03 选择设计页面查看效果，如下图所示。

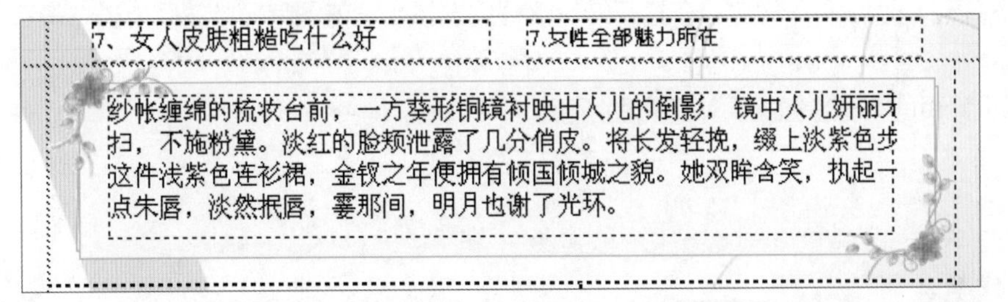

8.6 制作人物展示

为了进一步增强产品对客户的吸引力，可以展示人物使用产品后的效果，具体操作步骤如下。

步骤 01 添加<div>…</div>标签，在代码页面创建一个设置宽度和高度的<div>…</div>标签代码，一个人物展示的标题栏框架就建好了，如下图所示。

```
118      <td> </td>
119      <td> </td>
120      <td>
121        <div style="width:586px; text-align:center;height:138px;"></div>
122      </td>
123    </tr>
124  </table>
```

步骤 02 在<div>…</div>标签代码里嵌入一个<div>…</div>标签，并输入文字内容，如下图蓝色部分代码所示。

```
118      <td> </td>
119      <td> </td>
120      <td>
121        <div style="width:586px; text-align:center;height:138px;">
122      <div style="width:586px;height:30px;line-height:30px;background-image:url(image/line.png);background-position:
         bottom;background-repeat:no-repeat;repeat-x;repeat-y;">人 物 展 示 案 例</div>
123      </div>
124      </td>
```

步骤 03 输入人物展示框架标签代码，背景设置为白色，设置顶部距离为10px等参数，如下图所示。

```
118      <td> </td>
119      <td> </td>
120 ▼    <td>
121 ▼        <div style="width:586px; text-align:center;height:148px;">
122       <div style="width:586px;height:30px;line-height:30px;background-image:url(image/line.png);background-
          position: bottom;background-repeat:no-repeat;repeat-x;repeat-y;">人 物 展 示 案 例</div>
123 ▼     <div style="width:586px;height:140px; margin-top:10px; background-color:#FFFFFF"></div>
124
125
126       </div>
127      </td>
```

步骤 04 在白色背景标签内嵌入人物框架标签，如下图蓝色代码所示。

```
118      <td> </td>
119      <td> </td>
120 ▼    <td>
121 ▼        <div style="width:586px; text-align:center;height:148px;">
122       <div style="width:586px;height:30px;line-height:30px;background-image:url(image/line.png);background-
          position: bottom;background-repeat:no-repeat;repeat-x;repeat-y;">人 物 展 示 案 例</div>
123 ▼     <div style="width:586px;height:140px; margin-top:10px; background-color:#FFFFFF">
124 ▼     <div style="width:110px;height:80px; float:left; margin-left:5px; border:3px solid #ffabbc;padding:10px;">
          <img src="image/9.png" /></div>
125
126       </div>
127
128
129       </div>
130      </td>
```

步骤 05 执行“插入>image”命令，在打开的对话框中选择合适的图片❶，然后单击“确定”按钮❷，如下左图所示。

步骤 06 选择设计页面，查看效果，如下右图所示。

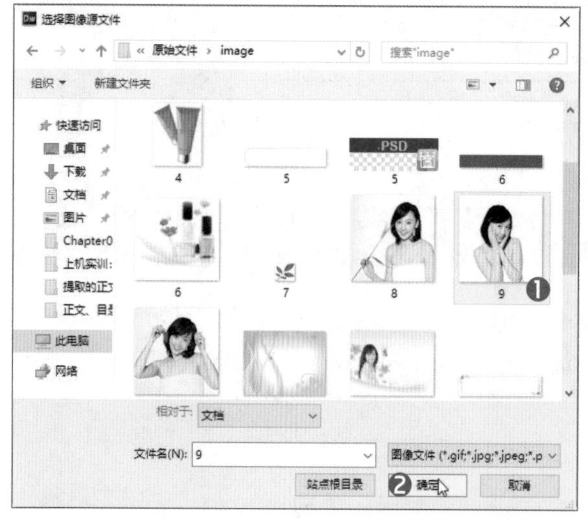

步骤 07 按照同样的操作方法，分别输入另外三个图的代码标签，如下图❶❷❸部分所示。

```
120 ▼     <div style="width:586px; text-align:center;height:148px;">
121       <div style="width:586px;height:30px;line-height:30px;background-image:url(images/line.png);background-
          position: bottom;background-repeat:no-repeat;repeat-x;repeat-y;">人 物 展 示 案 例</div>
122 ▼     <div style="width:586px;height:140px; margin-top:10px; background-color:#FFFFFF">
123       <div style="width:110px;height:80px; float:left; margin-left:5px; border:3px solid #ffabbc;padding:10px;">
          <img src="images/9.png" /></div>
124 ▼     <div style="width:110px;height:80px; float:left; margin-left:12px;border:3px solid #ffabbc;padding:10px;">
          <img src="images/8.png" /></div> ❶
125       <div style="width:110px;height:80px; float:left;margin-left:12px;border:3px solid #ffabbc;padding:10px;"><img
          src="images/10.png" /></div> ❷
126       <div style="width:110px;height:80px; float:left;margin-left:12px;border:3px solid #ffabbc;padding:10px;"><img
          src="images/6.png" /></div> ❸
127       </div>
128
129
130       </div>
```

步骤 08 选择设计页面，查看效果，如下图所示。

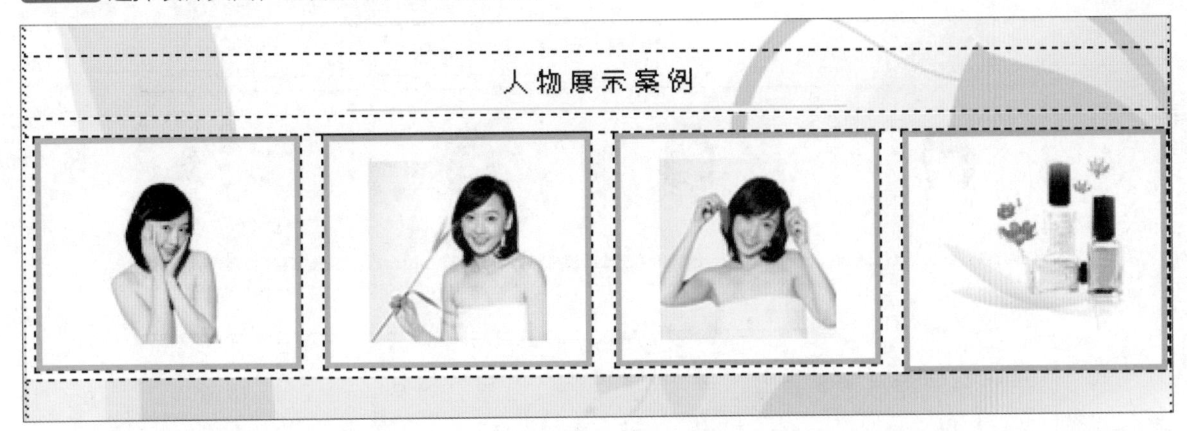

8.7 网站页尾的制作

网站页尾部分可以根据具体情况设计，可以把一些与企业相关的备案资料放在网页的底部，如许可证编号等，提高客户对网站的信任度。

步骤 01 选择表格第四行第三列的单元格，输入页尾框架的标签代码，如下图蓝色部分所示。

```
137 ▼       <td>
138 ▼       <div style="width:586px; text-align:center;height:150px;">
139
140         </div>
141         </td>
```

步骤 02 在框架标签内嵌入一个标签代码，设置具体的参数，如下图蓝色部分所示。

```
135         <td> </td>
136         <td> </td>
137 ▼       <td>
138 ▼       <div style="width:586px; text-align:center;height:150px;">
139 ▼           <div style="text-align:center;height:100px; padding:0 20 20 20px;line-height:20px;">
140
141             </div></div>
```

步骤 03 在标签代码中添加QQ在线代码，输入QQ在线代码，设置具体的QQ号，并输入相关的文字内容，如下图蓝色部分所示。

```
      <td>
      <div style="width:586px; text-align:center;height:70px;">

      <div style="text-align:center;height:100px; padding:0 20 20 20px;line-height:20px;">
              <a target="_blank" href="http://wpa.qq.com/msgrd?v=3&uin=912825634&site=qq&menu=yes"><img border="0"
              src="http://wpa.qq.com/pa?p=2:912825634:52" alt="点击这里给我发消息" title="点击这里给我发消息"/></a>
地址：中国广东省广州市白云区飞翔路112212号

<br/>
  互联网信息服务许可证京ICP备12121212  京公网安备1212121

邮箱：123131232321@abc.com
      </div>
      </div>
      </td>
```

步骤 04 在设计页面查看效果，如下图所示。

步骤 05 修改显示字体为“逐浪空也汉服创艺楷体”字体，保存index.html文件，然后按键盘上的F12键浏览网页，如下图所示。

Chapter 09 制作儿童教育网站

本章概述

儿童在思想、性格、智力、体魄等方面的可塑性很强，儿童教育是指对儿童进行德育、智育、体育等方面的培养和训练，从而进行积极和健康的引导。下面通过对创建儿童教育网站的详细讲解，使读者能更容易掌握创建该类网站核心知识点。

核心知识点

① 了解网站的创建思路
② 掌握各种代码的用法
③ 创建不同的网站页面
④ 了解不同页面的链接方式
⑤ 掌握CSS样式的运用

9.1 网站站点的建立

创建儿童教育网站，常常是把儿童日常生活中遇到的问题，在网页中详细解答出来，可配上图片达到丰富页面的效果，使得儿童和家长对网站展示的内容更加感兴趣。

要创建网站，一般要先建立站点，下面就一步一步来介绍建网的过程。

步骤 01 打开Dreamweaver 2019应用程序，在“新建文档”对话框的“文档类型”列表框中选择“</>HTML”选项❶，在“标题”文本框中输入“儿童教育”❷，单击“创建”按钮❸，如下图所示。

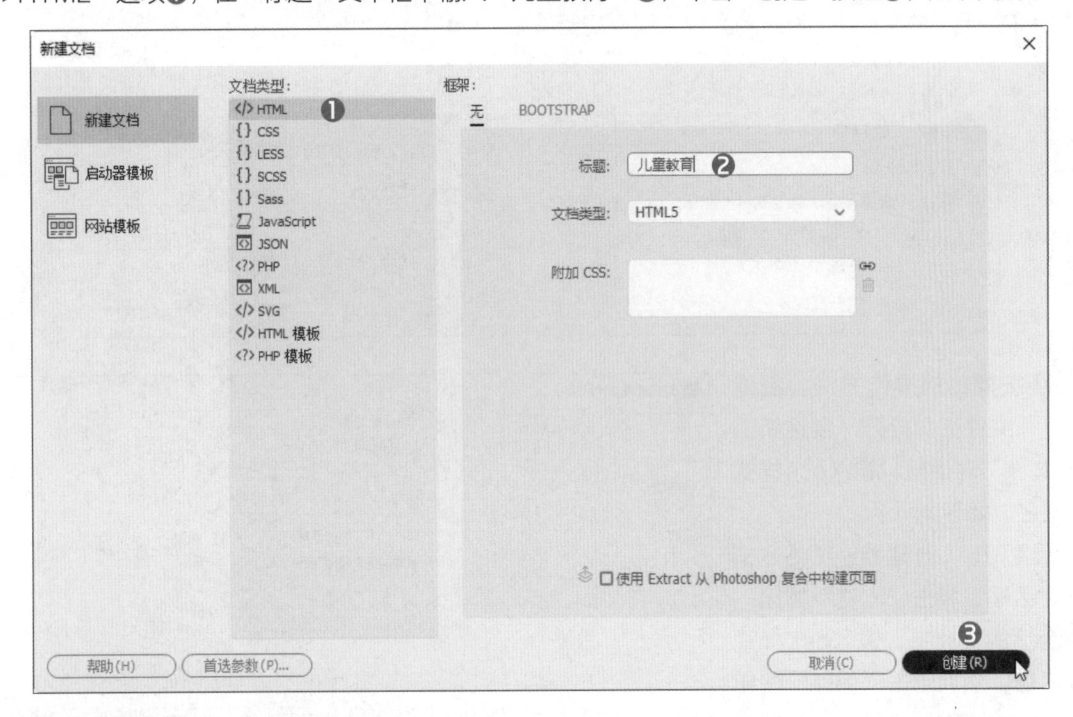

步骤 02 进入初始界面，如下图所示。

Dw 文件(F) 编辑(E) 查看(V) 插入(I) 工具(T) 查找(D) 站点(S) 窗口(W) 帮助(H)

代码 拆分 实时视图

Untitled-1* ×

单击标尺上的"▼"图标以添加媒体查询

步骤03 执行“文件>另存为”命令，在打开的“另存为”对话框中输入“文件名”为index❶，然后单击“保存”按钮❷，如下左图所示。

步骤04 执行“站点>新建站点”命令，在打开的“站点设置对象etjy”对话框中输入合适的站点名称❶，然后选择合适的本地站点文件夹❷，单击“保存”按钮❸，如下右图所示。

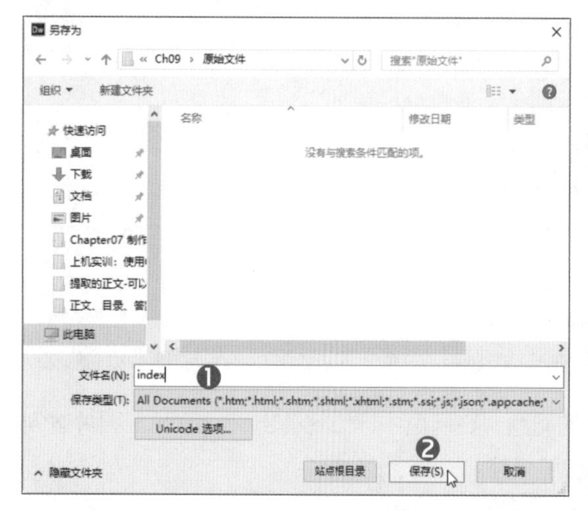

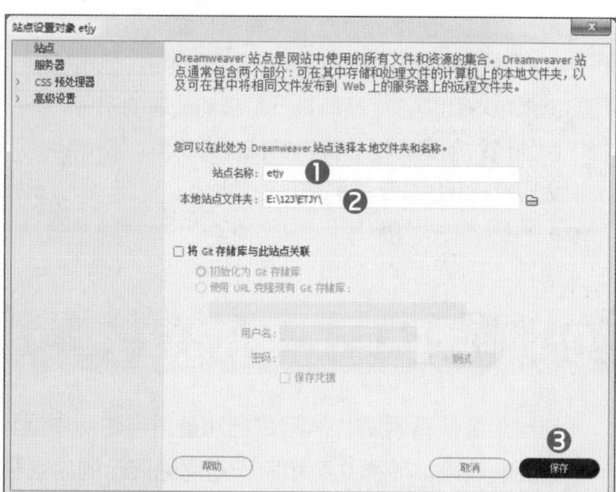

步骤05 执行“窗口>显示面板”命令，打开页面右侧面板，在面板中选择“文件”选项❶，选择“站点”并单击鼠标右键，在打开的快捷菜单中选择“新建文件夹”选项❷，如下左图所示。

步骤06 输入合适的文件夹名images，如下右图所示。

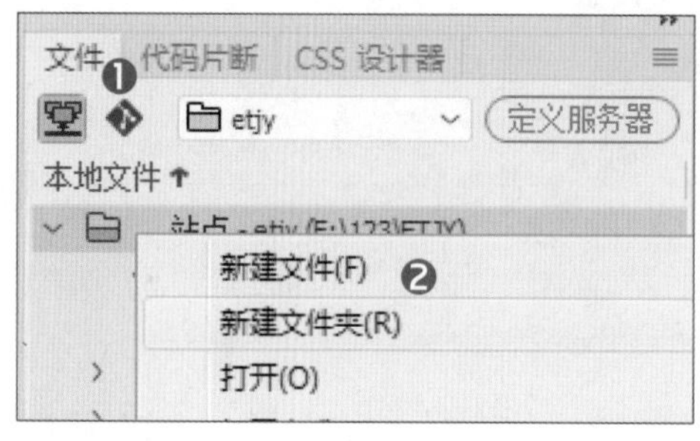

步骤07 按同样的操作方法，创建“CSS”文件夹。打开“创建新的CSS文件”对话框，输入css样式文件夹名，如下图所示。

步骤08 打开“创建新的CSS文件”对话框，单击“浏览”按钮，选择合适的文件夹，输入css样式文件名❶，然后单击“保存”按钮❷，如右图所示。

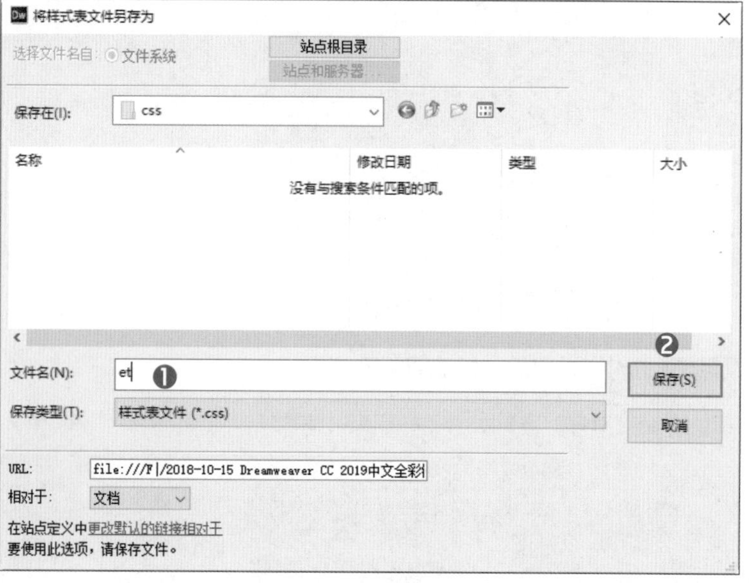

步骤 09 此时在面板中选择“文件”选项，单击“css”文件夹，出现已创建的et.css样式文件，如下左图所示。

步骤 10 然后按同样的方法分别创建contact.html和content.html文件❶❷，如下右图所示。

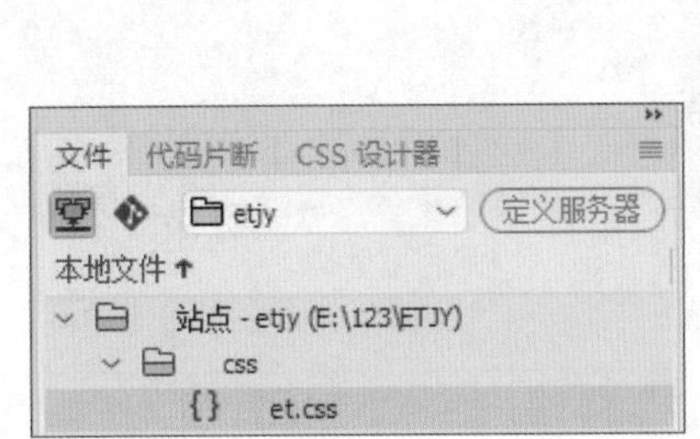

9.2 网页页头的制作

网页的页头除了有自己的特色外，还要能够让人一目了然，让浏览者一看页头就知道网站是什么内容。制作网页页头的具体步骤如下。

步骤 01 在index.html页面，选择代码显示模式，输入以下代码，如下图蓝色部分所示。

```
<body>

    <div id="header">
        <div  style="width:171px;height:51px; margin-left:20px;">
            </div>

</div>
```

步骤 02 将光标移至❶处，如下图所示。

```
    <div id="header">
        <div  style="width:171px;height:51px; margin-left:20px;">|
        </div>
                                                              ❶
  </div>
```

步骤 03 执行“插入>image”命令，在打开的“选择图像源文件”对话框中选择合适的图片❶，然后单击“确定”按钮❷，如右图所示。

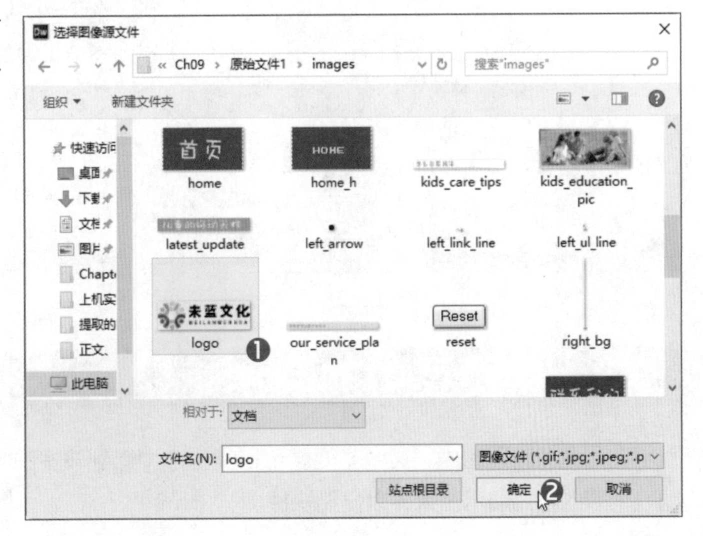

步骤 04 在代码显示模式页面输入蓝色部分代码，如下图所示。

```
<div id="header">
    <div  style="width:171px;height:51px; margin-left:20px;position:relative;z-index:9999">
    <img src="images/logo.gif" width="171" height="51" alt=""/>
    </div>
    <div id="flash">
    <img src="images/banner.jpg" alt="" />
    </div>
        <ul>
            <li><a href="#" class="home">网站首页</a></li>
            <li><a href="#" class="site">关于我们</a></li>
            <li><a href="#" class="contact">联系我们</a></li>
      </ul>

</div>
```

步骤 05 在et.css样式文件里输入蓝色部分代码，如下图所示。

```
#header{
    width:778px; position:relative; margin:0 auto; height:274px;
    }
#header img.logo{
    display:block; font-size:0; position:absolute; left:0; top:0; z-index:10; margin:10px 0 0
    20px;
    }
#flash{
    width:778px; height:274px; position:absolute; left:0; top:0;
    }
#header ul{
    height:24px; position:absolute; left:535px; top:233px; z-index:10;  width: 245px;
    }
#header ul li{
     height:40px; display:block; float:left;
    }
#header ul li a{
    font-size:0; line-height:0; display:block; text-indent:-2000px; height:40px;
    }
```

步骤 06 选择设计页面，查看效果，如下图所示。

9.3 网页页中的制作

在儿童教育网站中，页中主要展示日常生活中遇到较多的问题以及解决的方法，网页上会将不同的问题以列表的方式展示出来，以便能快捷浏览。

步骤 01 在index.html文件页面选择代码显示页面，输入页中左边菜单框架代码，如右图所示。

```
<div id="body">
<!--left part start -->
    <div id="left"> </div>

</div>
```

步骤 02 输入菜单部分内容文字以及链接代码，如下图蓝色部分代码所示。

```
<div id="body">
<!--left part start -->
    <div id="left">
        <ul class="navi">
            <li><a href="index.html" class="active">网站首页</a></li>
            <li><a href="content.html">关于我们</a></li>
            <li><a href="content.html">我们的服务</a></li>
            <li><a href="content.html">网站留言</a></li>
            <li><a href="content.html">活动展示</a></li>
            <li><a href="content.html">图片展示</a></li>
            <li><a href="content.html">新闻资讯</a></li>
            <li><a href="contact.html">联系我们</a></li>
        </ul>
    </div>

</div>
```

步骤 03 在et.css文件代码页面中输入第53行~95行代码，部分截图如下图所示。

```
53 ▼ #body{
54       width:778px; border-top:#5F7929 1px solid; margin:0 auto;
         background:url(../images/right_line.gif) repeat-y top right;
55       }
56   /*-----------left part srart---------*/
57 ▼ #left{
58       width:193px; float:left; padding:0 0 0 0; background:#9BB15C; color:#11160A;
59       }
60 ▼ #left ul.navi{
61       font-size:0; margin:0; background:url(../images/left_ul_line.gif) repeat-y right top
         #BECE83; color:#FEFFFF;
62       padding:9px 0 0 0;
63       }
```

步骤 04 在index.html页面中选择设计显示模式，查看效果，如右图所示。

步骤 05 在index.html代码页面中输入蓝色部分代码，如下图所示。

```
        <ul class="navi">
            <li><a href="index.html" class="active">网站首页</a></li>
            <li><a href="content.html">关于我们</a></li>
            <li><a href="content.html">我们的服务</a></li>
            <li><a href="content.html">网站留言</a></li>
            <li><a href="content.html">活动展示</a></li>
            <li><a href="content.html">图片展示</a></li>
            <li><a href="content.html">新闻资讯</a></li>
            <li><a href="contact.html">联系我们</a></li>
        </ul>
        <h2 class="everyGreen">儿童的好动天性</h2>
        <p class="text">儿童就在这种不断活动中得到了锻炼，学会了各种动作，也就是说孩子们在走中学会了走，在跑中学会了跑。还学会了需要技巧才能完成的运动项目，如游泳、跳绳、拍球等活动，这些对每个家长来说都是令人激动的事情。
            <a href="#">更多...</a>
        </p>
    </div>
```

步骤 06 在index.html页面中选择设计显示模式查看效果，如下图所示。

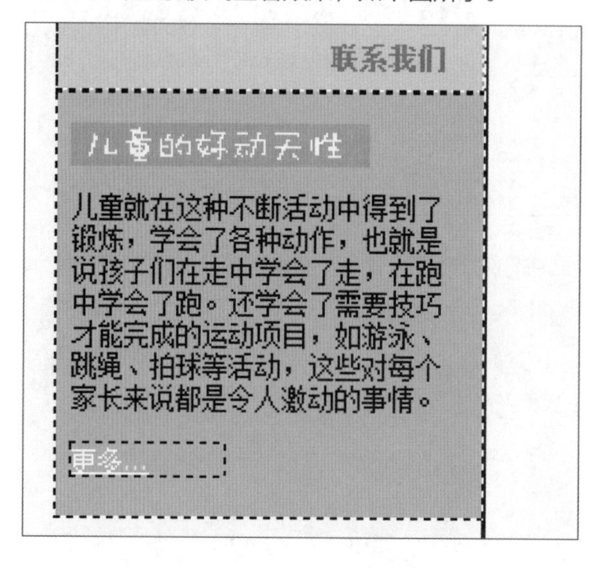

步骤 07 按同样的操作方法，输入蓝色部分代码，如下图所示。

```
                <p class="text">孩子要从小就开始养成一些良好的习惯。比如晚上睡觉以前，把衣服叠好，把鞋子放好，都放在一个固定的位置，把自己上学的书包有序地整理好。孩子开始不会，父母可以指导，演示一下，然后弄乱了让孩子做，孩子往往就很有兴趣
                    <a href="#">更多...</a>
                </p>
                <p class="text">要耐心对待宝宝

父母的态度会影响宝宝的发展，作为父母，要尽最大的耐心去对待宝宝，满足宝宝的合理要求。父母对待宝宝的态度会潜移默化的影响宝宝的性格。必要的时候，也要让宝宝承受一些等待和忍耐，即时宝宝的要求很合理，但当父母很忙时，要耐心的跟宝宝沟通，让宝宝知道父母忙完了会再去陪他
                    <a href="#" class="nomar">更多...</a>
                </p>
            </div>
```

步骤 08 在页面中选择设计显示模式，查看效果，如下图所示。

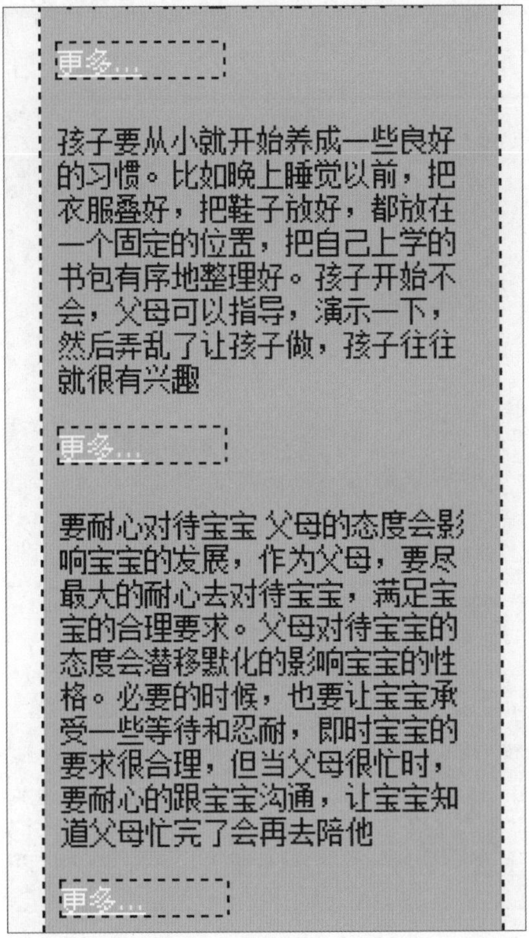

更多...

孩子要从小就开始养成一些良好的习惯。比如晚上睡觉以前，把衣服叠好，把鞋子放好，都放在一个固定的位置，把自己上学的书包有序地整理好。孩子开始不会，父母可以指导，演示一下，然后弄乱了让孩子做，孩子往往就很有兴趣

更多...

要耐心对待宝宝 父母的态度会影响宝宝的发展，作为父母，要尽最大的耐心去对待宝宝，满足宝宝的合理要求。父母对待宝宝的态度会潜移默化的影响宝宝的性格。必要的时候，也要让宝宝承受一些等待和忍耐，即时宝宝的要求很合理，但当父母很忙时，要耐心的跟宝宝沟通，让宝宝知道父母忙完了会再去陪他

更多...

步骤 09 打开index.html页面，输入页中右侧部分框架标签代码，如下图所示。

```
        <!--right part start -->
    <div id="right">
        <h2 class="who">儿童教育</h2>
    </div>
<!--right part end -->
```

步骤 10 输入文字内容，如下图蓝色部分代码所示。

```
        <!--right part start -->
    <div id="right">
        <h2 class="who">儿童教育</h2>
        <p class="text">
            <strong>引导孩子:</strong> 家长平时应多关心子女的学习成绩，使他们能感觉到大人很在
            乎他们的学习，不要不闻不问，这样他们会感觉到学得没劲，另外，家长与孩子共同制定出一个目
            标，实行奖罚分明，当达到该目标时，家长应遵守“合同”给予相应的奖励，若没达标时，家长也
            不应责怪，打骂孩子，应鼓励帮助指导他，这样才能重新树立起他的信心。家长应教孩子养成“不
            耻下问”的好习惯，独立思考，善于分析难题等良好读书习惯，教他学东西时应灵活掌握，不要死
            记硬背，“读死书，死读书”的学习方法不管用，时间花不少，效果却一般，比如有的孩子抄写生
            字，写了一排，过段时间他还是写不出来，这种方法太“死”，家长应多教一些好的方法结子女。
        </p>
```

步骤 11 打开et.css样式文件，选择“代码”页面，输入蓝色部分样式代码，如下图所示。

```
#right{
    width:584px; float:left; padding:0; background:url(../images/right_bg.gif) repeat-x 0 39px
    #FEFED8; color:#2E391B;
    }
#right h2.who{
    background:url(../images/who_we_are.gif) no-repeat 0 0; height:39px; text-indent:-2000px;
    margin:0 0 8px 0;
    }
#right p.text{
    font:normal 11px/14px Tahoma, Arial, Helvetica, sans-serif; padding:0 10px 13px 9px;
    }
#right p.text1{
    padding:0;
    }
#right p.text1 a{
    display:block; width:50px; margin:0 0 0 534px; background:url(../images/view_more.gif) no-
    repeat 0 0;
    height:47px; font-size:0; text-indent:-2210px;
    }
#left p.text1 a:hover{
    background:url(../images/view_more_h.gif) no-repeat 0 0;
    }
```

步骤 12 回到index.html页面，选择“设计”页面查看效果，如下图所示。

网站首页
关于我们
我们的服务
网站留言
活动展示
图片展示

儿童教育

引导孩子：家长平时应多关心子女的学习成绩，使他们能感觉到大人很在乎他们的学习，不要不闻不问，这样他们会感觉到学得没劲，另外，家长与孩子共同制定出一个目标，实行奖罚分明，当达到该目标时，家长应遵守“合同”给予相应的奖励，若没达标时，家长也不应责怪，打骂孩子，应鼓励帮助指导他，这样才能重新树立起他的信心。家长应教孩子养成“不耻下问”的好习惯，独立思考，善于分析难题等良好读书习惯，教他学东西时应灵活掌握，不要死记硬背，“读死书，死读书”的学习方法不管用，时间花不少，效果却一般，比如有的孩子抄写生字，写了一排，过段时间他还是写不出来，这种方法太“死”，家长应多教一些好的方法结子女。

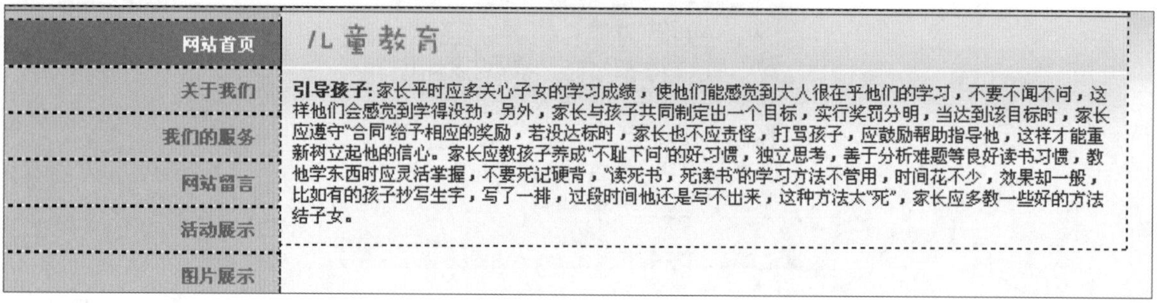

步骤 13 在“代码”页面输入代码和文字，如下图所示。

```
</p>
<p class="text">
<strong>让孩子发展:</strong>        家长过分保护孩子，为孩子做了许多本应由孩子自己去做的
事情，这无形中剥夺了孩子发展自己能力的机会，也降低了他们的自立精神与自信心。这种爱限制了孩
子的自我发展，对孩子将来独立的社会生活产生不利影响。因此，家长应该让孩子在一定程度上自我发
展，按照孩子自己的想法做想做的事情，在遇到问题和困难的时候即使给予分析和帮助，而不是一味的
为孩子设计未来。
</p>
```

步骤 14 选择“设计”页面查看效果，如下图所示。

网站首页
关于我们
我们的服务
网站留言
活动展示
图片展示
新闻资讯

儿童教育

引导孩子：家长平时应多关心子女的学习成绩，使他们能感觉到大人很在乎他们的学习，不要不闻不问，这样他们会感觉到学得没劲，另外，家长与孩子共同制定出一个目标，实行奖罚分明，当达到该目标时，家长应遵守“合同”给予相应的奖励，若没达标时，家长也不应责怪，打骂孩子，应鼓励帮助指导他，这样才能重新树立起他的信心。家长应教孩子养成“不耻下问”的好习惯，独立思考，善于分析难题等良好读书习惯，教他学东西时应灵活掌握，不要死记硬背，“读死书，死读书”的学习方法不管用，时间花不少，效果却一般，比如有的孩子抄写生字，写了一排，过段时间他还是写不出来，这种方法太“死”，家长应多教一些好的方法结子女。

让孩子发展：家长过分保护孩子，为孩子做了许多本应由孩子自己去做的事情，这无形中剥夺了孩子发展自己能力的机会，也降低了他们的自立精神与自信心。这种爱限制了孩子的自我发展，对孩子将来独立的社会生活产生不利影响。因此，家长应该让孩子在一定程度上自我发展，按照孩子自己的想法做想做的事情，在遇到问题和困难的时候即使给予分析和帮助，而不是一味的为孩子设计未来。

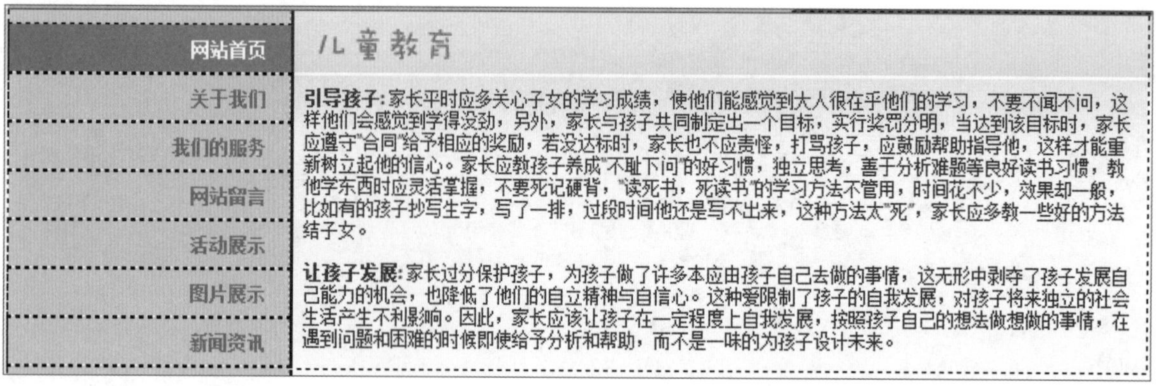

步骤 15 按同样的操作方法，输入蓝色部分代码，如下图所示。

```
</p>
<p class="text">
<strong>让孩子发展:</strong>        家长过分保护孩子，为孩子做了许多本应由孩子自己去做的事情，这无形中剥夺了孩子发展自己能力的机会，也降低了他们的自立精神与自信心。这种爱限制了孩子的自我发展，对孩子将来独立的社会生活产生不利影响。因此，家长应该让孩子在一定程度上自我发展，按照孩子自己的想法做想做的事情，在遇到问题和困难的时候即使给予分析和帮助，而不是一味的为孩子设计未来。
</p>
<p class="text">
<strong>适当精神鼓励:</strong>
        认为只要无限地满足孩子的物质需要，就是爱孩子，其实这是一种
无知的爱。孩子对爱的需要不仅是物质上，更重要的是精神上。生活中，有的家长只注意给孩子补充各种营养品，却忽视了对孩子良好的道德行为习惯和社会适应能力的培养。</p>
    </div>
```

步骤 16 选择“设计”页面查看效果，如下图所示。

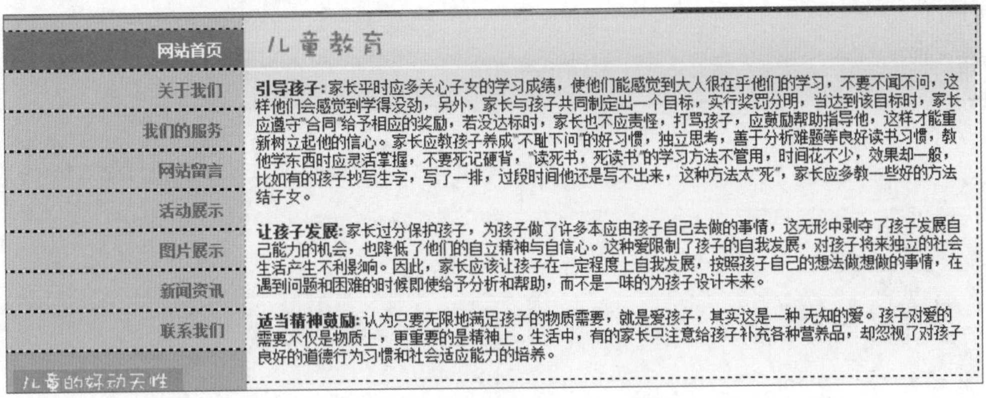

网站首页
关于我们
我们的服务
网站留言
活动展示
图片展示
新闻资讯
联系我们
儿童的好动天性

儿童教育

引导孩子: 家长平时应多关心子女的学习成绩，使他们能感觉到大人很在乎他们的学习，不要不闻不问，这样他们会感觉到学得没劲，另外，家长与孩子共同制定出一个目标，实行奖罚分明，当达到该目标时，家长应遵守“合同”给予相应的奖励，若没达标时，家长也不应责怪，打骂孩子，应鼓励帮助指导他，这样才能重新树立起他的信心。家长应教孩子养成“不耻下问”的好习惯，独立思考，善于分析难题等良好读书习惯，教他学东西时应灵活掌握，不要死记硬背，“读死书，死读书”的学习方法不管用，时间花不少，效果却一般，比如有的孩子抄写生字，写了一排，过段时间他还是写不出来，这种方法太“死”，家长应多教一些好的方法给子女。

让孩子发展: 家长过分保护孩子，为孩子做了许多本应由孩子自己去做的事情，这无形中剥夺了孩子发展自己能力的机会，也降低了他们的自立精神与自信心。这种爱限制了孩子的自我发展，对孩子将来独立的社会生活产生不利影响。因此，家长应该让孩子在一定程度上自我发展，按照孩子自己的想法做想做的事情，在遇到问题和困难的时候即使给予分析和帮助，而不是一味的为孩子设计未来。

适当精神鼓励: 认为只要无限地满足孩子的物质需要，就是爱孩子，其实这是一种 无知的爱。孩子对爱的需要不仅是物质上，更重要的是精神上。生活中，有的家长只注意给孩子补充各种营养品，却忽视了对孩子良好的道德行为习惯和社会适应能力的培养。

步骤 17 在index.html页面，输入右侧部分左下角标签内容，代码如下图所示。

```
<!--content div start -->
<div id="content">
<div id="feature">
<h2>儿童读书的好处</h2>
<p class="bgcolor"><strong>读书可以开拓视野</strong> 孩子读书的过程便是巩固、积累知识的过程。通过读书，可以增加孩子对自然科学、社会科学以及世界各地的风土人情的认识和理解，可增强学生语言表达能力，以及加强学生思维的广阔性、深刻性、逻辑性、灵活性。
<a href="#">........ 更多</a>                    </p>


</div>
</div>
```

步骤 18 在et.css样式文件中，选择“代码”页面，输入蓝色部分样式代码，如右图所示。

```
#content{
    background:url(../images/right_line_bot.jpg) repeat-x 0 100%; padding:0 0 1px 0;
    width:584px;
    }
#feature{
    width:252px; background:url(../images/sub_line.gif) repeat-y right top #EDECC0; padding:0
    1px 0 0;
    color:#2E391B; font-family:Arial, Helvetica, sans-serif; float:left;
    }
#feature h2{
    margin:0; background:url(../images/feature_service.gif) no-repeat 0 0; padding:0; font-
    size:0; height:49px;
    text-indent:-2220px;
    }
#feature h2.best{
    background:url(../images/best_kids.gif) no-repeat 0 0;
    }
#feature p{
    padding:10px 20px 9px 19px; font-size:11px; font-weight:normal;word-break: break-all;
    overflow:hidden;
    }
#feature p a{
    color:#D9531E; background-color:inherit; text-decoration:underline; width:82px; margin:12px
    0 0 0; display:block;
    }
#feature p a:hover{
    text-decoration:none;
    }
#feature p.bgcolor{
    background:#BECE83; color:#2E391B;
    }
#feature p.bgcolor a{
    color:#fff; background-color:inherit; margin:11px 0 0 0 ;
    }
#feature p.bgcolor a:hover{
    text-decoration:none;
    }
```

步骤 19 回到index.html页面，选择“设计”页面查看效果，如下图所示。

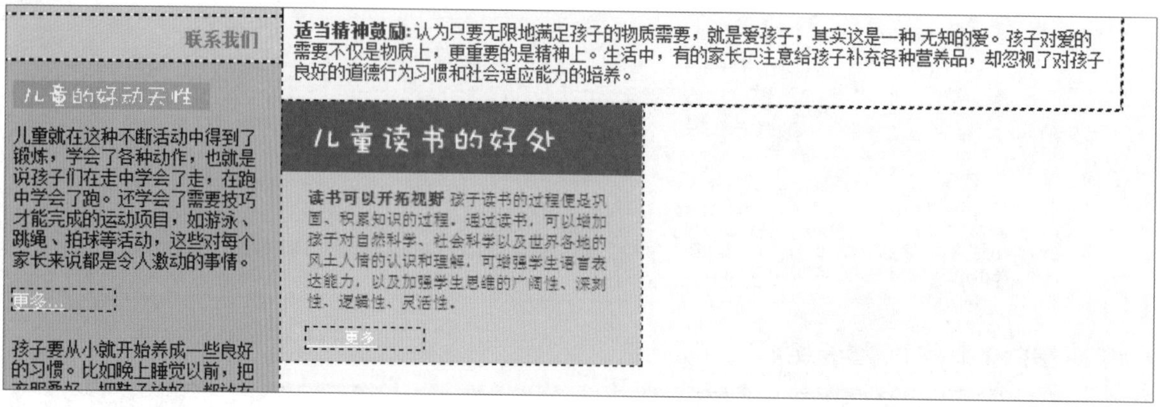

步骤 20 按同样的操作方法输入标签内容，如下图所示。

```
<h2 class="best">睡眠制度</h2>
<p>
<strong>睡眠</strong> 一、 幼儿午睡排队进出，不准互相推拉。教师在幼儿午睡期间要高度负责，
维护好幼儿午睡纪律。严禁幼儿在床上乱蹦乱跳，督促幼儿在午睡时不能喧哗，培养幼儿安静入睡的好习惯。
二、 教师在幼儿午睡期间须培养幼儿脱鞋、脱外衣、穿外衣、穿鞋等基本生
活技能。根据季节特点照顾好幼儿午睡，帮助幼儿养成良好的睡眠习惯，教会幼儿正确的穿脱衣物的方法及顺序。脱衣服应先脱裤子，用被子盖住腿后再脱衣服；穿衣服应坐在被子里先穿衣服，再穿裤子。有效防止幼儿感冒。
三、 用多种亲和的方式引导没午睡习惯的幼儿午睡，督促幼儿入睡。
<a href="#">........ 更多</a>
</p>
```

步骤 21 返回index.html页面，选择“设计”页面查看效果，如下图所示。

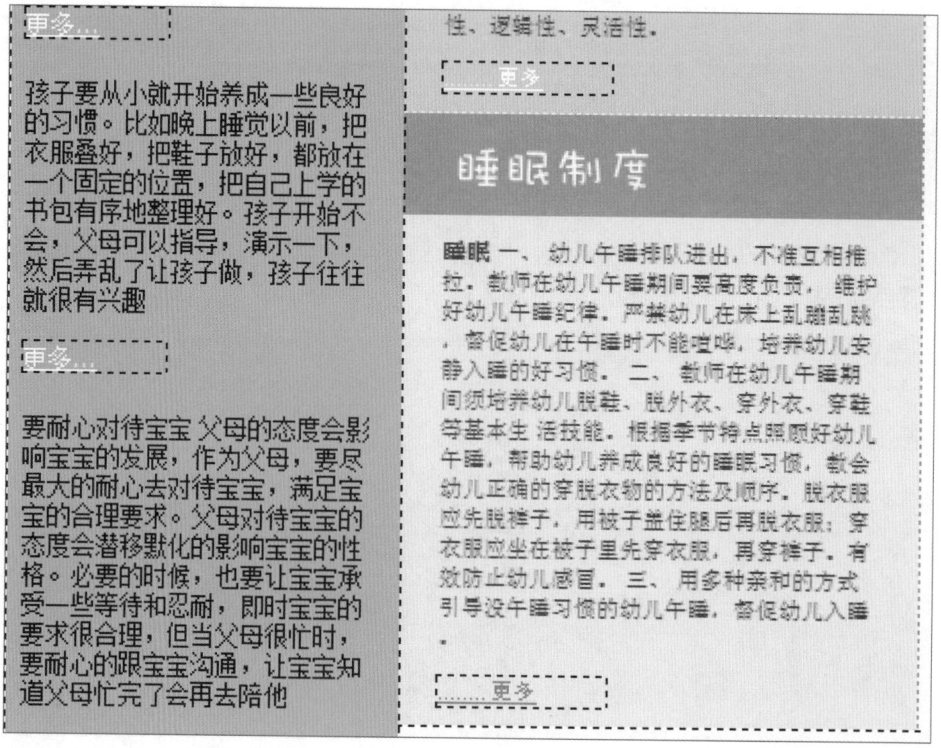

步骤 22 在index.html页面，输入右侧部分右下角标签内容，如下图蓝色代码所示。

```
<!--education -->
<div id="educarion">
<h2>儿童游戏活动</h2>
<img src="images/kids_education_pic.jpg" alt="" />
<p><strong>游戏</strong> 1、合理安排幼儿一日活动游戏时间和游戏内容。
2、提供充足的、安全的玩具，满足幼儿活动需要。
</p>
<p><strong>幼儿园幼儿接送制度</strong>1、每天晨接和晚送教师应微笑对待每一位幼儿。2、早晨8:30分前要求家长陪同幼儿送到班主任手中。3、家长不能任意叫其它人来接幼儿，如有要事可事先把来接幼儿，2、家长接孩子，要衣冠整洁，讲文明、讲礼貌，讲卫生，家长的摩托车不得骑进校园。
3、家长应固定的3个以内的家庭成员接送幼儿。若家长临时有事，委托别人接送幼儿，必事先与教师电话联系。
4、老师和家长都要教育幼儿不得跟陌生人走，幼儿不得一人离开学校。 </p>
<a href="#">........ 更多</a>
</div>
<!--education end -->
```

步骤 23 在et.css样式文件中，选择“代码”页面，输入蓝色部分样式代码，如下图所示。

```
#educarion {
    width:321px; float:left; background:url(../images/right_line1.gif) repeat-x left top
    #FFFFFF; color:#2E391B;
    padding:11px 0 6px 10px;
    }
#educarion h2{
    background:url(../images/education_zone.gif) no-repeat 0 0; height:30px; text-
    indent:-2000px;
    }
#educarion img{
    display:block; margin:8px 0 0 4px;
    }
#educarion p{
    margin:13px 13px 10px 2px; font-size:11px;
    }
#educarion a.more{
    background:url(../images/details_info.gif) no-repeat 0 0; width:152px; height:19px;
    display:block;
    }
```

步骤 24 回到index.html页面，选择“设计”页面，查看效果，如下图所示。

9.4 网页页尾的制作

把页尾做成菜单导航的方式，方便浏览者在浏览完网页时能快捷打开需要了解的网页。下面就讲解页尾制作的具体步骤。

步骤 01 打开index.html页面，输入蓝色部分标签代码，如右图所示。

```
<!--footer part star -->
<div id="footer">

</div>
<!--footer part end -->
```

步骤 02 打开et.css页面，对index.html网页页尾标签设置具体的样式，如下图蓝色代码所示。

```
#footer{
    width:778px; background:url(../images/footer_line.gif) repeat-x 0 0 #445133; color:#7C8671;
    margin:0 auto;
     height:59px; padding:27px 0 0 0;
    }
#footer ul{
     height:16px; margin:0;
    }
#footer ul li{
    float:left; display:block; padding:0 27px; font:bold 11px/15px Arial, Helvetica, sans-
    serif;
    color:#FFFFFF; background-color:inherit;
    }
#footer ul li a{
    color:#9BB15C; background-color:inherit;
    text-transform:uppercase; text-decoration:none;
    }
#footer ul li a:hover, #footer ul li a.active{
    color:#EDECC0; background-color:inherit;
    }
#footer p{
    margin:15px 0 0 0; text-align:center; font-size:11px;
    }
#footer p span{
    padding:0 0 0 140px; margin:0;
    }
```

步骤 03 回到index.html页面，输入代码，如下图蓝色部分所示。

```
<!--footer part star -->
<div id="footer">
    <ul>
        <li><a href="index.html" class="active">网站首页</a></li>
        <li><a href="content.html">我们的服务</a></li>
        <li><a href="content.html">新闻资讯</a></li>
        <li><a href="content.html">关于我们</a></li>
        <li><a href="content.html">联系我们</a></li>
        <li><a href="content.html">图片展示</a></li>
    </ul>
    <p>本站由未蓝文化传播有限公司提供技术支持</p>
</div>
<!--footer part end -->
```

步骤 04 选择“设计”页面，查看效果，如下图所示。

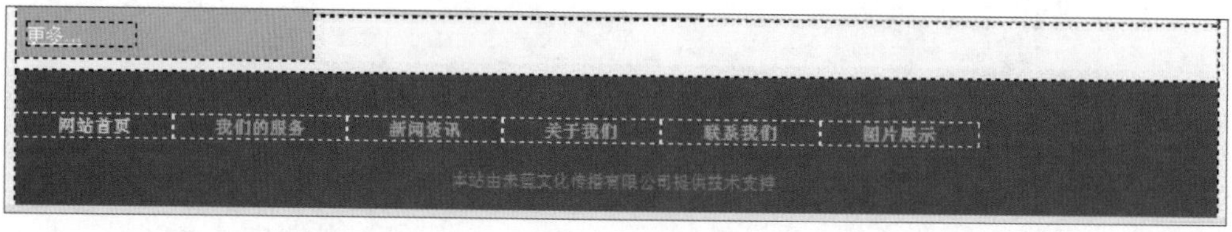

网站首页 我们的服务 新闻资讯 关于我们 联系我们 图片展示

本站由未蓝文化传播有限公司提供技术支持

步骤05 保存index.html文件，按键盘上的F12键浏览页面效果，如下图所示。

9.5 链接页面的制作

网站中会有链接的相关页面，这些链接的页面能更具体地展示浏览者所感兴趣的内容。每个链接页面所表达的内容是不一样的，但每个页面的风格是一致的。网站就是由一个个链接的页面组成的，下面就对链接页面的制作一一讲解。

1. 制作contact.html链接文件

步骤01 打开index.html文件，选择“代码”页面，执行“编辑>全选”命令，再执行“编辑>拷贝”命令，打开contact.html文件，选择“代码”页面，执行“编辑>粘贴”命令，然后保存contact.html文件，效果如下图所示。

步骤02 在contact.html文件页面中，删除页中右侧代码，选择“设计”页面，查看效果，如下图所示。

步骤03 选择“代码”页面，在页中右侧部分输入蓝色部分标签内容，如下图所示。

```
<!--right part start -->
    <div id="right">
        <h2 class="contact_informa">contact information</h2>
        <p class="text">
            <strong>儿童日常健康饮食： </strong>学龄前期儿童饮食的安排基本接近成人，已可以与父
            母家人同桌进餐，饭菜内容也大致相同。但4-6岁儿童的饭量仍应该比少年或成人略少，而且需要
            继续保证优质蛋白质如蛋、乳、肉等动物性食物的供给。
        </p>
        <p class="text">
            饮食安排要特别注意平衡膳食，食物花色品种多样化，粗细粮交替，荤素菜搭配，有干有稀，软硬
            适中。
        </p>
        <p class="text">
            烹调仍应注意食物新鲜，防止在烹调过程中损失过多的营养素。儿童饮食口味仍以清淡为佳，避免
            过咸和过分油腻。油炸食物不易消化，不宜过多进食，应尽量少吃刺激性食物。要讲究色、香、
            味、形以引起孩子对食物的兴趣。可让孩子主动参与食物挑选和制做，这不仅能丰富孩子的烹调知
            识，学会力所能及的本领，也使孩子心理上对食物产生兴趣，从而吃得津津有味，食欲大增。要让
            孩子养成良好的饮食习惯、不挑食、不偏食，保持饮食均衡、多样化。首先大人要给孩子做出榜
            样。要记住食物没有好坏之分，每种食物有每种食物的营养，儿童生长发育都需要。</p>
            </div>
```

步骤04 选择“设计”页面，查看效果，如下图所示。

```
}
/*-----------------------------contact us pages-----------------------*/
#right h2.contact_informa{
    background:url(../images/contact_information.gif) no-repeat 0 0; height:39px; text-
    indent:-2000px; margin:0 0 8px 0;
    }
```

步骤 05 回到contact.html文件页面，选择“设计”页面，查看效果，如下图所示。

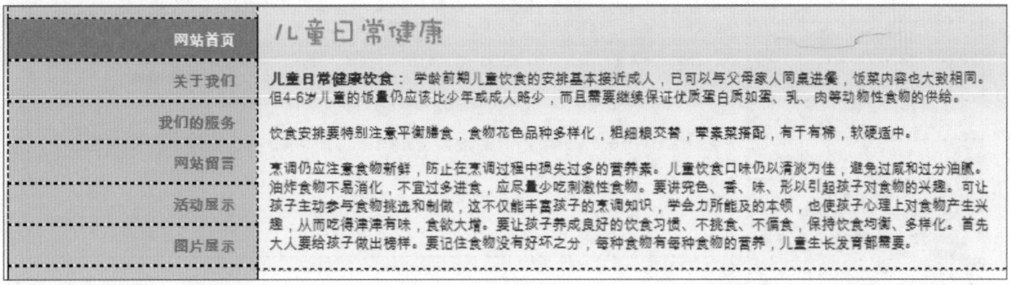

网站首页
关于我们
我们的服务
网站留言
活动展示
图片展示

儿童日常健康

儿童日常健康饮食： 学龄前期儿童饮食的安排基本接近成人，已可以与父母家人同桌进餐，饭菜内容也大致相同。但4-6岁儿童的饭量仍应该比少年或成人略少，而且需要继续保证优质蛋白质如蛋、乳、肉等动物性食物的供给。

饮食安排要特别注意平衡膳食，食物花色品种多样化，粗细粮交替，荤素菜搭配，有干有稀，软硬适中。

烹调仍应注意食物新鲜，防止在烹调过程中损失过多的营养素。儿童饮食口味仍以清淡为佳，避免过咸和过分油腻。油炸食物不易消化，不宜过多进食，应尽量少吃刺激性食物。要讲究色、香、味、形以引起孩子对食物的兴趣。可让孩子主动参与食物挑选和制做，这不仅能丰富孩子的烹调知识，学会力所能及的本领，也使孩子心理上对食物产生兴趣，从而吃得津津有味，食欲大增。要让孩子养成良好的饮食习惯、不挑食、不偏食，保持饮食均衡、多样化。首先大人要给孩子做出榜样。要记住食物没有好坏之分，每种食物有每种食物的营养，儿童生长发育都需要。

步骤 06 选择“代码”页面，在页中右侧下方输入标签代码，如下图蓝色部分所示。

```
<div id="content">
    <!--kid care tips start -->
        <div id="kids_care">
            <p>
                <strong>儿童游戏活动报名表：</strong>为培养儿童的兴趣，提
                高儿童的活动能力，我们组织了一次儿童游戏活动，凡参加活动的儿童
                请在此登记报名。</p>

        </div>
    <!--kids care tips end -->

</div>
```

步骤 07 执行“插入>表单>表单”命令，如下图棕色部分所示。

```
<div id="content">
    <!--kid care tips start -->
        <div id="kids_care">
            <p>
                <strong>儿童游戏活动报名表：</strong>为培养儿童的兴趣，提
                高儿童的活动能力，我们组织了一次儿童游戏活动，凡参加活动的儿童
                请在此登记报名。</p>
            <form></form>
        </div>
```

步骤 08 在et.css页面输入蓝色部分样式代码，如下图所示。

```
#kids_care form{
    width:318px; padding:15px 0 4px 126px; /*color:#6E9809; background-color:#fff;*/
    }
#kids_care form label{
    width:70px; height:18px; margin:0 0 5px 0; float:left; display:block;
    font:normal 11px/18px tahoma, Arial, Helvetica, sans-serif; color:#D9531E; background-
    color:inherit;
    }
#kids_care form input{
    width:239px; height:16px; border:#919294 1px solid; float:left; margin:0 0 5px 0;
    }
#kids_care form textarea{
    width:239px; border:#919294 1px solid; float:left; margin:0 0 11px 0; height:50px;
    }
#kids_care form label.blank{
    width:123px; height:22px; font-size:0;
        }
#kids_care form input.submit{
    background:url(../images/submit.gif) no-repeat 0 0; width:59px; height:22px;
    cursor:pointer; border:none; margin:0; float:left;
    }
#kids_care form input.reset{
    background:url(../images/reset.gif) no-repeat 0 0; width:52px; height:22px; cursor:pointer;
    border:none; margin:0 0 0 16px;;
    }
```

步骤 09 回到contact.html文件页面，查看效果，如下图所示。

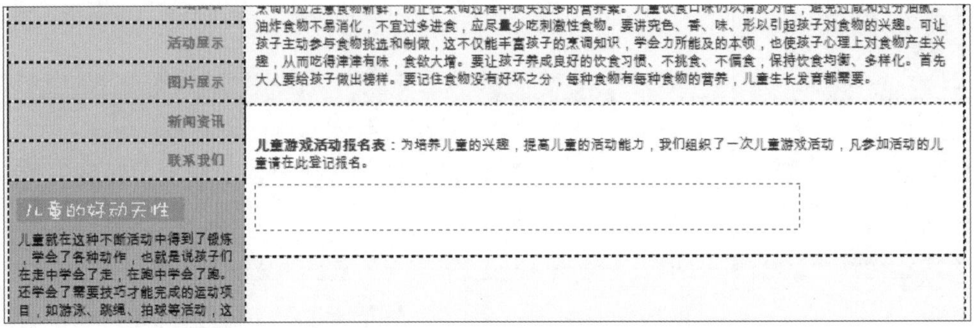

步骤 10 在contact.html文件页面，选择“代码”页面，在表单标签内输入以下内容，如下图所示。

```
    <form name="submit" method="post" action="">
   <label>姓名 :</label>
    <input type="text" name="text" value="" />
    <label>身高 :</label>
    <input type="text" name="text" value="" />
    <label>体重 :</label>
    <input type="text" name="text" value="" />
    <label>住址 :</label>
    <input type="text" name="text" value="" />
    <label>年龄 :</label>
    <input type="text" name="text" value="" />
    <label>邮编 :</label>
    <input type="text" name="text" value="" />
    <label>备注 :</label>
    <textarea name="" cols="" rows=""></textarea>
    <label class="blank"> </label>
    <input type="submit" name="submit" value=""
    class="submit" title="submit" />
    <input type="reset" name="reset" value=""
    class="reset" title="reset" />
    <br class="spacer" />
</form>
```

步骤 11 选择“设计”页面，查看效果，如下图所示。

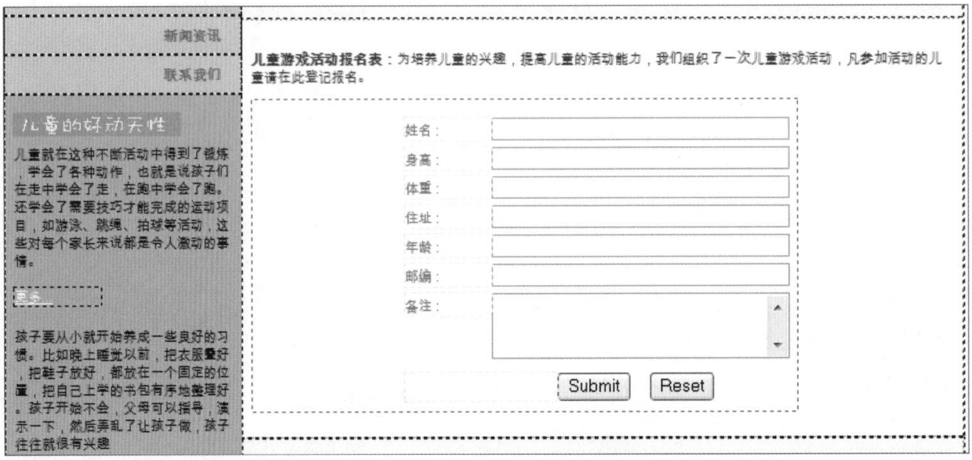

步骤 12 保存文件，按键盘上的F12键浏览网页，如下图所示。

2. 制作content.html链接文件

步骤 01 按上一节制作contact.html文件的操作方法创建content.html文件，然后在第53~91行输入代码，如下图所示。

```
<div id="right">
    <h2 class="services">提高宝宝注意力的方法</h2>
    <p class="text">
        <strong>提高宝宝注意力的方法：</strong>好动是孩子的天性，因此不管做什么事情都坚持
        不了多久就会放弃而改做其他的事情，这也成了不少家长的心病。针对宝宝注意力容易分散的问
        题，家长们可以试试以下办法：

1.鼓励宝宝做擅长的事。  可以通过让孩子尝甜头、愿景鼓励、奖励措施等方式来增添兴趣，从而提高专心度。
    </p>
    <p class="text">
        2.培养孩子自信心。
自信往往通过多肯定、多鼓励来达到。多一些正面暗示，尽量避免负面暗示，例如家长说“我们孩子注意力不集中、”“我们孩子总
是不专心”，孩子自己说（或认为）“我不专心”、“我无法专心”等，都非常不利于自信心的培养。
    </p>
    <p class="text">
        3：要尽量减少对孩子唠叨和训斥的次数，让孩子感觉到他是时间的主人。教孩子学会分配时间，
        当他在相对短的时间内集中精力做好功课，便有更多的时间做其他事情。孩子学人自己掌控时间，
        有成功的感觉，做事会更加自信。</p>

        <!--content div start -->
            <div id="content">
                <!--kid care tips start -->
                    <div id="kids_care">
                        <h2></h2>
                        <p>
                            <strong>怎么引导孩子学习</strong> 1、定目标要循序渐进，量
                            力而行，不可操之过急。家长过高地给孩子提出各种要求，过分地强迫
                            孩子学习，占用了孩子的娱乐时间，使得孩子对学习产生厌烦情绪，总
                            想玩。应多与孩子交流，尝试着成为孩子的朋友，看到孩子在改变自身
                            存在的不足方面的积极变化。同时对孩子改正不足不可一曝十寒，立竿
                            见影，要允许孩子身上“毛病”的反弹。
```

步骤 02 在et.css页面输入以下样式代码，如下图所示。

```
/*------------------content--------*/
#right h2.services{
    background:url(../images/our_service_plan.gif) no-repeat 0 0; height:39px; text-
    indent:-2000px; margin:0 0 8px 0;
    }
#kids_care{
    background:url(../images/right_line1.gif) repeat-x 0 0 #FFFFFF; color:#2E391B; padding:12px
    0 19px 8px;
    }
#kids_care h2{
    background:url(../images/kids_care_tips.gif) no-repeat 0 0; height:29px; text-
    indent:-2000px; margin:0 0 8px 0;
    }
#kids_care p{
    margin:13px 13px 10px 0; font-size:11px; line-height:14px;
    }
#kids_care p.topmar{
    margin-top:30px;
    }
#kids_care a.more{
    background:url(../images/details_info.gif) no-repeat 0 0; width:152px; height:19px;
    display:block; /*margin:0 0 14px 0;*/
    text-indent:-2022px;
    }
```

步骤 03 选择“设计”页面，查看效果，如下图所示。

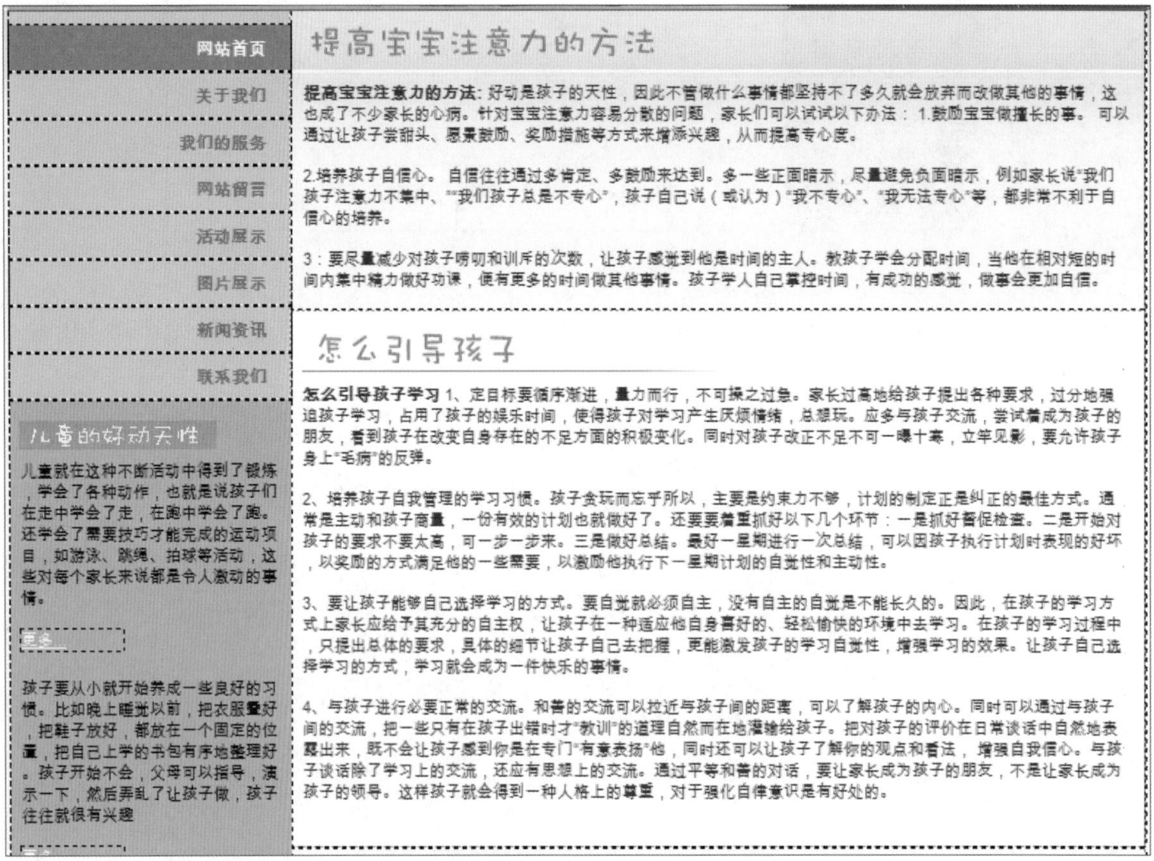

网站首页
关于我们
我们的服务
网站留言
活动展示
图片展示
新闻资讯
联系我们

儿童的好动天性

儿童就在这种不断活动中得到了锻炼，学会了各种动作，也就是说孩子们在走中学会了走，在跑中学会了跑。还学会了需要技巧才能完成的运动项目，如游泳、跳绳、拍球等活动，这些对每个家长来说都是令人激动的事情。

更多...

孩子要从小就开始养成一些良好的习惯。比如晚上睡觉以前，把衣服叠好，把鞋子放好，都放在一个固定的位置，把自己上学的书包有序地整理好。孩子开始不会，父母可以指导，演示一下，然后弄乱了让孩子做，孩子往往就很有兴趣

提高宝宝注意力的方法

提高宝宝注意力的方法: 好动是孩子的天性，因此不管做什么事情都坚持不了多久就会放弃而改做其他的事情，这也成了不少家长的心病。针对宝宝注意力容易分散的问题，家长们可以试试以下办法： 1.鼓励宝宝做擅长的事。 可以通过让孩子尝甜头、愿景鼓励、奖励措施等方式来增添兴趣，从而提高专心度。

2.培养孩子自信心。 自信往往通过多肯定、多鼓励来达到。多一些正面暗示，尽量避免负面暗示，例如家长说"我们孩子注意力不集中、""我们孩子总是不专心"，孩子自己说（或认为）"我不专心"、"我无法专心"等，都非常不利于自信心的培养。

3：要尽量减少对孩子唠叨和训斥的次数，让孩子感觉到他是时间的主人。教孩子学会分配时间，当他在相对短的时间内集中精力做好功课，便有更多的时间做其他事情。孩子学人自己掌控时间，有成功的感觉，做事会更加自信。

怎么引导孩子

怎么引导孩子学习 1、定目标要循序渐进，量力而行，不可操之过急。家长过高地给孩子提出各种要求，过分地强迫孩子学习，占用了孩子的娱乐时间，使得孩子对学习产生厌烦情绪，总想玩。应多与孩子交流，尝试着成为孩子的朋友，看到孩子在改变自身存在的不足方面的积极变化。同时对孩子改正不足不可一曝十寒，立竿见影，要允许孩子身上"毛病"的反弹。

2、培养孩子自我管理的学习习惯。孩子贪玩而忘乎所以，主要是约束力不够，计划的制定正是纠正的最佳方式。通常是主动和孩子商量，一份有效的计划也就做好了。还要要着重抓好以下几个环节：一是抓好督促检查。二是开始对孩子的要求不要太高，可一步一步来。三是做好总结。最好一星期进行一次总结，可以因孩子执行计划时表现的好坏，以奖励的方式满足他的一些需要，以激励他执行下一星期计划的自觉性和主动性。

3、要让孩子能够自己选择学习的方式。要自觉就必须自主，没有自主的自觉是不能长久的。因此，在孩子的学习方式上家长应给予其充分的自主权，让孩子在一种适应他自身喜好的、轻松愉快的环境中去学习。在孩子的学习过程中，只提出总体的要求，具体的细节让孩子自己去把握，更能激发孩子的学习自觉性，增强学习的效果。让孩子自己选择学习的方式，学习就会成为一件快乐的事情。

4、与孩子进行必要正常的交流。和善的交流可以拉近与孩子间的距离，可以了解孩子的内心。同时可以通过与孩子间的交流，把一些只有在孩子出错时才"教训"的道理自然而在地灌输给孩子。把对孩子的评价在日常谈话中自然地表露出来，既不会让孩子感到你是在专门"有意表扬"他，同时还可以让孩子了解你的观点和看法，增强自我信心。与孩子谈话除了学习上的交流，还应有思想上的交流。通过平等和善的对话，要让家长成为孩子的朋友，不是让家长成为孩子的领导。这样孩子就会得到一种人格上的尊重，对于强化自律意识是有好处的。